Gesamtübersicht

über das

Kompendium der Statik der Baukonstruktionen

Erster Band

Die statisch bestimmten Systeme

Vollwandige Systeme und Fachwerke

In Vorbereitung

Zweiter Band

Die statisch unbestimmten Systeme

Erster Teil: Die allgemeinen Grundlagen zur Berechnung statisch unbestimmter Systeme. Die Untersuchung elastischer Formänderungen. Die Elastizitätsgleichungen und deren Auflösung.

IX und 206 Seiten 8°. Preis geheftet M. 40,—.
gebunden M. 46,—.

Zweiter Teil: Anwendungen auf einfachere Aufgaben, Gerade Träger mit Endeinspannungen und mehr als zwei Stützen. — Der beiderseits eingespannte Rahmen. Das Gewölbe. — Armierte Balken und dergl.

Unter der Presse.

Dritter Teil: Die hochgradig statisch unbestimmten Systeme. Durchlaufende Träger auf starren und elastischen Stützen. Fachwerke mit starren Knotenpunktsverbindungen. — Stockwerkrahmen. — Vierendeel-Träger und verwandte Rahmengebilde.

Unter der Presse.

Vierter Teil: Das statisch unbestimmte Fachwerk. Aufgaben des Brücken- und Eisenhochbaues.

In Vorbereitung

Kompendium der Statik der Baukonstruktionen

Von

Dr.-Ing. J. Pirlet

Privatdozent an der Techn. Hochschule
zu Aachen

Zweiter Band
Die statisch unbestimmten Systeme

Erster Teil

Die allgemeinen Grundlagen zur Berechnung
statisch unbestimmter Systeme. Die Untersuchung elastischer Formänderungen. Die
Elastizitätsgleichungen und deren
Auflösung.

Mit 136 Textfiguren

Berlin
Verlag von Julius Springer
1921

ISBN-13:978-3-7091-9765-3   e-ISBN-13:978-3-7091-5026-9
DOI: 10.1007/978-3-7091-5026-9

Vorwort.

Der vorliegende Band des „Kompendiums der Statik der Baukonstruktionen“ behandelt die allgemeinen Methoden zur Berechnung statisch unbestimmter Systeme und im Zusammenhang damit die Untersuchung elastischer Formänderungen. Die Anwendung auf die Berechnung der wichtigeren Systeme soll getrennt für sich in den folgenden Teilen besprochen werden.

Zwei Einzelaufgaben bilden die Grundlage der Untersuchung statisch unbestimmter Systeme: die Berechnung der Formänderungen (Verschiebungen) und die Lösung der Elastizitätsgleichungen. Dieser Zweiteilung entspricht sowohl die Anordnung des Stoffes im vorliegenden allgemeinen Teil als auch der Rechnungsgang bei der Lösung der verschiedenen Aufgaben.

Zur Bestimmung der Formänderungen ist hier die sogenannte „Arbeitsgleichung“ verwandt (Prinzip der virtuellen Arbeiten). Die darauf beruhende Rechnungsweise wird als das Maxwell-Mohrsche Verfahren bezeichnet. Jene Gleichung ist nämlich von dem englischen Physiker Clerk Maxwell aufgestellt worden[1]); unabhängig von ihm hat sie später Otto Mohr (Dresden) angegeben[2]), und erst hiernach fand sie Eingang in die Technik.

Die von dem italienischen Ingenieur Alberto Castigliano aufgestellten und nach ihm benannten „Sätze vom Minimum bzw. vom Differentialquotienten der Formänderungsarbeit“[3]) können gleichfalls bei den hier in Frage stehenden Aufgaben benutzt werden. In manchen Lehrbüchern bilden denn auch die Castiglianoschen Lehrsätze die Grundlage der Untersuchungen. Hier ist über diese Sätze nur das Notwendigste angeführt worden.

Die Lösung der Elastizitätsgleichungen soll durchweg nach einem Eliminationsverfahren erfolgen, welches an eine von Karl Friedrich Gauß (1810) gelehrte Methode[4]) anlehnt.

---

[1]) Maxwell: „On the calculation of the equilibrium and stiffness of frames“, Philosophical Magazine, 1864.

[2]) Mohr: „Beitrag zur Theorie des Fachwerks“, Zeitschrift des Architekten- und Ingenieurvereins, Hannover 1874 (1875, 1881).

[3]) Castigliano: „Théorie de l'équilibre des systèmes élastiques et ses applications“, Turin 1879.

[4]) Gauß: „Disquisitio de elementis ellipticis Palladis . . .“, „Untersuchung über die elliptischen Bahnen der Pallas . . .“, der Göttinger Akademie der Wissenschaften überreicht am 25. November 1810. (Vergleiche Abhandlungen zur Methode der kleinsten Quadrate. In deutscher Übersetzung herausgegeben von Börsch und Simon. Verlag von Stankiewicz, Berlin.)

Hierbei ist die Einführung einiger ungewohnter Bezeichnungen und Gedankengänge nicht zu umgehen; wer sich aber einmal damit vertraut gemacht hat, wird ihre Einfachheit und Zweckmäßigkeit erkennen. In anderen Wissensgebieten, wie z. B. in der Vermessungskunde, ist das Verfahren in der von Gauß angegebenen Form seit seiner Veröffentlichung in Gebrauch geblieben. —

Neben den grundlegenden Prinzipien und Methoden ist aber gerade bei technischen Aufgaben die praktische Verwendbarkeit dieser Grundlagen und ihre Anpassung an die zu lösenden Aufgaben von gleich hoher Bedeutung. In dieser Beziehung ist in den letzten Jahrzehnten von vielen Fachleuten nach den verschiedensten Richtungen vorgearbeitet worden. Man kann die hier in Frage stehenden Aufgaben heute nicht mehr behandeln, ohne auf diese mannigfaltigen Arbeiten zurückzugreifen, mögen sie nun eine weitere Ausgestaltung der allgemeinen Grundlagen oder die Behandlung spezieller Systeme zum Gegenstand haben. Insbesondere sei hier der Arbeiten von Engesser, Mohr und Müller-Breslau gedacht. Die der beiden letztgenannten Autoren sind zum großen Teil in ihren Lehrbüchern wiedergegeben, und wir werden namentlich auf diejenigen Müller-Breslaus des öfteren zu verweisen Gelegenheit finden. Dagegen liegt von den Arbeiten Engessers, welche sich in reicher Mannigfaltigkeit mit Aufgaben der Statik der Baukonstruktionen beschäftigen, bis heute keine Zusammenstellung in Buchform vor. Im übrigen sind die vielen hierher gehörigen Abhandlungen, die in den verschiedensten Zeitschriften versprengt sind, nicht einzeln angeführt worden. Es erschien vielmehr ausreichend, die gebräuchlicheren Lehrbücher anzuziehen, in denen nähere Angaben zu den einzelnen Kapiteln und zugleich auch genauere Literaturverzeichnisse enthalten sind[1]). —

Zum Schluß noch ein Wort über die Art der Behandlung des Stoffes, insbesondere der in den folgenden Teilen enthaltenen Anwendungen der allgemeinen Methoden auf einzelne Aufgaben.

Zeichnerische Verfahren zur Untersuchung statisch unbestimmter Systeme sind nur in beschränktem Maße berücksichtigt worden. Die rechnerischen Methoden haben mit der Verbreitung der neueren technischen Hilfsmittel, wie Rechenmaschinen usw., mehr und mehr an Beliebtheit gewonnen. Auch die Erkenntnis der nachteiligen Wirkungen von Zeichenfehlern legt eine Einschränkung der graphischen Verfahren nahe. Aus diesen und anderen Gründen sind die Aufgaben in ihren wesentlichen Teilen rechnerisch durchgeführt, und

---

[1]) Es sind hierfür die folgenden bekannten Lehrbücher gewählt worden:
1. Föppl: Vorlesungen über technische Mechanik, spez. Band II, Graphische Statik, und Band III, Festigkeitslehre (Verlag B. G. Teubner, Leipzig).
2. Mehrtens: Vorlesungen über Ingenieurwissenschaften. I. Teil, Statik und Festigkeitslehre; spez. Band III (Verlag W. Engelmann, Leipzig).
3. Müller-Breslau: a) Die graphische Statik der Baukonstruktionen, spez. Band II, erste und zweite Abteilung.
— — b) Die neueren Methoden der Festigkeitslehre und der Statik der Baukonstruktionen (Verlag A. Kröner, Leipzig).

nur die Ergebnisse durch zeichnerische Darstellung veranschaulicht worden.

Besonderer Wert wurde ferner auf Einheitlichkeit in der Behandlung der verschiedenen Aufgaben gelegt; sowohl die Reihenfolge der einzelnen Rechenoperationen wie auch die Art ihrer Durchführung ist allenthalben die gleiche. Darum sind die Untersuchungen der hochgradig statisch unbestimmten Systeme, z. B. der Rahmennetze, eigentlich nur dem Umfange nach verschieden von den einfacheren Aufgaben.

Es ist nicht zu leugnen, daß infolgedessen die Ausführungen wenig Abwechselung bieten. Aber wenn es einen Weg gibt, auf dem sich alle Aufgaben, die einfachsten wie die verwickeltsten, erledigen lassen, so wird ihn jeder zunächst gerne gehen. Wer dann noch Veranlassung und Zeit hat, sich mit besonderen Verfahren zur Lösung einzelner Aufgaben zu beschäftigen, der findet dazu in der Literatur reichlich Gelegenheit. Vielen aber wird es vor allem darauf ankommen, sich eine Übersicht über das Gebiet und einen Einblick in die Grundlagen zur Lösung der mannigfaltigen Aufgaben zu verschaffen. Diesem Zweck will das vorliegende Buch in erster Linie dienen, und darum erschien es angebracht, alle Aufgaben möglichst auf einheitlicher Grundlage zu behandeln. Vielleicht ist dies auch für die meisten der geeignete Weg, um sich durch die vielgestaltige Literatur dieses Faches durchzufinden und neue Aufgaben nach eigenem Aufbau selbständig zu lösen — und das ist ja das wichtigste Ziel jeglichen Unterrichts und Studiums.

Zu besonderem Danke bin ich den Herren Dr. Ing. J. Lührs und Dipl.-Ing. J. Mols verpflichtet, welche mich bei der Bearbeitung des vorliegenden Bandes in wirksamer Weise unterstützt haben.

Aachen, im Dezember 1920.

Pirlet.

Inhaltsangabe.

III.

Auflösung der Elastizitätsgleichungen.

I. Allgemeine Grundlagen für die Berechnung statisch unbestimmter Systeme.

A. Vorbemerkungen. — Grundbegriffe und Gleichungen aus der Festigkeitslehre. — Stabspannkräfte in Fachwerken[1]).

§ 1. Gegebene äußere Einflüsse.

Die Statik der Baukonstruktionen stellt sich vornehmlich die Aufgabe, die im Bauwesen vorkommenden Tragwerke auf ihre Standfestigkeit zu untersuchen. — Gegeben sind gewisse äußere Einflüsse, welche das Bauwerk beanspruchen. Sie dürfen zunächst seine Gleichgewichtslage nicht stören, d. h. das System darf nicht etwa beweglich (labil) sein. Ferner dürfen nur solche Beanspruchungen des Materials auftreten, die unterhalb gewisser Grenzen liegen. Diese Grenzen der Materialbeanspruchungen sind meist durch amtliche Vorschriften gegeben; man sagt, das Bauwerk muß einen gewissen vorgeschriebenen Sicherheitsgrad haben. — Es ist somit zu untersuchen, ob ein Tragwerk unter gegebenen äußeren Einflüssen im Gleichgewicht bleibt und bezüglich der Materialbeanspruchungen einen ausreichenden Sicherheitsgrad aufweist.

In den weitaus meisten Fällen handelt es sich um Bauwerke, die bereits mehr oder minder häufig ausgeführt worden sind, so daß die Frage nach einer etwaigen Beweglichkeit des Systems nicht in Betracht kommt. In Ausnahmefällen oder bei neuen Systemen kann diese Frage natürlich eine Prüfung erfordern. Im folgenden wird kaum Veranlassung vorliegen, hierauf einzugehen; es wird sich vielmehr lediglich um die Untersuchung der von äußeren Einflüssen hervorgerufenen Kräftewirkungen handeln. Wir beschränken dabei unsere Betrachtungen auf die ebenen Tragwerke, schalten also die räumlichen Systeme aus.

------

[1]) Es handelt sich hier um Grundbegriffe und Gleichungen, die in den späteren Kapiteln stets wiederkehren und für alle Untersuchungen grundlegend sind. Da der erste Band des Kompendiums noch nicht vorliegt, soll hier das Notwendige an diesbezüglichen Erläuterungen kurz und in zwangloser Folge angegeben werden. Hinsichtlich näherer Einzelheiten muß einstweilen auf die entsprechenden Lehrbücher der Festigkeitslehre bzw. der Statik der statisch bestimmten Systeme verwiesen werden.

a) Lasten. Die äußeren Lasten, deren Einfluß untersucht werden soll, setzen sich im allgemeinen aus dem Eigengewicht und der Nutzlast (Verkehrslast) zusammen.

Das Eigengewicht ist auf Grund der Einheitsgewichte der Baustoffe an Hand des Bauplanes zu ermitteln. Für manche Bauteile läßt sich natürlich das Eigengewicht nicht vor Durchführung der Berechnung angeben. Alsdann ist dieses entweder zu schätzen oder auf Grund von Erfahrungen mit ähnlichen Ausführungen einzusetzen.

Bezüglich der Zahlenwerte über Eigengewichte von Baustoffen und häufig wiederkehrenden Bauausführungen findet man die notwendigen Angaben in den entsprechenden Nachschlagewerken, Taschenbüchern usw. und in den amtlichen Bestimmungen.

Unter Nutzlasten werden alle nicht ständig wirkenden Lasten verstanden. Bei Hochbauten kommt hier neben der Belastung durch Materialien, Maschinen, Menschen usw. insbesondere der Winddruck und die Schneelast in Frage. Die Annahmen über die Wirkungsweise dieser Lasten sind je nach den Umständen verschieden. Im allgemeinen werden jedoch die darüber erlassenen amtlichen Bestimmungen maßgebend sein. Vom Winddruck setzt man meist die senkrecht zur getroffenen Fläche wirkende Komponente in Rechnung; vielfach wird der Vereinfachung der Rechnung wegen der Winddruck lediglich durch einen Zuschlag zu den Vertikallasten berücksichtigt.

Bei Aufgaben des Brückenbaues oder verwandter Gebiete (Kranbau usw.) kommt namentlich der Einfluß der eigentlichen Verkehrslasten in Frage, gebildet durch Fahrzeuge, Menschengedränge usw.[1]). Die meisten dieser Lastarten treten als sogenannte bewegliche Belastung auf. Damit soll angedeutet sein, daß sie bald an diesem, bald an jenem Punkt des Tragwerks angreifen und damit das Bauwerk in mannigfacher Weise belasten können. Die Lasten werden in den ungünstigsten Lagen (ruhend) angenommen und auf ihren Einfluß untersucht. — Die sogenannten dynamischen Einflüsse dagegen, wie Stoßwirkungen, Schwingungen usw., werden als solche meist nicht berechnet. Man berücksichtigt sie gegebenen Falles durch Erhöhung der als ruhend angenommenen Belastung oder durch Herabsetzung der zulässigen Spannungen.

Bei Brücken, Kranbahnen usw., auf denen sich Fahrzeuge bewegen, werden sodann vielfach auch die Wirkungen der Bremskräfte untersucht. Hierbei wird ein bestimmter Teil der Vertikallasten — 10 bis 15 v. H. und mehr — als horizontal wirkende Kraft in Rechnung gesetzt[2]).

---

[1]) Für die Belastungsannahmen bestehen meistens Vorschriften, z. B. die Lastenzüge der Eisenbahnverwaltungen. Man vergleiche die diesbezüglichen Angaben in den Nachschlagewerken, z. B. im Taschenbuch der „Hütte“.

[2]) Zu den äußeren Kräften eines Tragwerks werden auch die Auflagerreaktionen gerechnet. Diese sind im Gegensatz zu den vorerwähnten gegebenen Lasten erst durch die Berechnung zu ermitteln.

b) Temperaturänderungen; Verschiebungen der Widerlager. Für manche Tragwerke sind neben den äußeren Lasten die Temperaturänderungen von Einfluß. Wird die Temperatur eines Tragwerks nach der Fertigstellung eine andere als bei der Aufstellung und kann das Bauwerk sich nicht den veränderten Wirkungen entsprechend ausdehnen oder zusammenziehen, so werden Kräfte wirksam, welche die sogenannten Temperaturspannungen hervorrufen. Meist werden die Tragkonstruktionen für eine Temperaturänderung von etwa ± 15 bis ± 35 Grad Celsius untersucht, je nach der Bedeutung, die den Temperaturwirkungen beigemessen wird. Es wird sich später zeigen, daß diese Temperatureinflüsse nicht für alle Systeme in Frage kommen.

Dies gilt auch von den Wirkungen der Verschiebungen der Widerlager. In manchen — nicht allen — Tragkonstruktionen treten bei der Verschiebung der Widerlager Zusatzkräfte auf; diese werden meist unter der Annahme untersucht, daß ein oder mehrere Widerlager sich um einen gewissen willkürlichen Betrag (ein oder mehrere Zentimeter) in bestimmter Richtung verschieben. Da die Senkungen der Widerlager durchweg von unübersehbaren Einflüssen abhängen, so ist man auf Schätzungen angewiesen. Man bezweckt durch derartige Untersuchungen meistens nur die Feststellung, ob ein vorgesehenes System gegen diese Einflüsse besonders empfindlich ist. Gegebenenfalls ist alsdann auf die Fundierung und Ausbildung der Widerlager besonderes Gewicht zu legen oder aber man geht zur Wahl eines anderen Systems über. — Es kommen freilich auch Fälle vor, wo Widerlagerverschiebungen von bestimmter Größe beobachtet oder gemessen worden sind. Alsdann kann die Frage aufgeworfen werden, welche Wirkungen diese bestimmten Verschiebungen in der Tragkonstruktion hervorgerufen haben.

§ 2. Innere Kräfte. Formänderungen.

a) Biegungsmomente, Normal- und Querkräfte nebst den zugehörigen Spannungen. — Kernpunktmomente. Das Ziel der statischen Untersuchung eines Tragwerks ist, wie bereits hervorgehoben wurde, insbesondere die Ermittlung der Materialbeanspruchungen und in vielen Fällen auch der Formänderungen; die damit Hand in Hand gehende Bestimmung der Auflagerkräfte liefert die Angaben für die Ausbildung der Widerlager.

Wir untersuchen lediglich stabförmige Körper mit gerader oder schwach gekrümmter Achse. Als Achse eines Stabes wird die Verbindungslinie der Schwerpunkte der aufeinander folgenden Querschnitte bezeichnet. Die etwaige Krümmung der Stabachse muß so gering sein, daß die für gerade Stäbe geltenden einfachen Gesetze der Biegung usw. noch gültig bleiben. Dies ist bei den in der Baupraxis vorkommenden Ausführungen so gut wie stets der Fall.

Die Beanspruchungen stellen sich dar als Biegungs-, Normal- und Schubspannungen; sie sind die Folge der das Tragwerk beanspruchenden Biegungsmomente, Normalkräfte und Querkräfte.

Bei dem in Fig. 1 dargestellten Tragwerk, einem bogenförmigen, biegungsfesten Balken auf zwei Stützen, ist der Einfluß gegebener äußerer Lasten P_1, P_2, P_3, P_4 zu untersuchen. Die zunächst zu ermittelnden Auflagerkräfte, A und H am festen und B am beweglichen Lager, sind ebenfalls zu den äußeren Lasten zu rechnen. Ihre Bestimmung, die rechnerisch oder zeichnerisch erfolgen kann,

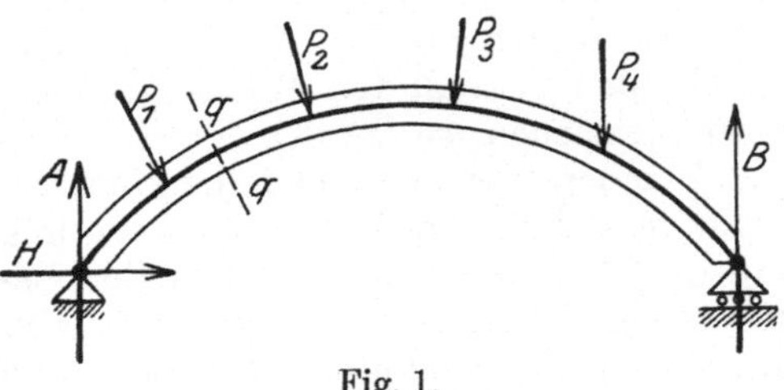

Fig. 1.

wird hier als bekannt vorausgesetzt. Sind die Auflagerkräfte bestimmt, so können in jedem Querschnitt die Beanspruchungen berechnet werden. Zu diesem Zweck sind für den jeweils in Frage stehenden Querschnitt, dessen Spannungen berechnet werden sollen, das daselbst wirksame Biegungsmoment sowie die Normalkraft und Querkraft zu bestimmen. In dem zu untersuchenden Querschnitt — q in Fig. 1 —

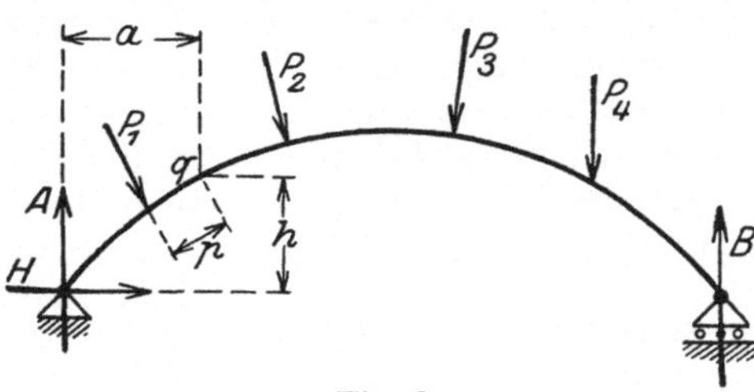

Fig. 2.

denkt man sich das Tragwerk durchgeschnitten und in zwei Teile zerlegt (Fig. 2). Einen der beiden Teile mit den an ihm wirkenden äußeren Kräften (einschließlich der Auflagerkräfte) legt man der Untersuchung zugrunde; welchen von beiden man wählt, ist gleichgültig; das Endergebnis muß stets dasselbe sein. Der Einfachheit halber wird man im allgemeinen denjenigen Teil nehmen, an dem die wenigsten Kräfte wirken, in unserem Falle also den linken. Alsdann gelten folgende Begriffserklärungen:

Unter dem Biegungsmoment des Querschnitts, welches auf den Schwerpunkt des letzteren zu beziehen ist, versteht man das statische Moment aller am abgeschnittenen Teil des Systems wirkenden Kräfte; also

$$M = A \cdot a - P_1 \cdot p_1 - H \cdot h .$$

Hierbei sind am linken Balkenteil die im Sinne des Uhrzeigers drehenden Momente positiv gerechnet; am rechten Balkenteil wären die im umgekehrten Sinne wirkenden Momente als positiv zu bezeichnen. Man könnte natürlich auch die drei in Frage kommenden Kräfte, etwa auf graphischem Wege, zu einer resultierenden Einzelkraft zusammensetzen und das Moment der Resultierenden in bezug auf den Schwerpunkt des Querschnittes bestimmen. Dieser Weg wird vielfach eingeschlagen, zumal weil damit auch die nunmehr zu erklärende Normalkraft und Querkraft leicht gefunden wird.

Unter der Normalkraft des fraglichen Querschnittes q wird die Summe der senkrecht zum Querschnitt wirkenden Komponenten aller am abgeschnittenen Balkenteil wirkenden Kräfte verstanden. Hier wären also die Kräfte A, H und P_1 in Komponenten nach der Richtung qq des Querschnitts und senkrecht zu diesem zu zerlegen; diese letzteren Komponenten senkrecht zur Schnittrichtung, also in Richtung der Achse, ergeben in ihrer Gesamtheit die Normalkraft. Diese wird bald als Druckkraft, bald als Zugkraft positiv gerechnet.

Die Querkraft ist durch die Summe der in die Richtung des Querschnitts fallenden Komponenten aller am abgeschnittenen Balkenteil wirkenden Kräfte gegeben. Man bezeichnet die Querkraft gewöhnlich dann als positiv, wenn sie am linken abgeschnittenen Balkenteil nach oben wirkt; ist sie dagegen am rechten Balkenteil nach oben gerichtet, so wird sie negativ gerechnet.

Statt der am abgeschnittenen Balkenteil wirkenden Einzelkräfte kann auch ihre Resultierende nach den beiden genannten Richtungen zerlegt werden. In Fig. 3 ist die Resultierende R eingezeichnet und im Schnittpunkt mit der Querschnittsrichtung in die Normalkraft N und die Querkraft Q zerlegt. Dadurch wird zugleich der Wert des Momentes M der Resultierenden R gewonnen. Da nämlich die Querkraft Q durch den Schwerpunkt des Querschnittes geht, erzeugt nur die Normalkraft N ein Moment von der Größe:

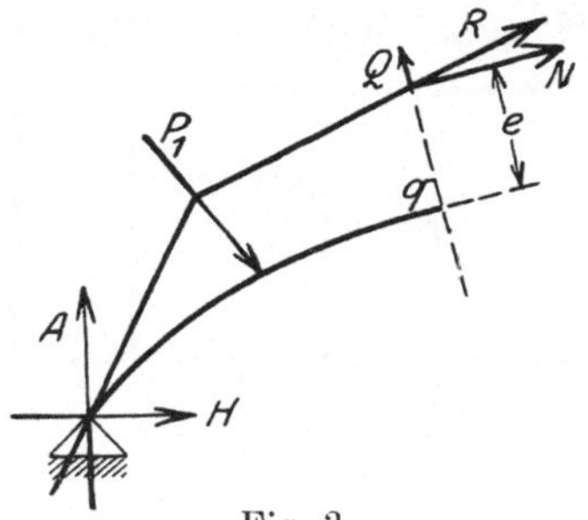

$$M = N \cdot e.$$

Fig. 3.

Sind in dieser Weise für einen bestimmten Querschnitt das Biegungsmoment sowie die Normalkraft und Querkraft bestimmt, so lassen sich die im Querschnitt auftretenden Spannungen (sowie auch die Formänderungen zwischen benachbarten Querschnitten) in einfacher Weise berechnen, und zwar aus der Bedingung, daß die inneren Kräfte den angreifenden äußeren Kräften das Gleichgewicht halten müssen.

Wird ein Querschnitt mit der Fläche F lediglich durch eine im Schwerpunkt angreifende Normalkraft N beansprucht, so treten nur Normalspannungen σ_n auf, die sich nach der Gleichung bestimmen

$$\sigma_n = \frac{N}{F}.$$

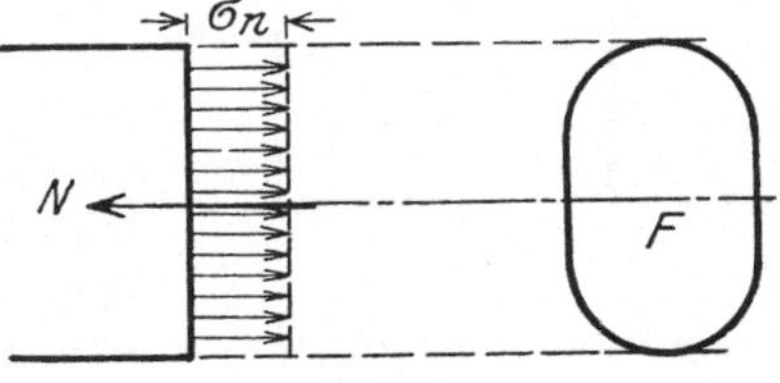

Fig. 4.

Diese Normalspannungen sind gleichmäßig über den Querschnitt verteilt, wie die Fig. 4 darstellt.

Wird ein Querschnitt vom Trägheitsmoment J, dieses bezogen auf die neutrale Faser, durch ein Biegungsmoment M beansprucht, und zwar in der Ebene einer Hauptachse, so berechnen sich die im Abstande y von der neutralen Faser auftretenden **Biegungsspannungen** nach der **Navier**schen Biegungsgleichung (s. Fig. 5):

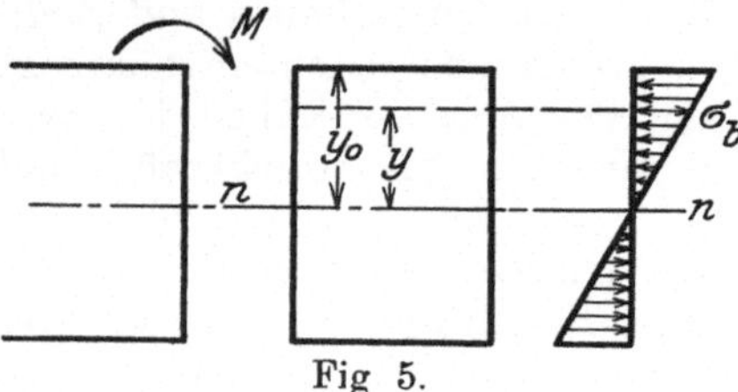

Fig 5.

$$\sigma_b = \frac{M}{J} \cdot y.$$

Die Querschnitte werden auch nach der Biegung als eben angenommen; die Spannungen nehmen proportional dem Abstand y von der neutralen Faser $n{-}n$ zu, erreichen also ihren Höchstwert am Rande, und zwar auf den beiden Seiten der neutralen Faser mit umgekehrten Vorzeichen (Druck- und Zugspannungen). Der Höchstwert von σ im Abstande y_0 von der neutralen Zone wird:

$$\sigma = \frac{M}{J} \cdot y_0 = \frac{M}{J : y_0} = \frac{M}{W}.$$

W nennt man das „Widerstandsmoment“ des Querschnitts.

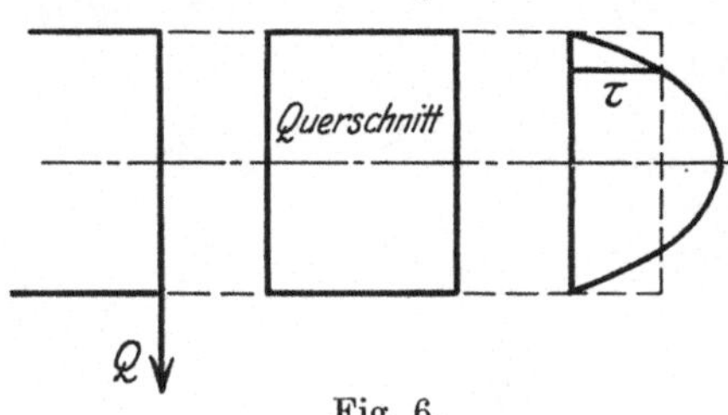

Fig. 6.

Die Schubspannungen τ, die infolge der Querkraft Q auftreten, sind je nach der Form des Querschnitts ungleichmäßig über diesen verteilt. Bei dem in Fig. 6 angenommenen rechteckigen Querschnitt ist die Verteilung z. B. eine parabolische mit dem Höchstwert in der neutralen Faser. Man rechnet aber gewöhnlich, namentlich bei Bestimmung der Formänderungen, so, als ob eine reduzierte Schubspannung τ über den Querschnitt F gleichmäßig verteilt wäre, und setzt daher vor den Quotienten $\dfrac{Q}{F}$ einen Reduktionsfaktor $\varkappa$. Man schreibt:

$$\tau = \varkappa \cdot \frac{Q}{F}.$$

Über die von der Querschnittsform abhängige Zahl $\varkappa$ muß auf die Lehrbücher der Festigkeitslehre verwiesen werden (z. B. **Föppl** III, Festigkeitslehre, § 20 und 24).

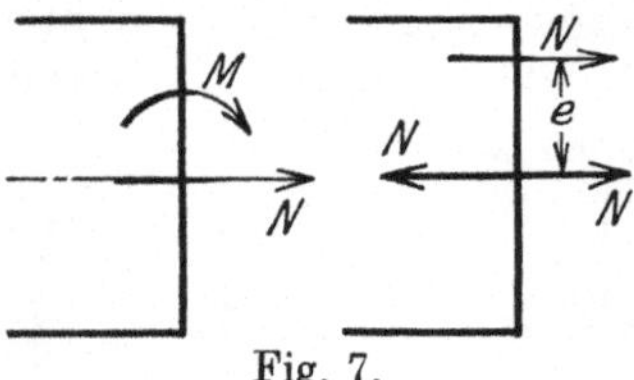

Fig. 7.

Von besonderer Wichtigkeit ist der Fall der **zusammengesetzten Beanspruchung**, wo der Querschnitt gleichzeitig durch eine Normalkraft N und ein Biegungsmoment M beansprucht wird. Es leuchtet ein, daß eine im Schwerpunkt angreifende Normalkraft N zusammen mit einem Biegungsmoment M ebenso wirkt wie eine exzentrisch in gewissem Abstande e vom Schwerpunkt wirkende Last N (s. Fig. 7).

Denn wird in diesem Falle einer exzentrischen Beanspruchung die Last N gleich und entgegengesetzt im Schwerpunkt angebracht, so ist am Belastungszustande nichts geändert; man erkennt aber, daß diese Belastung gleich derjenigen durch eine Normalkraft im Schwerpunkte und durch einen Moment $N \cdot e$ ist. Im Falle der zusammengesetzten oder exzentrischen Belastung wird also die Spannung gefunden durch Zusammensetzung der Normal- und Biegungsspannung nach der Gleichung

$$\sigma = \frac{N}{F} \pm \frac{M}{J} \cdot y.$$

Hier ist die Spannung σ als Funktion zweier Größen, der Normalkraft und des Momentes, dargestellt.

Zu einem vereinfachten Ausdruck für σ, nämlich zu der Form eines einfachen Quotienten, gelangt man unter Zuhilfenahme des Kerns des Querschnittes. Diese Rechnungsweise ist für viele spätere Aufgaben zweckmäßig und soll daher hier kurz dargelegt werden.

Die im Abstande e vom Schwerpunkte angreifende Last N (Fig. 8) erzeugt eine Normalspannung σ_n und eine Biegungsspannung, deren Höchstwert am Rande mit $\pm \sigma_b$ bezeichnet werden möge (σ_b braucht an beiden Rändern nicht etwa gleich zu sein). σ_n und σ_b setzen sich durch Addition bzw. Subtraktion zu den Randspannungen σ_1 und σ_2 zusammen, um deren Berechnung es sich hier handelt. Man findet (Fig. 8), wenn man die Widerstandsmomente

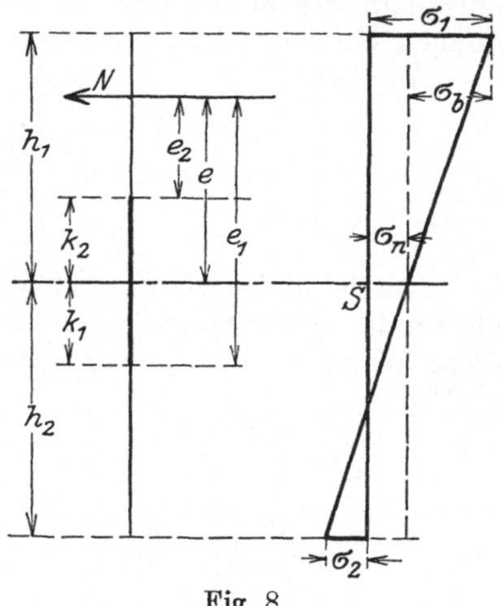

Fig. 8.

$$\frac{J}{h_1} = W_1 \quad \text{und} \quad \frac{J}{h_2} = W_2$$

einsetzt und die Druckspannungen positiv, die Zugspannungen negativ rechnet:

$$\sigma_1 = \frac{N}{F} + \frac{N \cdot e}{W_1} = \frac{N}{F}\left(1 + \frac{F \cdot e}{W_1}\right),$$

$$\sigma_2 = \frac{N}{F} - \frac{N \cdot e}{W_2} = \frac{N}{F}\left(1 - \frac{F \cdot e}{W_2}\right).$$

Um nun die Werte W_1 und W_2 auf andere Art (mit Hilfe der Kernradien) darzustellen, beachte man folgendes: Der Kern ist derjenige Teil des Querschnittes, innerhalb dessen die Last N angreifen muß, wenn keine Zugspannungen, sondern nur Druckspannungen entstehen sollen. Greift die Last N auf dem Kernrad an, so muß die

Spannung in einem Querschnittsrand 0 werden, und zwar wird die Spannung im unteren Rand 0, wenn die Last N im oberen Kernrand angreift, und umgekehrt. —

Greift die Last im oberen Kernrand an, so wird σ_2 zu 0. In obiger Gleichung für σ_2 ist alsdann die Kernweite k_2 für e einzusetzen. Also wird:

$$\sigma_2 = \frac{N}{F}\left(1 - \frac{F \cdot k_2}{W_2}\right) = 0.$$

Der Klammerwert muß also zu 0 werden, d. h. es ist

$$W_2 = F \cdot k_2. \quad \ldots \ldots \ldots \ldots \quad (1)$$

Ganz entsprechend wird σ_1 zu 0, wenn $e = k_1$ wird, d. h. wenn die Last in den unteren Kernrand rückt. Natürlich ist im Wert von σ_1 in der Klammer das Minuszeichen einzusetzen, da die Kraft N unterhalb des Schwerpunktes liegt, die Normal- und Biegungsspannungen oberhalb des Schwerpunktes sich demnach subtrahieren.

Also wird:

$$\sigma_1 = \frac{N}{F}\left(1 - \frac{F \cdot k_1}{W_1}\right) = 0$$

oder

$$W_1 = F \cdot k_1. \quad \ldots \ldots \ldots \ldots \quad (2)$$

Durch die Gleichungen (1) und (2) sind die Widerstandsmomente als Produkte aus Querschnitt und Kernradius dargestellt. Setzt man diese Werte in die Gleichungen für σ_1 und σ_2 ein, so ergibt sich (s. Fig. 7):

$$\sigma_1 = \frac{N}{F}\left(1 + \frac{F \cdot e}{F \cdot k_1}\right) = N\,\frac{k_1 + e}{F \cdot k_1} = \frac{N \cdot e_1}{F \cdot k_1} = \frac{N \cdot e_1}{W},$$

$$\sigma_2 = \frac{N}{F}\left(1 - \frac{F \cdot e}{F \cdot k_2}\right) = N\,\frac{k_2 - e}{F \cdot k_2} = -\frac{N \cdot e_2}{F \cdot k_2} = -\frac{N \cdot e_2}{W_2}.$$

$$\left.\begin{aligned}
\sigma_1 &= \frac{N \cdot e_1}{W_1}\\[2mm]
\sigma_2 &= -\frac{N \cdot e_2}{W_2}
\end{aligned}\right\} \quad \ldots \ldots \ldots \quad (3)$$

Nach den Gleichungen (3) berechnen sich also die Randspannungen bei zusammengesetzter Beanspruchung auf Biegung und Druck in Form einfacher Biegungsspannungen, nur sind dabei die Exzentrizitäten e_1 und e_2 nicht bis zum Schwerpunkt, sondern bis zum Kernrand zu messen. Die eine Randspannung (hier σ_2) ist negativ, wenn die Kraft N außerhalb des Kerns angreift, also $e > k_2$ ist. —

b) Formänderungen, d. h. Lagenänderungen benachbarter Stabquerschnitte. Sind für die einzelnen Stellen des Systems die Werte M, N und Q bestimmt, so lassen sich die Formänderungen der einzelnen Stabelemente angeben, sobald das Dehnungsgesetz bekannt ist. Allen folgenden Untersuchungen wird nun das sogenannte Hookesche Gesetz zugrunde gelegt, das innerhalb der Grenzen unserer Spannungsberechnungen für die meisten Baustoffe genau genug gilt. Es sagt aus, daß die Spannungen σ und die Dehnungen ε einander proportional sind. In der Gleichung

$$\varepsilon = \frac{\sigma}{E},$$

die diese Proportionalität ausdrückt, erscheint für jeden Baustoff eine konstante Größe E, der sogenannte Elastizitätsmodul, der den Zusammenhang zwischen Spannung und Dehnung festlegt. Unter der Spannung σ wird die Spannkraft pro Flächeneinheit verstanden

$$\left(\sigma = \frac{\text{Kraft}}{\text{Fläche}} = \frac{N}{F}\right),$$

unter Dehnung ε die Längenänderung pro Längeneinheit.

$$\left(\varepsilon = \frac{\text{Längenzuwachs}}{\text{Länge}} = \frac{\Delta l}{l}\right).$$

Schreibt man $E = \dfrac{\sigma}{\varepsilon}$, so wird E gleich derjenigen Spannung, bei welcher $\varepsilon = \dfrac{\Delta l}{l} = 1$ ist, d. h. bei der $\Delta l = l$ ist. Der Elastizitätsmodul bezeichnet also diejenige Spannung, durch die der Stab um seine eigene Länge verlängert würde.

Denkt man sich aus einem Stabe ein Stabelement von der Länge ds herausgeschnitten, so läßt sich die Formänderung dieses Elementes leicht angeben. Die beiden begrenzenden Querschnitte seien so nahe benachbart, daß die Spannungen in beiden Querschnitten (angenähert) als gleich angesehen werden können.

Die Längenänderung Δds des Elementes ds findet man, wenn die Querschnitte lediglich durch eine Normalkraft N beansprucht sind, wie folgt. Es ist:

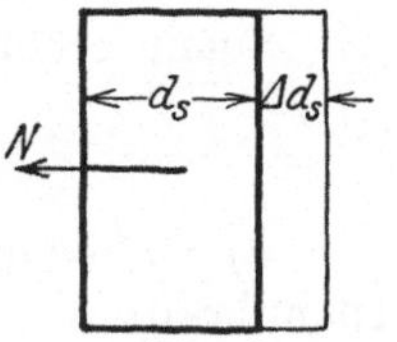

$$\varepsilon = \frac{\Delta ds}{ds} = \frac{\sigma}{E} = \frac{N}{F \cdot E},$$

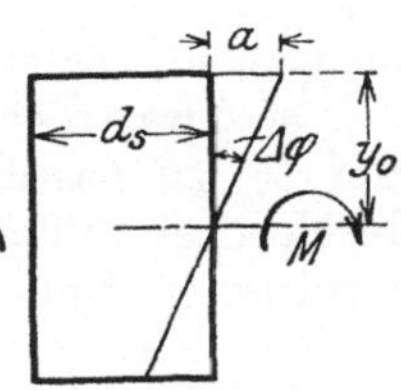

Fig. 9.

also

$$\Delta ds = \frac{N \cdot ds}{F \cdot E}. \quad\quad\quad\quad\quad\quad\quad (4)$$

Für die Verdrehung $\Delta \varphi$ zweier um ds voneinander entfernter Querschnitte gegeneinander findet man, wenn lediglich ein Biegungsmoment M die Querschnitte beansprucht, nach Fig. 10 den folgenden Ausdruck (für den kleinen Winkel ist die Tangente eingesetzt):

$$\Delta \varphi = \frac{a}{y_0}.$$

Fig. 10.

Die Verlängerung a der äußersten Faser ist proportional der Randspannung σ, nämlich

$$a = \frac{\sigma \cdot ds}{E}.$$

Die Randspannung σ ist proportional dem Moment, nämlich

$$\sigma = \frac{M}{J} \cdot y_0,$$

wo J das Trägheitsmoment des Querschnitts bedeutet. Also ergibt sich:

$$\Delta\varphi = \frac{M \cdot ds}{E \cdot J} \quad \ldots \ldots \ldots \ldots \ldots (5)$$

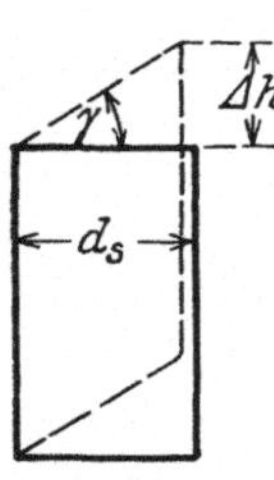

Fig. 11.

Die Vertikalverschiebung Δh zweier benachbarter, von einer Querkraft Q beanspruchter Querschnitte nimmt den Wert an (s. Fig. 11):

$$\Delta h = \gamma \cdot ds.$$

Der Schubverdrehungswinkel γ ist proportional der Schubspannung τ. Es ist

$$\gamma = \frac{\tau}{G},$$

wo G den Schubelastizitätsmodul bedeutet. Für die Schubspannung τ, die nicht gleichmäßig über den Querschnitt verteilt ist, nimmt man einen im ganzen Querschnitt konstanten Wert an, indem man den Reduktionsfaktor $\varkappa$ einführt (vgl. S. 6); man schreibt also:

$$\tau = \varkappa \frac{Q}{F}.$$

Somit erhält man:

$$\Delta h = \varkappa \frac{Q \cdot ds}{G \cdot F}. \quad \ldots \ldots \ldots \ldots (6)$$

c) Stabspannkräfte in Fachwerken[1]). Die Ermittlung der Stabspannkräfte in Fachwerken kann zeichnerisch und rechnerisch erfolgen. Die zeichnerischen Methoden, wie das Zeichnen von Kräfteplänen oder die Zerlegung einer Kraft nach drei Richtungen (Culmannsches Verfahren) usw., werden als bekannt vorausgesetzt.

Hier sollen nur einige Formeln zur Berechnung der Spannkräfte aus den Knotenpunktsmomenten angegeben werden. Es zeigt sich nämlich, daß alle Stabspannkräfte sich durch diese Momente ausdrücken lassen.

α) Spannkräfte in den Gurtungen. Um die Gurtkräfte O_m und U_m zu bestimmen, legen wir den in Fig. 12 angedeuteten Schnitt durch drei Stäbe (Ritterscher Schnitt) und wenden auf den abgeschnittenen linken (oder rechten) Fachwerkteil die Gleichgewichts-

---

[1]) Wir benötigen die hier abzuleitenden Gleichungen später bei der Untersuchung elastischer Formänderungen von Fachwerken.

bedingung an, daß die Summe der Momente aller Kräfte in bezug auf einen beliebigen Punkt der Ebene gleich Null sein muß. Q und H bedeuten die Resultierenden der Vertikal- bzw. Horizontalkräfte am abgeschnittenen Systemteil. Um O zu bestimmen, nehmen wir m als Momentenpunkt; D_m und U_m gehen durch m, geben also das Moment O, und es bleibt

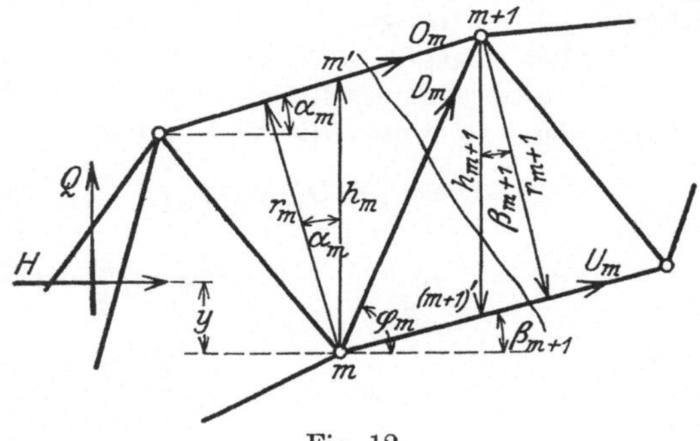

Fig. 12.

$$M_m + O_m \cdot r_m = 0 .$$

Setzt man

$$r_m = h_m \cdot \cos \alpha_m ,$$

so wird

$$O_m = - \frac{M_m}{h_m \cdot \cos \alpha_m} . \qquad \ldots \ldots \ldots \quad (7)$$

Entsprechend ergibt sich, wenn man $(m + 1)$ als Momentenpunkt wählt, für U_m die Gleichung:

$$M_{m+1} - U_m \cdot r_{m+1} = 0,$$

$$U_m = + \frac{M_{m+1}}{r_{m+1}},$$

oder da

$$r_{m+1} = h_{m+1} \cdot \cos \beta_{m+1} ,$$

$$U_m = + \frac{M_{m+1}}{h_{m+1} \cdot \cos \beta_{m+1}} . \qquad \ldots \ldots \quad (8)$$

In beiden Gleichungen (7) und (8) bedeuten M_m bzw. M_{m+1} die Knotenpunktsmomente infolge der am abgeschnittenen Balkenteil wirkenden Kräfte; α und β sind die Neigungswinkel der Gurtstäbe gegen die Horizontale. Die Gleichungen zeigen, daß die Spannkraft im Obergurt bei positivem Moment negativ, die im Untergurt dagegen positiv ist.

β) Spannkräfte in den Diagonalen (Fig. 12). Werden zunächst nur vertikale äußere Kräfte angenommen, so ergibt sich, wenn man die Summe der Horizontalkräfte am abgeschnittenen Balkenteil gleich 0 setzt (Gleichgewichtsbedingung), die Gleichung

$$D_m \cdot \cos \varphi_m + O_m \cdot \cos \alpha_m + U_m \cdot \cos \beta_{m+1} = 0.$$

Setzt man für O_m und U_m die Werte aus Gleichung (7) und (8) ein, so erhält man

$$D_m \cdot \cos \varphi_m = \frac{M_m}{h_m} - \frac{M_{m+1}}{h_{m+1}} . \qquad \ldots \ldots \quad (9)$$

Das erste (positive) Glied entspricht dem Fußpunkt, das zweite dem Kopfpunkt der Diagonale.

Wirken dagegen auch horizontale äußere Kräfte am System, deren Resultierende am linken abgeschnittenen Balkenteil die Größe H haben möge, so ergibt die vorhin benutzte Bedingung die Gleichung

$$D_m \cdot \cos \varphi_m + O_m \cdot \cos \alpha_m + U_m \cdot \cos \beta_{m+1} + H = 0$$

oder

$$D_m \cdot \cos \varphi_m = \frac{M_m}{h_m} - \frac{M_{m+1}}{h_{m+1}} - H \cdot \frac{h_m}{h_m};$$

$$D_m \cdot \cos \varphi_m = \frac{M_m - H \cdot h_m}{h_m} - \frac{M_{m+1}}{h_{m+1}}.$$

Der Zähler $M_m - H \cdot h_m$ stellt das Moment für den Punkt m' dar, der senkrecht über m auf dem Obergurt liegt (Fig. 12). Denn H liefert zu M_m den Beitrag $+ H \cdot y$; zieht man hiervon $H \cdot h$ ab, so bleibt das Moment für m'.

Beide Momente in vorstehender Gleichung sind also bezogen auf Punkte der gleichen, und zwar hier der oberen Gurtung; wir schreiben daher

$$D_m \cdot \cos \varphi_m = \frac{M_m^0}{h_m} - \frac{M_{m+1}^0}{h_{m+1}} \quad \ldots \ldots \ldots \text{(9a)}$$

Hätte man vorhin in der Gleichung für $D_m \cdot \cos \varphi_m$ den Wert H mit $\frac{h_{m+1}}{h_{m+1}}$ statt mit $\frac{h_m}{h_m}$ multipliziert, so hätte man erhalten

$$D_m \cdot \cos \varphi_m = \frac{M_m}{h_m} - \frac{M_{m+1} + H \cdot h_{m+1}}{h_{m+1}}.$$

Der Zähler $M_{m+1} + H \cdot h_{m+1}$ liefert das Moment für den Punkt $(m+1)'$, der senkrecht unter $(m+1)$ auf der unteren Gurtung liegt. Also ergibt sich, wenn man die Momentenpunkte durch den Index u als auf der unteren Gurtung gelegen kennzeichnet, die Gleichung in folgender Form:

$$D_m \cdot \cos \varphi_m = \frac{M_m^u}{h_m} - \frac{M_{m+1}^u}{h_{m+1}} \quad \ldots \ldots \ldots \text{(9b)}$$

Die Gleichungen (9a) und (9b) zeigen, daß, falls auch horizontale Kräfte wirken, die Gleichung (9) der Form nach gültig bleibt, daß aber die Momente M_m und M_{m+1} auf Punkte der nämlichen Gurtung bezogen werden müssen. Dabei ist es gleichgültig, ob man diese Punkte auf der oberen oder der unteren Gurtung wählt.

Die Formeln gelten für rechtssteigende wie für rechtsfallende Diagonalen; man beachte nur, daß das erste (positive) Glied sich auf den Fußpunkt der Diagonale bezieht.

γ) Spannkräfte in den Vertikalen (Fig. 13). Es seien wiederum zunächst nur Vertikallasten angenommen. Wir trennen durch den in Fig. 13 angedeuteten Schnitt den linken Fachwerkteil ab und benutzen die Gleichgewichtsbedingung, daß die Summe der Vertikalkräfte am abgeschnittenen Systemteil gleich Null sein muß. — Es besteht also, wenn wir die Belastung am Obergurt annehmen, die Gleichung (Fig. 13)

$$V + O_m \cdot \sin \alpha_m + U_{m+1} \cdot \sin \beta_{m+1} + Q_m = 0,$$

oder, wenn man mit der (konstant angenommenen) Feldweite λ multipliziert,

$$V \cdot \lambda = \frac{M_{m'}}{h_m} \cdot \lambda \cdot \operatorname{tg} \alpha - \frac{M_m}{h_m} \cdot \lambda \cdot \operatorname{tg} \beta_{m+1} - Q_m \cdot \lambda.$$

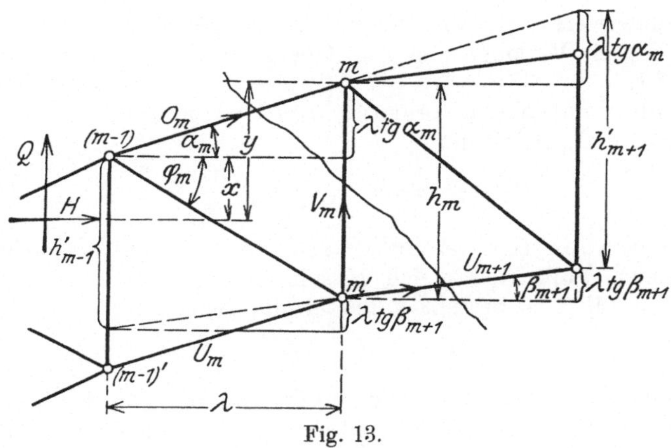

Fig. 13.

Hier ist $M_{m'} = M_m$, da nur vertikale Lasten angenommen wurden; Q_m bedeutet die Summe aller links vom Schnitt wirkenden Vertikalkräfte. — Um auch das letzte Glied durch die Momente auszudrücken, benutzen wir die bekannte Beziehung

$$M_m = M_{m-1} + Q_m \cdot \lambda,$$

d. h. das Moment für den Punkt m ist gleich demjenigen für den vorhergehenden Punkt $(m-1)$, vermehrt um die mit der Feldweite λ multiplizierte Querkraft Q_m. Somit ergibt sich

$$V_m \cdot \lambda = \frac{M_m}{h_m} \cdot \lambda \cdot \operatorname{tg} \alpha - \frac{M_m}{h_m} \cdot \lambda \cdot \operatorname{tg} \beta_{m+1} - M_m + M_{m-1}$$

$$= M_{m-1} - \frac{M_m}{h_m} \left(h_m - \lambda \cdot \operatorname{tg} \alpha_m + \lambda \cdot \operatorname{tg} \beta_{m+1} \right).$$

Der Klammerwert stellt die in Fig. 13 angegebene Strecke h'_{m-1} dar, die man durch Verlängerung des Untergurts U_{m+1} bis zur Vertikalen h_{m-1} erhält. Also ergibt sich bei Belastung des Obergurts durch vertikale Kräfte

$$V_m \cdot \lambda = M_{m-1} - M_m \cdot \frac{h'_{m-1}}{h_m} \quad \ldots \ldots \quad (10\,\mathrm{a})$$

Bei Belastung des Untergurts tritt zu den Lasten links vom Schnitt eine weitere Last am Punkt m' zur Querkraft hinzu. Wir haben mit Q_{m+1} zu rechnen und daher zu setzen:

$$M_{m+1} = M_m + Q_{m+1} \cdot \lambda.$$

Mit diesem Wert ergibt sich

$$V \cdot \lambda = \frac{M_m}{h_m} \cdot \lambda \cdot \operatorname{tg} \alpha_m - \frac{M_m}{h_m} \cdot \lambda \cdot \operatorname{tg} \beta_{m+1} - M_{m+1} + M_m,$$

$$V \cdot \lambda = - M_{m+1} + \frac{M_m}{h_m} \cdot (h_m + \lambda \cdot \operatorname{tg} \alpha_m - \lambda \cdot \operatorname{tg} \beta_{m+1}).$$

Der Klammerwert stellt die in Fig. 13 angegebene Strecke h'_{m+1} dar, die man durch Verlängerung des Obergurts O_m bis zur Vertikalen h_{m+1} erhält.

Es gilt somit bei Belastung des Untergurts durch vertikale Kräfte die Gleichung

$$V_m \cdot \lambda = - M_{m+1} + M_m \cdot \frac{h'_{m+1}}{h_m} \quad \ldots \ldots \quad \text{(10b)}$$

Wirken auch Horizontalkräfte, deren Resultierende am abgeschnittenen Balkenteil gleich H sein möge, so ist zunächst nicht mehr $M_{m'} = M_m$; es besteht vielmehr die Beziehung

$$M_{m'} = M_m + H \cdot h_m.$$

Ferner ist zu beachten, daß die Größen M_m und M_{m-1} den Einfluß der Vertikal- und Horizontalkräfte in sich schließen, daß aber die zur Bestimmung des Gliedes $Q_m \cdot \lambda$ dienende Gleichung nur Momente $M^{(v)}$ infolge der Vertikalkräfte vorsieht, so daß man schreiben muß

$$Q_m \cdot \lambda = M_m^{(v)} - M_{m-1}^{(v)}.$$

Hierbei ist gemäß Fig. 13 zu setzen

$$M_m^{(v)} = M_m + H \cdot y,$$

$$M_{m-1}^{(v)} = M_m + H \cdot x.$$

Setzt man diese Werte in die früher benutzte Gleichung für $V_m \cdot \lambda$ ein, so erhält man

$$V_m \cdot \lambda = \frac{M_m + H \cdot h_m}{h_m} \cdot \lambda \cdot \operatorname{tg} \alpha_m - \frac{M_m}{h_m} \cdot \lambda \cdot \operatorname{tg} \beta_{m+1}$$

$$- [(M_m + H \cdot y) - (M_{m-1} + H \cdot x)]$$

$$= M_{m-1} - \frac{M_m}{h_m}(h_m - \lambda \cdot \operatorname{tg} \alpha_m + \lambda \cdot \operatorname{tg} \beta_{m+1}) + H(-y + x + \lambda \cdot \operatorname{tg} \alpha).$$

Da der Faktor von H gemäß Fig. 13 gleich Null ist, so ergibt sich

$$V \cdot \lambda = M_{m-1} - M_m \cdot \frac{h'_{m-1}}{h_m}.$$

Die Form des Ausdrucks ist die gleiche wie wenn ausschließlich vertikale Kräfte wirkten (Gl. 10a). **Man beachte aber, daß jetzt die Momente auf die Punkte** $(m-1)$ **und** m **der belasteten oberen Gurtung bezogen werden müssen.** Um dies zu kennzeichnen, schreiben wir die Gleichung für die Spannkraft der Vertikalen bei (beliebiger) Belastung des Obergurts wie folgt:

$$V_m \cdot \lambda = M^o_{m-1} - M^o_m \cdot \frac{h'_{m-1}}{h_m} \quad \ldots \ldots \quad \textbf{(10c)}$$

Ebenso ergibt sich die der Gleichung (10b) entsprechende Gleichung für die Spannkraft der Vertikalen bei (beliebiger) Belastung am Untergurt in folgender Form:

$$V_m \cdot \lambda = - M^u_{m-1} + M^u_m \cdot \frac{h''_{m+1}}{h_m}, \quad \ldots \ldots \quad \textbf{(10d)}$$

wobei durch den Index u gekennzeichnet werden soll, daß sich die Momente auf die Punkte der belasteten unteren Gurtung beziehen. —

Literaturangaben: Zum Abschn. A wie überhaupt zur Berechnung statisch bestimmter Systeme vergleiche man: Föppl: Vorlesungen über Technische Mechanik, Band II, Graphische Statik, Abschnitt 1 und 4. Mehrtens: Vorlesungen über Ingenieurwissenschaften, Band II und III, 2te Hälfte. Müller-Breslau: Die graphische Statik der Baukonstruktionen, Band I.

B. Die Bedingungsgleichungen zur Berechnung statisch unbestimmter Systeme.

§ 3. Grundbegriffe und Bezeichnungen.

a) Grundsystem und überzählige Größen X. Bei den statisch bestimmten Systemen, z. B. beim einfachen Balken oder dem Dreigelenkbogen, lassen sich alle statischen Größen S, etwa ein Moment oder ein Auflagerdruck, mit Hilfe der drei Gleichgewichtsbedingungen bestimmen. Diese lauten:

$$\Sigma V = 0, \quad \Sigma H = 0, \quad \Sigma M = 0,$$

d. h. die Summe der Vertikalkräfte (ΣV), die Summe der Horizontalkräfte (ΣH) und die Summe der Momente (ΣM) für jeden Punkt der Ebene ist $= 0$. Bei den sogenannten statisch unbestimmten Systemen genügen diese drei Gleichgewichtsbedingungen nicht mehr. Gibt man einem auf zwei Stützen A und B ruhenden Balken weitere Stützpunkte $a, b, c, \ldots, n$ (Fig. 14), so lassen sich die nunmehr hinzukommenden Stützendrücke X nicht mehr auf dem bisherigen einfachen Wege bestimmen[1]).

---

[1]) Daß diese Stützendrücke in der Tat wirksam werden, folgt daraus, daß der Träger aus elastischem Material besteht und daher unter dem Einfluß einer äußeren Belastung P_m seine Form zu ändern bestrebt ist. Eine Senkung

In den Stützpunkten $a, b, c, \ldots, n$ treten also überzählige Größen auf, die mit $X_a, X_b, X_c, \ldots, X_n$ bezeichnet werden sollen.

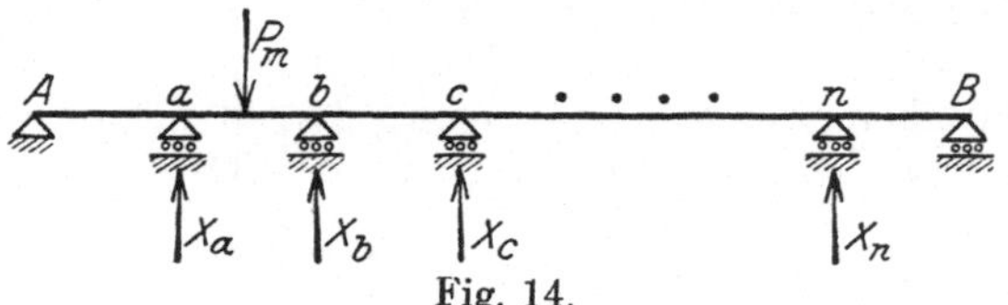

Fig. 14.

Überzählige Größen heißen sie deshalb, weil sie zur unverschieblichen Festlegung des Systems, d. h. hier des Balkens AB, nicht erforderlich sind. Die Werte X werden auch statische Unbekannte genannt, weil sie sich, wie gesagt, nicht mehr mit Hilfe der Gleichgewichtsbedingungen berechnen lassen. Die Zahl der Überzähligen X gibt zugleich den Grad der statischen Unbestimmtheit an: sind ν Überzählige $(X_a, X_b, X_c, \ldots, X_n)$ vorhanden, so heißt das System ν-fach statisch unbestimmt. Werden die Träger der Überzähligen X, d. h. jene Teile des Tragwerkes, in denen die Größen X wirken (in unserem Falle also die Lager), beseitigt (Fig. 15), so geht

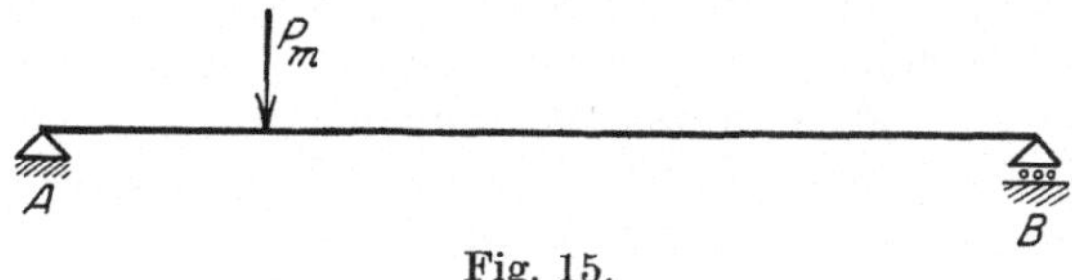

Fig. 15.

das System in ein statisch bestimmtes über. In unserem Falle ist dies der einfache Balken AB. Dieses System wird als das Grundsystem bezeichnet. Wir setzen voraus, daß dieses System nicht etwa beweglich, sondern starr ist. Als Grundsystem bezeichnen wir demnach dasjenige statisch bestimmte und starre System, in welches das ursprüngliche System nach Beseitigung sämtlicher überzähligen Größen X übergeht.

Die Wahl des Grundsystems und der überzähligen Größen ist bei jeder Aufgabe zuerst vorzunehmen. Hierbei ist zu beachten, daß ein gegebenes statisch unbestimmtes System nicht etwa nur ein Grundsystem hat. Vielmehr können durchweg die Überzähligen und damit das Grundsystem auf mannigfache Weise gewählt werden. Bei dem in Fig. 16 dargestellten Träger könnte man z. B. auch die Lager A und B beseitigen und zwei der sonstigen Stützen a bis d beibehalten (Fig. 16a). Auch kann man alle Stützen beibehalten und sonstige überzählige Größen beseitigen. In Fig. 16b sind statt der vier Stützendrücke vier Einspannungsmomente beseitigt, indem an vier Punkten des durchgehenden Balkens Gelenke eingelegt wurden. Als Grundsystem ergibt sich also ein sogenannter Gerberbalken.

---

der Punkte $a, b, c, \ldots n$ ist aber infolge der starren Stützung unmöglich. Die Stützen müssen also Widerstände (Reaktionen) ausüben, um die Punkte $a, b, c, \ldots n$ in ihrer Lage zu erhalten.

Schließlich sind in Fig. 16c die Momente über den Stützen (Stützenmomente) beseitigt; man erhält als Grundsystem fünf zusammen-
hängende Einzelbalken[1]).

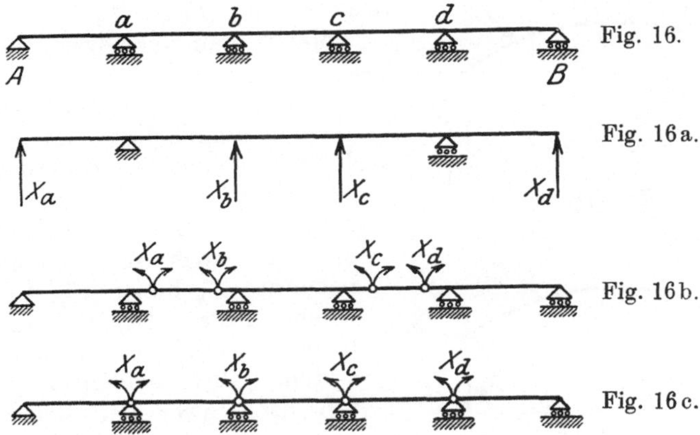

Fig. 16.

Fig. 16a.

Fig. 16b.

Fig. 16c.

Wenn man auch das Grundsystem auf mannigfache Weise her-
stellen kann, so ist es doch für die Rechnung keineswegs gleichgültig,
welches Grundsystem gewählt wird. Bei ein und derselben Aufgabe
kann durch ungeeignete Wahl des Grundsystems die Rechnung wesentlich umständlicher werden. Im allgemeinen ist daher auf die Wahl
eines möglichst zweckmäßigen Grundsystems besonderer Wert zu
legen. Nach welchen Gesichtspunkten dies zu beurteilen ist, kann
natürlich erst der später zu behandelnde Rechnungsgang zeigen.

<h3 style="text-align:center">Erläuterung vorstehender Angaben über die Wahl
des Grundsystems.</h3>

Bezüglich der Wahl des Grundsystems und der überzähligen
Größen X sollen an einem einfachen Beispiele noch einige Erläuterungen gegeben werden.

Der in Fig. 17a dargestellte einseitig eingespannte Balken stellt
ein statisch bestimmtes System dar.
Die drei Auflagerreaktionen, nämlich die Vertikalkraft A, die Hori-
zontalkraft H und das Einspannungsmoment M lassen sich für
jede äußere Belastung P_m mit Hilfe
der Gleichgewichtsbedingungen be-

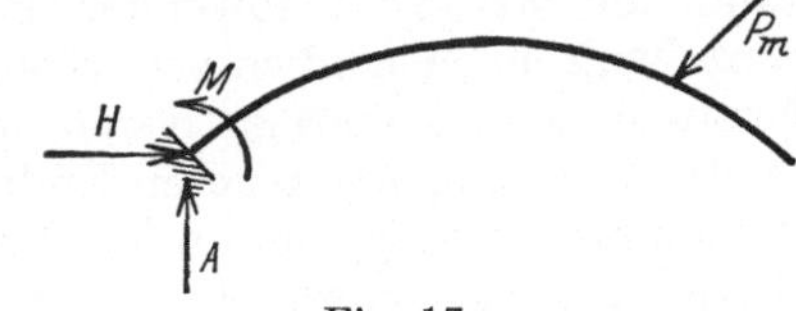

Fig. 17a.

stimmen. Sie genügen, um das System unbeweglich festzulegen.

Gibt man dem freien Ende ein Rollenlager, so tritt eine überzählige Kraft X_a hinzu, die senkrecht zur Lagerfläche gerichtet ist.
Denn der Endpunkt des Freiträgers würde sich unter dem Einfluß

---

[1]) Vgl. die nachfolgenden Erläuterungen zur Frage der Wahl des Grundsystems.

der Last P_m infolge der elastischen Formänderung des Systems auch in vertikaler Richtung verschieben. Dies verhindert die Lagerung, d. h. die am Lager wirksam werdende Reaktion X_a (Fig. 17b).

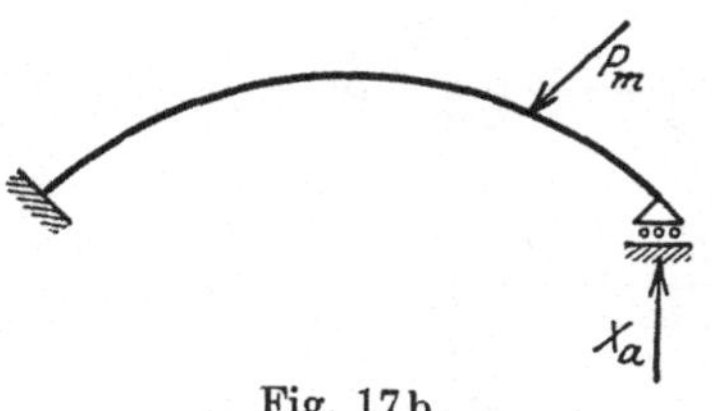

Fig. 17b.

Macht man das bewegliche Lager fest, so wird auch die bisher noch mögliche horizontale Verschiebung des Punktes a aufgehoben. Es muß also auch in horizontaler Richtung eine Kraft wirksam werden, welche die besagte Verschiebung verhindert, d. h. es tritt noch eine zweite Unbekannte X_b hinzu (Fig. 17c). In einem festen Lager kann eine beliebig gerichtete Reaktion auftreten. Ihre beiden Komponenten nach zwei (an sich beliebigen) Richtungen stellen die Kraft dar und geben zugleich die beiden unbekannten Auflagerreaktionen.

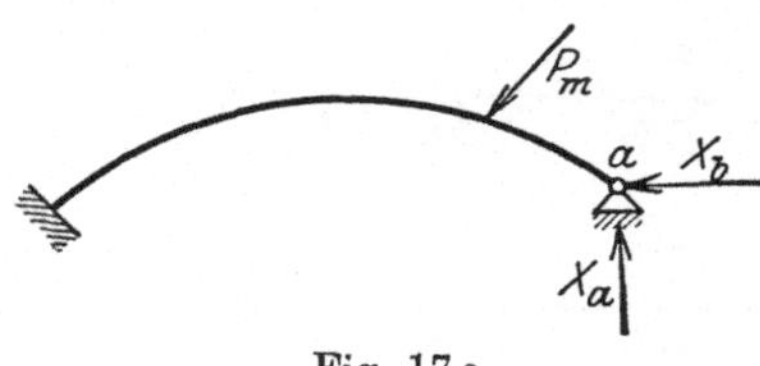

Fig. 17c.

Bisher war noch die elastische Verdrehung des rechten Stabendes möglich. Fügt man aber am rechten Lager eine feste Einspannung hinzu, so wird auch die Möglichkeit einer Verdrehung behoben; es tritt daher als dritte Unbekannte ein Drehmoment X_c hinzu, welches einer Verdrehung des Stabes entgegenwirkt (Fig. 17d). An einer festen Einspannstelle sind also insgesamt drei Unbekannte wirksam: zwei Kraftkomponenten und ein Einspannungsmoment.

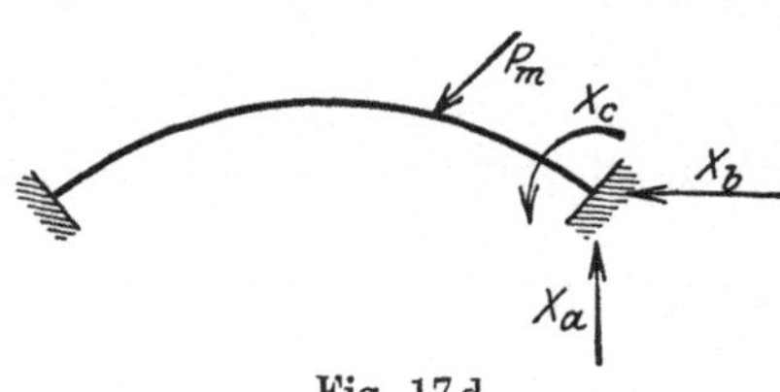

Fig. 17d.

Es sei nun der in Fig. 17d dargestellte, beiderseits eingespannte Balken gegeben und der Grad der Unbestimmtheit festzustellen. Man kann die Frage in folgender Form stellen: Welche und wie viele Einzelwirkungen sind zu beseitigen, damit das Tragwerk in ein statisch bestimmtes und starres System übergeht? — Entfernt man die gesamte Lagerung am rechten Ende, so bleibt der einseitig eingespannte Balken als Grundsystem übrig. Dabei sind, wie oben auf umgekehrtem Wege dargelegt wurde, die genannten drei Reaktionen zu beseitigen, und diese stellen die Unbekannten X des dreifach statisch unbestimmten Systems dar.

Dieselbe Aufgabe läßt sich aber auch in anderer Form lösen. Beseitigt man zunächst an den beiden Enden die Einspannungen, so daß die freie Drehung der Stabenden möglich wird, so sind zwei überzählige Reaktionen X_a und X_b (Einspannungsmomente) zu entfernen (Fig. 18a). Damit ist das System aber noch nicht statisch bestimmt; denn es sind noch zwei feste Fußgelenke vorhanden, und in jedem Gelenk

wirken zwei Kraftkomponenten, also insgesamt vier unbekannte Größen.
Da nur drei Gleichgewichtsbedingungen zur Verfügung stehen, so muß
noch eine Reaktion entfernt werden.
Es liegt nahe, das eine der beiden
festen Lager beweglich zu machen,
also die horizontale Komponente (X_c)
der Lagerreaktion zu beseitigen. Alsdann geht das System in den einfachen Balken auf zwei Stützen
über; dieser bildet also das
Grundsystem. Die Unbekannten sind zwei Einspannungsmomente X_a und X_b und der
Horizontalschub X_c (Fig. 18 b).

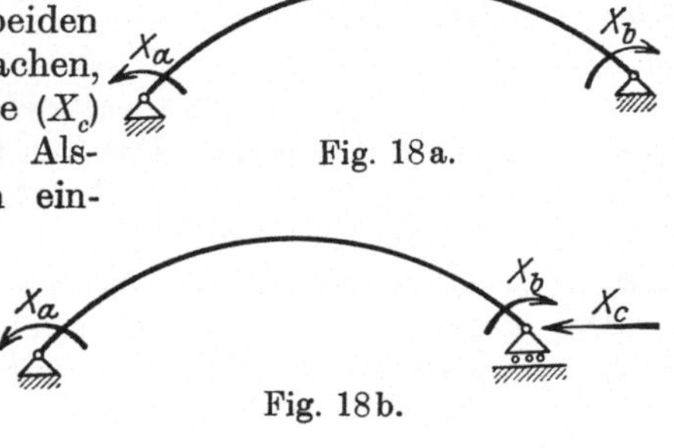
Fig. 18 a.

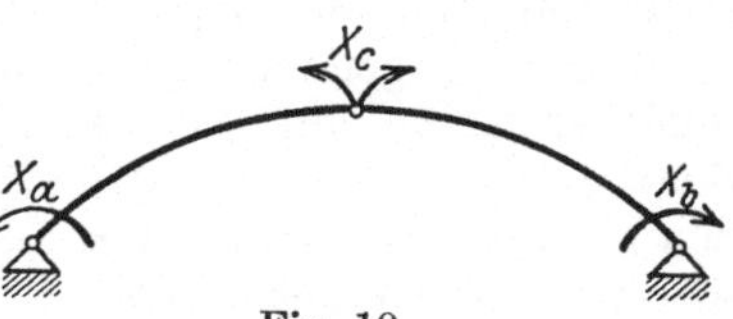
Fig. 18 b.

Nach Beseitigung der beiden Einspannungsmomente X_a und X_b
an den Auflagern könnte man den alsdann vorliegenden Zweigelenk-
bogen (Fig. 18 a) auch dadurch statisch bestimmt machen, daß man
an einer weiteren Stelle, etwa im
Scheitel des Bogens, noch ein Einspannungsmoment (X_c) beseitigt, d. h.
also ein Gelenk an die Stelle der
festen Durchführung setzt· (Fig. 19,
Dreigelenkbogen). —

In einem festen Gelenk kann
eine beliebig gerichtete Reaktion wirksam
sein, d. h. es treten zwei Kraftkomponenten
auf, mit denen beide Stabteile gleich und entgegengesetzt aufeinander wirken (Fig. 20).
Die Drehung der beiden Stabteile gegeneinander ist dabei noch möglich. Diese wird
erst behoben, indem die beiden Stäbe durch
ein Einspannungsmoment M gegeneinander
festgelegt werden (Fig. 20 a). Dieses Einspannungsmoment wirkt, zusammen mit den
beiden Kräften V und H, den Komponenten
der Gelenkreaktion, wie die feste Durchführung des Stabes.

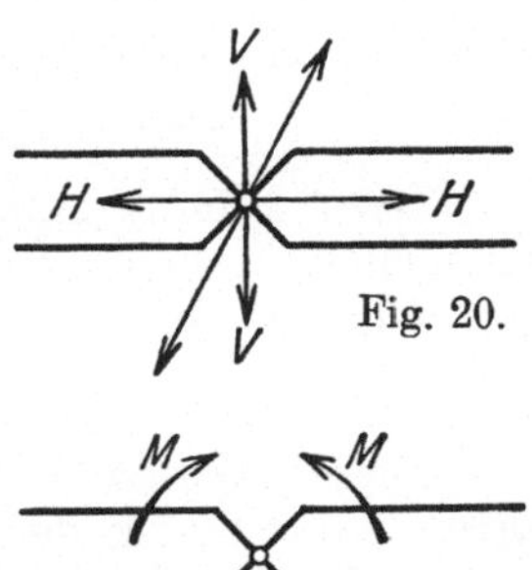
Fig. 19.

Fig. 20.

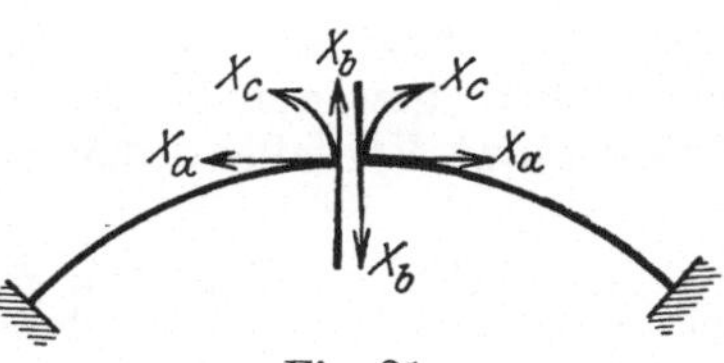
Fig. 20 a.

Dies führt zu einer weiteren
Art der Bildung des Grundsystems.
Schneidet man den Balken an irgendeiner Stelle durch (Fig. 21), so
bleiben zwei eingespannte Balken
als Grundsystem übrig. Die drei
Überzähligen sind die zwei vorgenannten Kraftkomponenten (X_a und

Fig. 21.

X_b) sowie das Einspannungsmoment (X_c). Diese Größen sind an jedem
der beiden Stabteile gleich und entgegengesetzt anzubringen, da beide
Systemteile gleich und entgegengesetzt aufeinander wirken.

2*

NB. Vorzeichen. Wie man die Unbekannten wählt, d. h. in welchem Sinne man sie positiv wirkend annimmt, ist gleichgültig. Man wähle die positive Richtung nach Belieben; ergeben sich am Schluß der Rechnung die Werte X positiv, so wirken sie in der angenommenen Richtung; umgekehrt ist es, wenn die Unbekannten X sich mit negativem Vorzeichen ergeben.

b) Verschiebungen und statische Größen S. Bezeichnungen. Das Superpositionsgesetz. Das Ziel der Untersuchung eines statisch unbestimmten Systems ist die Ermittlung der überzähligen Größen X. Sind diese berechnet, so sind alle am Grundsystem angreifenden Lasten bekannt, und jede statische Größe kann berechnet werden. — Das gegebene statisch unbestimmte System läßt sich nämlich auch auffassen als ein statisch bestimmtes (Grundsystem), an dem außer den gegebenen Lasten P_m noch weitere, erst noch zu berechnende Lasten X wirken (s. Fig. 16a bis 16c). Ist nun irgendein statischer Wert S gesucht, etwa ein Auflagerdruck oder ein Biegungsmoment, so setzt sich S zusammen aus dem Einfluß der gegebenen Last P_m und dem der Lasten X auf das Grundsystem. — Um nun S als Funktion der Werte X darzustellen, treffen wir folgende Festsetzungen. Irgendeine der Größen X, etwa X_k, denke man sich zunächst allein für sich am Grundsystem wirken. Hätte X_k den Wert 1, etwa $1\,t$, so ruft diese Größe einen Wert S hervor, der mit S_k bezeichnet werden soll, so daß S_k gleich S infolge $X_k = 1$ ist. Also tritt infolge der Größe X_k, wenn sie mit ihrem vollen Betrage X_k wirkt, der X_k-fache Wert auf, also $S_k \cdot X_k$. — Das, was hier für eine beliebige Größe X_k gesagt ist, gilt für alle X, von X_a angefangen bis X_n. Somit rufen alle X zusammen einen Wert S hervor, der gleich ist:

$$S_a \cdot X_a + S_b \cdot X_b + S_c \cdot X_c + \ldots + S_n \cdot X_n.$$

Dazu kommt nun noch der Einfluß von P_m, den wir mit S_0 bezeichnen wollen, so daß wir infolge P_m und der Überzähligen X den Wert erhalten:

$$S = S_0 + S_a \cdot X_a + S_b \cdot X_b + \ldots + S_n \cdot X_n \quad \ldots \textbf{(11)}$$

Dieses Gesetz nennt man das **Superpositionsgesetz**[1]; es wird in der Statik der Baukonstruktionen durchweg zugrunde gelegt.

Außer den Kräftewirkungen sind sodann noch die infolge der Nachgiebigkeit (Elastizität) des Baustoffes auftretenden **Formänderungen** zu untersuchen. Sowohl bei statisch bestimmten wie bei unbestimmten Systemen fragt man des öfteren nach den Senkungen oder Verschiebungen gewisser Punkte (oder Verdrehungen von Geraden) des Tragwerkes. Vor allem aber ist bei statisch unbestimmten Systemen

---

[1] Bezüglich der Bezeichnungen sei darauf hingewiesen, daß der Wert S ohne Index eine Größe im gegebenen, statisch unbestimmten System bedeutet, während alle sonstigen mit einem Index versehenen Werte (S_0, S_a, $S_b \ldots S_n$) für das Grundsystem gelten. — Zur Unterscheidung der Werte könnte man auch $\mathfrak{S}$ für S schreiben, so daß die statischen Größen des unbestimmten Systems durch deutsche Buchstaben bezeichnet würden. Jedoch ist mit Rücksicht auf die Schreibweise der gebräuchlichsten Literaturquellen hiervon abgesehen worden.

zur Berechnung der überzähligen Größen X die Kenntnis der Formänderungen erforderlich, wie wir des näheren noch sehen werden.

Auch für die Formänderungen ist durchweg das Superpositionsgesetz maßgebend, d. h. es werden lineare Beziehungen zwischen Formänderungen und Kräften angenommen. Dies ist ohne weiteres gegeben, wenn man, wie es bei allen folgenden Untersuchungen der Fall ist, annimmt, daß das Hookesche Gesetz gilt, d. h. daß die Beanspruchungen des Systems innerhalb der Grenzen bleiben, für welche das Hookesche Gesetz gültig ist (s. Abschnitt A, § 2, b).

Es sei gefragt nach der Verschiebung eines Systempunktes i in bestimmter Richtung i, und zwar infolge einer am Grundsystem wirkenden Kraft X_k. Wäre X_k gleich 1, so möge die Verschiebung von i einen Wert annehmen, den wir mit $[ik]$ bezeichnen wollen [1]. Hier bedeutet also der erste Buchstabe den Ort der Verschiebung (Punkt und Richtung), der zweite die Ursache der Verschiebung. Wirkt nun die Kraft X_k mit ihrem vollen Wert, so erzeugt sie die Verschiebung $[ik] \cdot X_k$. Was für X_k gilt, bleibt für alle Werte X_a bis X_n gültig, und man erhält somit als Verschiebung des Punktes i infolge der Überzähligen den Wert:

$$[ia] \cdot X_a + [ib] \cdot X_b + \ldots + [in] \cdot X_n.$$

Dazu kommt der Beitrag zur Verschiebung, der allein infolge der gegebenen äußeren Belastung P_m hervorgerufen wird. Dieser soll die Bezeichnung $[im]$ erhalten. Insgesamt ergibt sich also:

$$[im] + [ia] \cdot X_a + [ib] \cdot X_b + \ldots + [in] \cdot X_n.$$

Dies ist der Wert für die Verschiebung des Punktes i infolge P_m und der überzähligen Größen X, d. h. des Punktes i des ν-fach statisch unbestimmten Systems (ν bedeutet die Zahl der Überzähligen X_a bis X_n). Dieser Wert soll mit $[im.\nu]$ bezeichnet werden. Es bedeutet also der erste Buchstabe i den Ort der Verschiebung (Punkt und Richtung), der zweite m die Ursache (hier äußere Belastung P_m), und der Zahlenindex gibt den Grad der statischen Unbestimmtheit des Systems an, dem der fragliche Punkt i angehört.

Es gilt somit für eine Verschiebung eines Punktes i in bestimmter Richtung infolge der Belastung P_m bei einem ν-fach statisch unbestimmten System die Gleichung:

$$[im.\nu] = [im] + [ia] \cdot X_a + [ib] \cdot X_b + \ldots + [in] \cdot X_n \quad . \quad \textbf{(12)}$$

Man erkennt, daß beim ν-fach unbestimmten System sowohl die statische Größe S (Gl. 11), als auch die Verschiebung $[im.\nu]$ (Gl. 12) sich ausdrücken lassen durch die Überzähligen X und durch gewisse statische Wirkungen (Gl. 11) beziehungsweise Verschiebungen (Gl. 12) des Grundsystems. Denn sowohl die Größen S_k wie die Verschiebungen $[ik]$ auf den rechten Seiten der Gleichungen (11) bzw. (12) sind hervorgerufen durch die am Grundsystem wirkenden Kräfte $X = 1$ bzw. P_m (gegebene äußere Lasten).

---

[1] Durch die eckigen Klammern werden die Verschiebungen als Summenausdrücke gekennzeichnet. Vgl. hierzu die späteren Ausführungen über die Berechnung von Verschiebungen. (Abschn. II, § 5, spez. S. 42.)

§ 4. Die Elastizitätsgleichungen.

Im vorigen Abschnitt sind die Einflüsse der äußeren Lasten und der überzähligen Größen X zueinander in Beziehung gesetzt, und diese Beziehungen durch Gleichungen ausgedrückt worden (siehe Gl. (11) und (12). Nunmehr handelt es sich um die Frage, wie mit Hilfe dieser Beziehungen die Unbekannten X berechnet werden.

a) **Einfluß einer äußeren Belastung P_m.** Wir haben ν Unbekannte $X_a, X_b, \ldots, X_n$ zu berechnen, benötigen also ebenso viele Bedingungsgleichungen, in denen die Werte X als Unbekannte auftreten. Diese Bedingungsgleichungen sind nun ohne weiteres dadurch gegeben, daß ν Verschiebungen $[im.\nu]$ des statisch unbestimmten Systems bekannt sind, und zwar die Verschiebungen der Angriffspunkte der Unbekannten X. Betrachtet man z. B. den Träger auf $n+2$ Stützen in Fig. 14, so erkennt man, daß die Angriffspunkte der X in diesem Falle wegen der festen, unverschieblichen Lagerung keine Verschiebungen in Richtung der Größen X erfahren können, d. h. die Verschiebungen der Angriffspunkte der Überzähligen X in Richtung dieser Größen X sind 0[1]). Mit den vorhin eingeführten Bezeichnungen lauten also diese Bedingungen:

---

[1]) Dies gilt in unserem Beispiel. zunächst nur dann, wenn die Stützen starr, die Punkte $a, b, c, \ldots, n$ also unverschieblich sind. — Es gilt aber auch ·in allen anderen Fällen, wenn man nur die jeweiligen Besonderheiten des Systems sachgemäß berücksichtigt. Einige Angaben mögen dies erläutern.

Beim Träger auf elastischen Stützen (Fig. 22) kommen als Angriffspunkte der Unbekannten X die Fußpunkte der Stützen in Frage. Diejenigen Teile des Tragwerks, in denen die Kräfte X wirken,

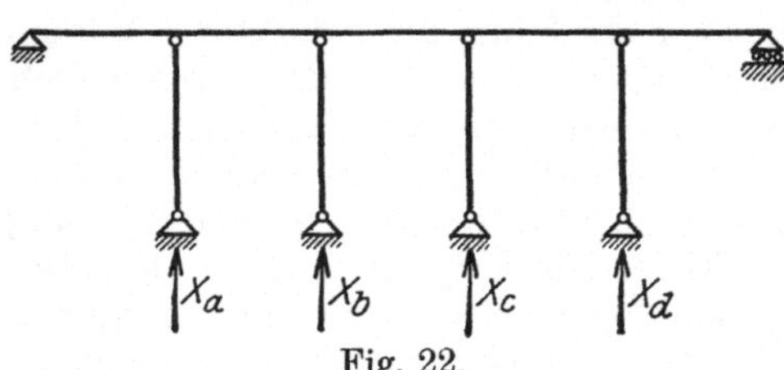

Fig. 22.

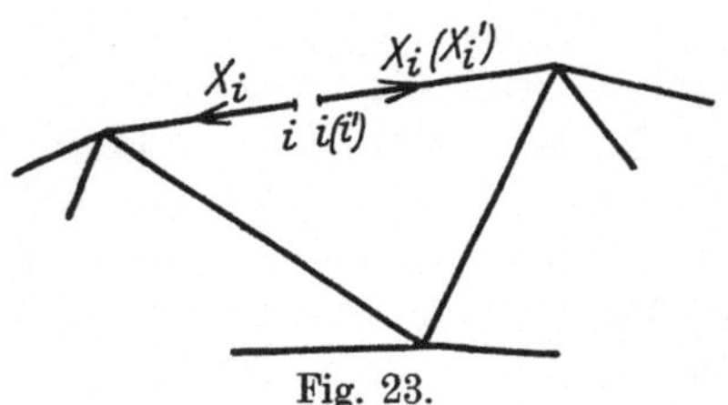

Fig. 23.

sagen wir die Träger dieser Kräfte (hier die Pendelstützen), sind also mit in das System einzubegreifen.

Wirkt eine Unbekannte X_i in einem überzähligen Stab (vgl. das in Fig. 23 dargestellte Fachwerk), so schneide man den Stab etwa in der Mitte durch und bringe die Kraft X_i in dem Schnitt gleich und entgegengesetzt an. Die Verschiebung des Punktes i, d. h. des Angriffspunktes von X_i, in Richtung von X_i, muß dann auch gleich 0 sein. Denn i ist identisch mit i' und verschiebt sich in Richtung von X_i, wie i' in Richtung von X_i'; die Kraft X_i' ist gleich X_i, wirkt aber in umgekehrtem (negativem) Sinne, d. h. die Gesamtverschiebung von i (eigentlich i und i') in Richtung von X_i (eigentlich X_i und X_i') ist gleich 0.

Ähnliche einfache Überlegungen gelten in anderen Fällen, z. B. wenn eine elastische Einspannung als Träger eines unbekannten Einspannungsmomentes vorliegt. Man hat stets nur darauf zu achten, daß die Träger der Unbekannten in dem vorhin dargelegten Sinne mit in das System einbegriffen werden.

$$\left.\begin{aligned}
[am.\nu] &= 0 \\
[bm.\nu] &= 0 \\
\cdot\quad &\cdot\cdot \\
&\cdot\cdot \\
[nm.\nu] &= 0
\end{aligned}\right\} \qquad \ldots\ldots\ldots \quad (13)$$

Diese Gleichungen stellen die „Elastizitätsbedingungen" dar d. h. die Bedingungen, denen die elastischen Verschiebungen der betreffenden Systempunkte unterliegen.

Nun ist aus den Gleichungen (13) noch nicht zu erkennen, wie aus ihnen die Größen X zu berechnen sind. Setzt man aber nach Gleichung (12) für $[im.\nu]$ die Werte ein, so entstehen die folgenden Gleichungen mit den Unbekannten X.

$$\left.\begin{aligned}
[am.\nu] &= [am] + [aa]\cdot X_a + [ab]\cdot X_b + \ldots + [an]\cdot X_n = 0 \\
[bm.\nu] &= [bm] + [ba]\cdot X_a + [bb]\cdot X_b + \ldots + [bn]\cdot X_n = 0 \\
\cdot\quad &\qquad\qquad\qquad\qquad\qquad\qquad\qquad\qquad\quad \cdot \\
\cdot\quad &\qquad\qquad\qquad\qquad\qquad\qquad\qquad\qquad\quad \cdot \\
[nm.\nu] &= [nm] + [na]\cdot X_a + [nb]\cdot X_b + \ldots + [nn]\cdot X_n = 0
\end{aligned}\right\} (14)$$

Dies sind die sogenannten „Elastizitätsgleichungen".

In diesen Gleichungen stellen die Koeffizienten der Unbekannten sowie die Absolutglieder Verschiebungen des statisch bestimmten Grundsystems dar. Sind also diese Verschiebungen berechnet und die Gleichungen nach den Werten X aufgelöst, so ist die Aufgabe als erledigt zu betrachten. Denn aus den Unbekannten X berechnen sich alle sonstigen statischen Größen (Momente, Stabkräfte usw.) nach Gleichung (11), wo wiederum die Multiplikatoren S_i und auch der Wert S_0 statische Größen im Grundsystem darstellen.

Es ergibt sich also, daß es sich bei der Berechnung statisch unbestimmter Systeme im wesentlichen um **zwei Aufgaben** handelt:

Erstens sind die Verschiebungen der ν Punkte $a, b, \ldots, n$ zu berechnen, und zwar infolge gegebener Lasten P_m bzw. $X = 1$ am Grundsystem.

Zweitens sind ν lineare Gleichungen mit ν Unbekannten aufzulösen.

Ehe indessen diese beiden Aufgaben behandelt werden, bedürfen die vorstehenden Ausführungen noch der Ergänzung nach verschiedenen Richtungen.

b) Einfluß von Temperaturänderungen. Ebenso wie eine äußere Belastung vermag auch eine Erhöhung oder Erniedrigung der Temperatur eine Formänderung des Tragwerks hervorzurufen. Ist das System dabei so gestaltet, daß die durch die Temperaturänderungen bedingten Verschiebungen nicht ungehindert vor sich gehen können, so werden, ebenso wie im Falle einer äußeren Belastung, Kräfte wirksam, welche eben jene Formänderungen verhindern. — Bei dem in Fig. 24a dargestellten einseitig eingespannten Balken (s. Fig. 17a—d), wird z. B. bei einer Temperaturänderung die Bogenachse ihre Gestalt ändern und etwa die punktiert eingezeichnete Form annehmen.

Diese Formänderung des statisch bestimmten Systems kann ungehindert vor sich gehen.

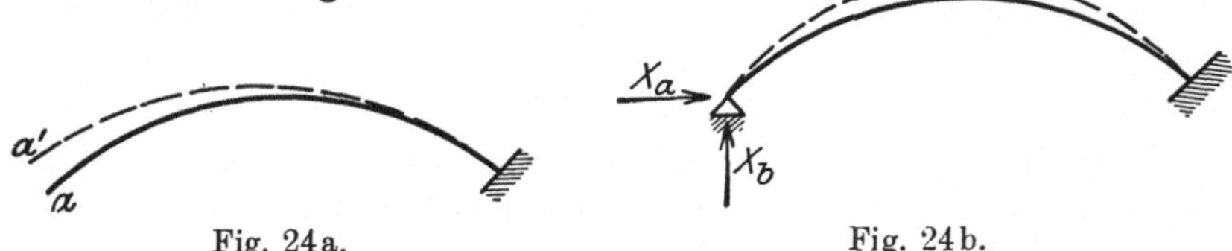

Fig. 24a.Fig. 24b.

Hat aber der Balken am Ende ein festes Lager, so daß der Punkt a unverschieblich fest liegt, so ist bei der gleichen Temperaturänderung die Verschiebung von a nach a' nicht möglich (Fig. 24b). Um a in seiner ursprünglichen Lage zu halten, sind Auflagerkräfte X_a und X_b erforderlich; sie nehmen eine solche Größe an, daß die Verschiebungskomponenten von a in Richtung von X_a bzw. X_b zu Null werden. Die Bedingungsgleichungen lauten somit in diesem Falle

$$[at.2] = 0,$$
$$[bt.2] = 0,$$

wobei die Ursache, nämlich die Temperaturwirkung, wiederum durch den zweiten Buchstaben (t) gekennzeichnet ist. (a und b bezeichnen hier denselben Punkt, da X_a und X_b im nämlichen Punkte angreifen, jedoch sind die Richtungen der Kräfte X verschieden.) Allgemein gelten beim ν-fach statisch unbestimmten System die Elastizitätsbedingungen:

$$[at.\nu] = 0$$
$$[bt.\nu] = 0$$
$$\cdot \quad \cdot$$
$$\cdot \quad \cdot$$
$$[nt.\nu] = 0.$$

Es fragt sich nun wiederum, wie die Verschiebungen $[it.\nu]$ durch die Unbekannten X auszudrücken sind. — Die Verschiebung eines Punktes i infolge der Temperaturwirkungen setzt sich zusammen aus der Verschiebung, welche i als Punkt des Grundsystems (alle $X = 0$) erfährt, und dem Beitrag der überzähligen Größen. Der erstere Wert, also die Verschiebung des Punktes i in bestimmter zugehöriger Richtung infolge der Temperatur, wenn diese lediglich das Grundsystem verändert, werde mit $[it]$ bezeichnet. Der Beitrag der Überzähligen X drückt sich genau so aus wie bisher (Gl. 12), wobei naturgemäß diejenigen Werte X in Frage kommen, die infolge der Temperatur auftreten. Der Gesamtwert wird also:

$$[it.\nu] = [it] + [ia] \cdot X_a + [ib] \cdot X_b + \ldots + [in] \cdot X_n \, . \quad \textbf{(15)}$$

Entsprechend sind die Verschiebungen der sämtlichen Angriffspunkte $a, b, \ldots, n$ der Unbekannten $X_a, X_b, \ldots, X_n$ auszudrücken. Aus der Elastizitätsbedingung, daß diese Verschiebungen gleich Null sind, entstehen also die folgenden Elastizitätsgleichungen zur Bestimmung der Temperatureinflüsse:

$$\left.\begin{aligned}
[a\,t.\nu] &= [a\,t] + [a\,a]\cdot X_a + [a\,b]\cdot X_b + \ldots + [a\,n]\cdot X_n = 0\\
[b\,t.\nu] &= [b\,t] + [b\,a]\cdot X_a + [b\,b]\cdot X_b + \ldots + [b\,n]\cdot X_n = 0\\
&\quad\cdot\qquad\cdot\qquad\cdot\qquad\cdot\qquad\cdot\qquad\cdot\qquad\cdot\\
&\quad\cdot\qquad\cdot\qquad\cdot\qquad\cdot\qquad\cdot\qquad\cdot\qquad\cdot\\
[n\,t.\nu] &= [n\,t] + [n\,a]\cdot X_a + [n\,b]\cdot X_b + \ldots + [n\,n]\cdot X_n = 0
\end{aligned}\right\}\;(16)$$

Diese Gleichungen unterscheiden sich von den Gleichungen (14), die für äußere Belastungen P_m gelten, nur durch die Absolutglieder ($[i\,t]$ statt $[i\,m]$)[1]).

c) Einfluß von Verschiebungen der Widerlager. Es bliebe noch eine letzte Ursache zu untersuchen, welche das Auftreten von Kräften bei statisch unbestimmten Systemen zur Folge haben kann, nämlich die Verschiebung der Widerlager. — Von dem Zweck derartiger Untersuchungen, die sich meistens auf mehr oder minder unsicheren, nur schätzungsweise anzugebenden Voraussetzungen gründen, war auf Seite 3 die Rede. Man stellt die Untersuchung an unter der Voraussetzung, daß einzelne Widerlager geschätzte oder beobachtete Verschiebungen erfahren. — Wir fragen nach der Form der Elastizitätsbedingungen bzw. der Elastizitätsgleichungen, aus denen die Unbekannten X, die infolge der Verschiebung der Widerlager auftreten, zu bestimmen sind. Hierzu betrachten wir den in Fig. 25a—c dargestellten Träger auf vier Stützen mit den mittleren Stützendrücken X_a und X_b als Unbekannten. Der Vereinfachung des Gedankenganges halber werden zwei Fälle unterschieden.

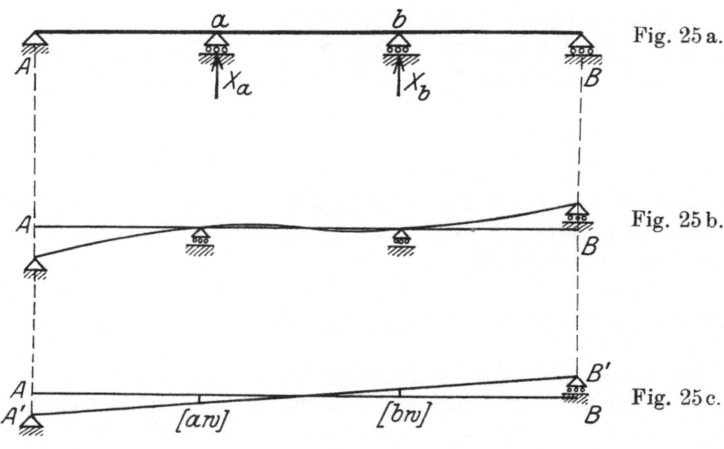

[1]) Es sei noch darauf hingewiesen, daß nicht immer und nicht bei allen statisch unbestimmten Systemen Unbekannte X infolge der Temperaturänderungen auftreten. Dies gilt von jenen Fällen, wo die durch die Temperatur bedingten Formänderungen ungehindert vor sich gehen können. — Wird z. B. der in Fig. 14 dargestellte durchlaufende Träger mit gleich hohen Stützen gleichmäßig erwärmt, so vergrößert sich seine Länge. Das ist ohne weiteres möglich; denn der Träger verschiebt sich in horizontaler Richtung über seine Lager hinweg; Kräfte werden dabei nicht wirksam.

Erster Fall. Die Punkte, in denen die Unbekannten angreifen, haben in Richtung dieser Unbekannten die Verschiebung Null.

In unserem Falle sollen sich also zunächst die Punkte A und B, nicht aber a und b verschieben (Fig. 25 b). Die Elastizitätsbedingungen lauten alsdann, wenn wir den Einfluß der Widerlagerverschiebungen durch den Buchstaben w kennzeichnen, wie folgt:

$$[aw.2] = 0$$
$$[bw.2] = 0\,.$$

Um nun diese Werte durch die Unbekannten X auszudrücken, betrachten wir das Grundsystem in seiner durch die Verschiebung der Widerlager A und B veränderten Lage (Fig. 25 c). Die Punkte a und b würden sich um gewisse Beträge $[aw]$ und $[bw]$ verschieben, wenn keine Größen X wirksam wären. Diese letzteren treten nun aber am Grundsystem in solcher Größe auf, daß die Verschiebungen von a und b zu Null werden. Die Beiträge der Größen X zu den Verschiebungen von a und b sind durch die gleichen Ausdrücke wie früher (Gl. 12) gegeben, nämlich $[aa]\,X_a + [ab]\,X_b$ für Punkt a und $[ba]\,X_a + [bb]\,X_b$ für den Punkt b. Also erhält man als Gesamtverschiebungen von a und b die gleich Null zu setzenden Werte:

$$[aw.2] = [aw] + [aa]\cdot X_a + [ab]\cdot X_b = 0$$
$$[bw.2] = [bw] + [ba]\cdot X_a + [bb]\cdot X_b = 0\,.$$

Was hier für den Fall zweier Unbekannten erläutert wurde, führt im allgemeinsten Fall des ν-fach unbestimmten Systems zu den folgenden Gleichungen:

$$\left.\begin{aligned}
[aw.\nu] &= [aw] + [aa]\cdot X_a + [ab]\cdot X_b + \ldots + [an]\cdot X_n = 0\\
[bw.\nu] &= [bw] + [ba]\cdot X_a + [bb]\cdot X_b + \ldots + [bn]\cdot X_n = 0\\
&\;\cdot \qquad\quad \cdot \qquad\quad \cdot \qquad\qquad\qquad \cdot\\
&\;\cdot \qquad\quad \cdot \qquad\quad \cdot \qquad\qquad\qquad \cdot\\
[nw.\nu] &= [nw] + [na]\cdot X_a + [nb]\cdot X_b + \ldots + [nn]\cdot X_n = 0
\end{aligned}\right\} \quad (17\,\text{a})$$

Dies ist die Form der Elastizitätsgleichungen für den Fall, daß die Angriffspunkte der Unbekannten sich in Richtung dieser Unbekannten nicht verschieben.

Zweiter Fall. Die Widerlager, in denen die Unbekannten angreifen, verschieben sich in Richtung dieser Unbekannten.

Es werde jetzt der umgekehrte Fall untersucht, wo die Angriffspunkte einzelner oder aller Unbekannten X sich verschieben, im übrigen aber die Widerlager unverschieblich sind. In Fig. 26a ist

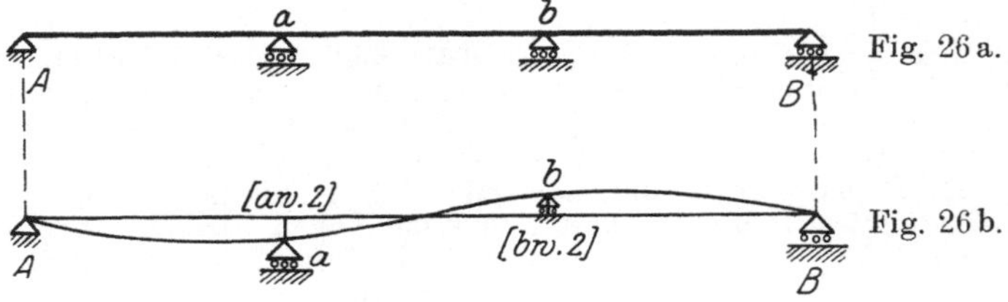

Fig. 26 a.

Fig. 26 b.

das veränderte System gezeichnet. Hier sind die Verschiebungen $[aw.2]$ und $[bw.2]$ nicht mehr gleich Null, sondern gleich gegebenen Größen.

Man beachte, daß die Verschiebungen von a und b nur durch die Grüßen X_a und X_b hervorgerufen werden. Wirken X_a und X_b nicht, d. h. wird das statisch bestimmte Grundsystem in Betracht gezogen, so ist keine Wirkung da, welche eine Verschiebung von a und b hervorrufen könnte. Somit folgt ohne weiteres, daß die Elastizitätsgleichungen die folgende Form annehmen:

$$[aa] \cdot X_a + [ab] \cdot X_b = [aw.2] \quad \text{d. h. gleich einem gegebenen Wert}$$
$$[ba] \cdot X_a + [bb] \cdot X_b = [bw.2] \quad \text{d. h. gleich einem gegebenen Wert.}$$

Allgemein gilt bei ν-facher Unbestimmtheit folgende Form der Elastizitätsgleichungen für den Fall, daß nur solche Widerlager sich verschieben, in denen Unbekannte X wirken:

$$\left.\begin{aligned}
[aa] \cdot X_a + [ab] \cdot X_b + \ldots + [an] \cdot X_n &= [aw.\nu]\\
[ba] \cdot X_a + [bb] \cdot X_b + \ldots + [bn] \cdot X_n &= [bw.\nu]\\
\cdot \qquad\quad \cdot \qquad\qquad\quad \cdot \qquad\quad \cdot \quad &\\
\cdot \qquad\quad \cdot \qquad\qquad\quad \cdot \qquad\quad \cdot \quad &\\
[na] \cdot X_a + [nb] \cdot X_b + \ldots + [nn] \cdot X_n &= [nn.\nu]
\end{aligned}\right\} \quad \textbf{(17b)}$$

Hier stellen die Größen $[aw.\nu]$ bis $[nw.\nu]$ gegebene, d. h. geschätzte oder gemessene Werte dar.

Dritter (allgemeiner) Fall. Vereinigung beider Fälle. Es verschieben sich beliebige Widerlager.

Die allgemeine Form der Gleichungen entsteht durch eine Vereinigung der beiden vorhin behandelten Fälle. Wir nehmen nämlich nunmehr an, daß beliebige Widerlager sich verschieben können, ob nun Unbekannte dort angreifen oder nicht. Alsdann erhalten wir auf Grund der vorigen Betrachtungen durch Vereinigung beider Fälle die folgende **allgemeinste Form der Elastizitätsgleichungen unter Annahme verschieblicher Widerlager:**

$$\left.\begin{aligned}
[aw] + [aa] \cdot X_a + [ab] \cdot X_b + \ldots + [an] \cdot X_n &= [aw.\nu]\\
[bw] + [ba] \cdot X_a + [bb] \cdot X_b + \ldots + [bn] \cdot X_n &= [bw.\nu]\\
\cdot \qquad\quad \cdot \qquad\qquad \cdot \qquad\qquad \cdot \qquad \cdot \quad &\\
\cdot \qquad\quad \cdot \qquad\qquad \cdot \qquad\qquad \cdot \qquad \cdot \quad &\\
[nw] + [na] \cdot X_a + [nb] \cdot X_b + \ldots + [nn] \cdot X_n &= [nw.\nu]
\end{aligned}\right\} \textbf{(17c)}$$

Die Glieder $[aw.\nu]$ bis $[nw.\nu]$ auf der rechten Seite dieser Gleichungen sind bekannte, zahlenmäßig gegebene Werte.

Um auch in diesem Falle einen den bisherigen Formen der Gleichungen entsprechenden Ausdruck zu erhalten, ziehen wir die Absolutglieder zusammen und schreiben für den Gesamtbetrag

$$[iw] - [iw.\nu] = [i\overline{w}] \quad \ldots \ldots \quad \textbf{(17d)}$$

$[i\overline{w}]$ bedeutet die Verschiebung des Punktes i des Grundsystems (i ist der Angriffspunkt von X_i) in Richtung von X_i infolge der angenommenen Widerlagerverschiebungen. Sind unter diesen letzteren auch solche der Angriffspunkte i der Überzähligen X_i, so sind diese (angenommenen) Verschiebungen mit $[iw.v]$ bezeichnet; sie brauchen natürlich nicht in allen Aufgaben vorzukommen.

Alsdann nehmen die Gleichungen (17c) folgende Form an:

$$\left.\begin{array}{l} [a\,\overline{w}] + [aa]\cdot X_a + [ab]\cdot X_b + \ldots [an]\cdot X_n = 0 \\ [b\,\overline{w}] + [ba]\cdot X_a + [bb]\cdot X_b + \ldots [bn]\cdot X_n = 0 \\ \quad\cdot\qquad\cdot\qquad\quad\cdot\qquad\qquad\cdot \\ \quad\cdot\qquad\cdot\qquad\quad\cdot\qquad\qquad\cdot \\ [n\,\overline{w}] + [na]\cdot X_a + [nb]\cdot X_b + \ldots [nn]\cdot X_n = 0 \end{array}\right\} \quad . \quad (17\,e)$$

Man erkennt, daß diese Form der Gleichungen derjenigen für äußere Lasten oder Temperaturänderungen entspricht.

Nachdem wir damit für die verschiedenen Fälle die **Form der Bedingungsgleichungen** zur Ermittlung der überzähligen Größen X angegeben haben, sollen nun in den beiden folgenden Abschnitten (II und III) die Methoden zur **Berechnung der Koeffizienten** (Verschiebungen) und zur **Lösung der Gleichungen** behandelt werden.

II. Untersuchung elastischer Formänderungen.

§ 5. Die Arbeitsgleichung.

(Prinzip der virtuellen Arbeiten, virtuelle Formänderungsarbeit.)

Die im ersten Abschnitt angegebenen Elastizitätsgleichungen zur Berechnung statisch unbestimmter Systeme enthielten lediglich Verschiebungen von Punkten des statisch bestimmten Grundsystems. Somit wäre zur Untersuchung statisch unbestimmter Tragwerke nur die Berechnung der Formänderungen statisch bestimmter Systeme erforderlich.

Es kommt indessen auch vor, daß nach den Verschiebungen von Punkten statisch unbestimmter Systeme gefragt wird, wie z. B. nach den Durchbiegungen eines durchlaufenden Trägers. Wir sind also gehalten, die Formänderung statisch bestimmter und unbestimmter Systeme zu untersuchen.

An und für sich ist natürlich dadurch kein Unterschied für die Berechnung gegeben. Denn wenn an einem unbestimmten System auch einzelne unbekannte Lasten X wirken, so lassen sich diese ja aus den Formänderungen des Grundsystems berechnen und können dann den gegebenen äußeren Lasten P_m als bekannt zugefügt werden, so daß eine Gruppe gegebener Lasten (P_m und X) am Grundsystem wirkt.

Bevor wir mit der Herleitung der gesuchten Gleichungen beginnen, sei kurz erinnert an das aus der Mechanik bekannte sog. d'Alembert'sche Prinzip. Dieses besagt: Greift an einem Massenpunkt ein System von Kräften an, welche unter sich im Gleichgewicht sind, und wird dem Punkt irgendeine (mögliche) kleine Verschiebung erteilt, so ist die Summe der dabei geleisteten Arbeiten gleich Null. Hierbei ist es gleichgültig, wodurch die Verschiebung zustande kommt.

Die Richtigkeit dieses Satzes ist leicht einzusehen. An einem Massenpunkt m (Fig. 27) mögen die Kräfte P_1, P_2, ..., P_n angreifen, die untereinander im Gleichgewicht stehen. Die Summe der Projektionen der Kräfte auf irgendeine Achse muß somit Null sein; denn die Kräfte bilden ein geschlossenes Polygon. Es gilt somit die Gleichung (s. Fig. 27):

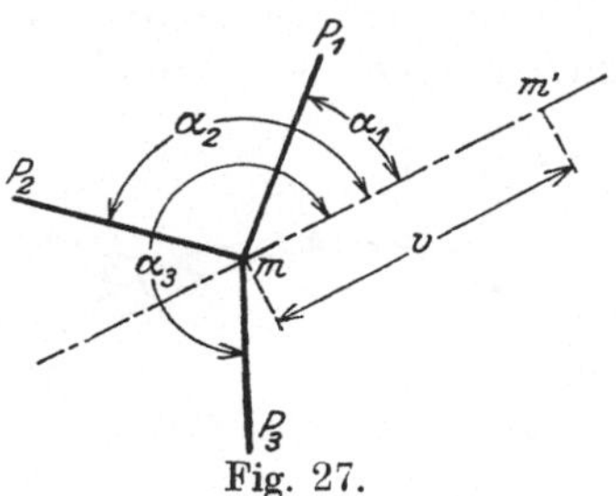

Fig. 27.

$$\Sigma P \cdot \cos \alpha = 0.$$

Verschiebt sich nun durch irgendeine Ursache der Punkt m nach m' um die kleine Strecke v, so kann man auch schreiben:

$$v \cdot \Sigma P \cdot \cos \alpha = 0.$$

(Die Achse, von der aus die Winkel α gemessen werden, ist in Richtung von $m\,m'$ angenommen.) Anstatt der Summe $\Sigma P \cdot \cos \alpha$ kann man auch jedes einzelne Glied dieser Summe mit v multiplizieren und erhält:

$$\Sigma P \cdot v \cdot \cos \alpha = 0$$

oder

$$\Sigma P \cdot c \qquad = 0 \quad \ldots \ldots \ldots \quad (18)$$

$v \cdot \cos \alpha$ ist die Projektion c des Weges in Richtung der Kraft; die Summe der Produkte $P \cdot v \cdot \cos \alpha = \Sigma P \cdot c$ stellt also eine Summe von Arbeiten dar. Diese Arbeiten heißen „virtuelle“ oder „gedachte“ Arbeiten, weil die Verschiebung v nicht einen durch die Kräfte bedingten, sondern einen willkürlich angenommenen gedachten Wert hat. Obige Gleichung (18) besagt also:

Die Summe der virtuellen Arbeiten eines im Gleichgewicht befindlichen Kräftesystems hat den Wert Null.

NB. Statt des Massenpunktes können wir uns auch eine starre Scheibe oder einen starren Körper denken. Derselbe darf während der Bewegung oder unter dem Einfluß der Kräfte P seine Form nicht ändern, so daß alle seine Teile die gleiche Verschiebung erleiden.

a) Die Arbeitsgleichung statisch bestimmter elastischer Systeme.

α) **Äußere Belastung P_k als Ursache der Formänderungen.**

Wir betrachten ein durch die Lastengruppe P_i belastetes, statisch bestimmtes System, etwa den in Fig. 28 dargestellten, bogenförmigen Balken auf zwei Stützen. Die Lastengruppe wird bezeichnet als „Belastungszustand“ P_i. Vorausgesetzt

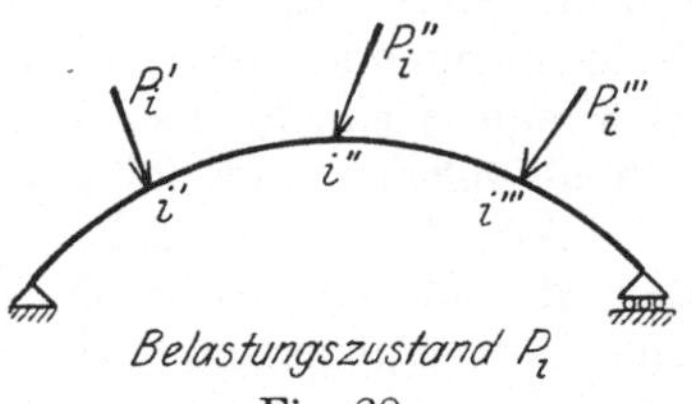

Fig. 28.

ist, daß die Kräfte P_i (mitsamt den zugehörigen Auflagerkräften) ein im Gleichgewicht befindliches Kräftesystem darstellen.

Zweitens betrachten wir die Formänderungen, die das System infolge einer — ebenfalls im Gleichgewicht befindlichen — Kräftegruppe P_k erfährt (Fig. 29). Die Formänderung ist durch Fig. 29 veranschaulicht. Wichtig für das Folgende ist, daß die Lastengruppe P_k unabhängig ist von dem Belastungszustand P_i; beide brauchen miteinander nichts gemein zu haben.

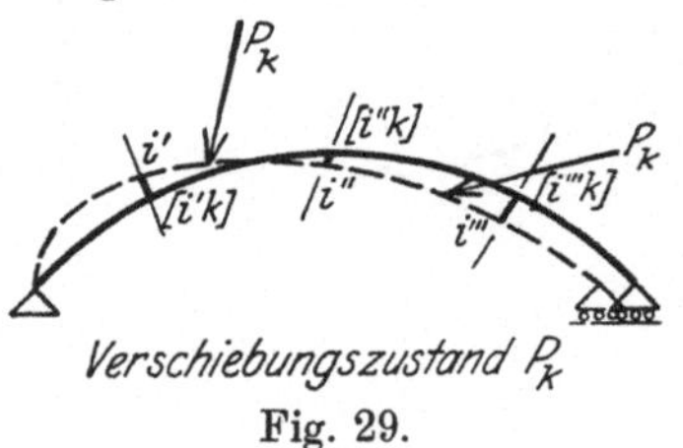

Verschiebungszustand P_k

Fig. 29.

Die Punkte i, in denen die Lasten P_i angreifen, erfahren bei der Formänderung des Systems infolge P_k eine Verschiebung in irgendeiner Richtung. Diese Verschiebung hat eine Komponente senkrecht zur Richtung von P_i, die in den folgenden Erörterungen außer Betracht bleibt, und eine Verschiebungskomponente in der Richtung von P_i. Diese in Richtung der Kräfte P_i erfolgenden Verschiebungen der Punkte i, die infolge der durch die Lasten P_k bedingten Formänderung auftreten, werden entsprechend den in § 3, Abschn. b getroffenen Festsetzungen mit $\lfloor ik \rfloor$ bezeichnet. Man erkennt, daß in unserem Beispiel die Kräfte P_i während des Verschiebungszustandes P_k die Arbeit leisten:

$$P_i' \cdot [i'k] + P_i'' \cdot [i''k] + P_i''' \cdot [i'''k] = \Sigma P_i \cdot [ik].$$

Diese Summe $\Sigma P_i \cdot [ik]$ stellt die **Arbeit der äußeren Kräfte** dar. [Bezüglich dieser Arbeit ist zu beachten, daß die Kräfte P_i nicht an einem einzigen Massenpunkt oder einem starren Körper angreifen; denn alle Systempunkte erleiden beim Formänderungszustand eine andere Verschiebung.] —

Im Gegensatz zu den bisher erwähnten äußeren Kräften (P_i) und den Verschiebungen der Systempunkte i infolge der Belastung P_k betrachten wir jetzt die im Stabinnern erzeugten Wirkungen der äußeren Lasten $(P_i$ bzw. $P_k)$. Diese inneren Wirkungen zerfallen gleichfalls in zwei Gruppen: erstens die von den Kräften P_i des Belastungszustandes im Stabinnern erzeugten Spannkräfte bzw. Flächenkräfte; zweitens die von den Kräften P_k des Verschiebungszustandes hervorgerufenen inneren Verschiebungen, d. h. Formänderungen der Systemteile. (Zu beachten ist, daß zwar auch die Kräfte P_i Formänderungen des Systems hervorrufen; diese kommen aber hier nicht in Frage, vielmehr betrachten wir den Belastungszustand P_i lediglich als solchen und daher auch nur die durch P_i erzeugten Kräfte.)

Wir fassen zunächst ein einzelnes Körperteilchen mitsamt den darauf einwirkenden inneren Flächenkräften ins Auge. Die Spannungen an gegenüberliegenden Flächen sind entgegengesetzt gleich, bis auf einen unendlich kleinen Zuwachs, der bei sehr kleinen Seitenlängen vernachlässigt werden kann. Hier handelt es sich also um ein im Gleichgewicht befindliches Kräftesystem, herrührend von den in den Seitenflächen wirkenden Flächenkräften. — Wir hätten nun eigentlich die Arbeiten der Flächenkräfte an allen einzelnen Körperteilchen zu untersuchen. Um aber die Ausführungen übersichtlicher zu gestalten, betrachten wir die Gesamtheit aller jener Körperteile, die durch zwei unendlich nahe benachbarte Querschnitte begrenzt werden, d. h. wir trennen durch zwei um ein Element ds der Bogenachse voneinander entfernte Querschnitte einen Teil des Stabes ab (Fig. 30).

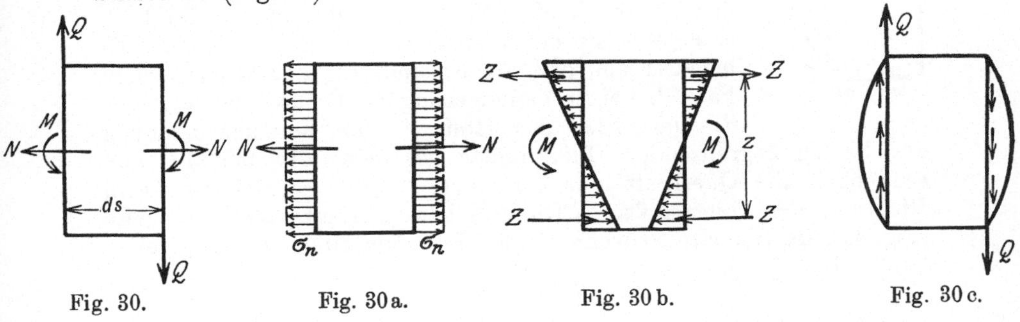

Fig. 30.   Fig. 30a.   Fig. 30b.   Fig. 30c.

Die Flächenkräfte, welche in den einzelnen Flächenelementen der Querschnitte wirken, setzen wir zu Resultierenden zusammen und rechnen statt mit der Summe der Einzelkräfte mit deren Resultierenden.

Die Summe der Normalspannungen ist gleich der den Querschnitt beanspruchenden Normalkraft (Fig. 30a). Ebenso können die Biegungsspannungen (Fig. 30b) durch ihre Resultierende Z im Schwerpunkt der Spannungsflächen ersetzt werden, so daß das Moment $(Z \cdot z)$ dieser Kräfte gleich dem Moment M ist, welches den Querschnitt beansprucht. Dasselbe gilt von den Schubspannungen τ, die in ihrer Gesamtheit ersetzt werden können durch die den Querschnitt beanspruchende Querkraft Q (Fig. 30c). Wir betrachten also einen Teil des Stabes, der durch die beiden Querschnitte F begrenzt ist und das sehr kleine Stabelement von der Länge ds zur Achse hat; auf diesen Stabteil wirken die Normalkraft N, das Moment M und die Querkraft Q, die wir als Wirkungen der Belastung P_i mit M_i, N_i, Q_i bezeichnen. — In Elemente der besagten Art wird das ganze System zerlegt; dann bildet jedes dieser Elemente für sich einen Körperteil, an dem Kräfte N_i, M_i, Q_i wirken, die sich das Gleichgewicht halten. Diese Kräfte denken wir uns, während die Formänderung des Systems vor sich geht, in konstanter Größe wirkend, also nicht etwa von Null auf den Endwert zunehmend.

Die Größen N_i, M_i, Q_i stellen die inneren Wirkungen der Belastung P_i dar. — Nunmehr gehen wir über zu den Formänderungen der Stabteile, die herrühren von den Lasten P_k, die den Verschiebungszustand erzeugen. Die Formänderung eines Stabelementes ds, das durch zwei nahe benachbarte Querschnitte begrenzt ist, stellt sich dar als eine Längenänderung $\varDelta ds$, eine Verdrehung $\varDelta \varphi$ der begrenzenden Querschnitte und als eine Querverschiebung Δh (siehe Fig. 31). Da wir lediglich die Formänderungen infolge der Lasten P_k ins Auge fassen, so kennzeichnen wir diese Ursache durch den Index k und schreiben demnach für die genannten Verschiebungen Δds_k, $\Delta\varphi_k$, Δh_k.

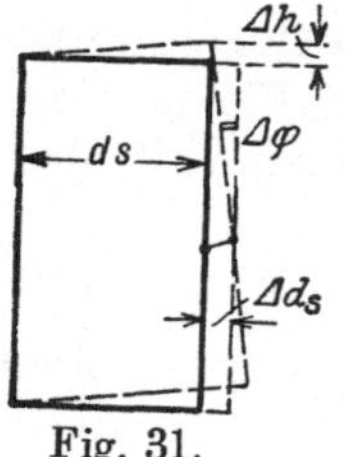

Fig. 31.

So wie wir vorhin die Arbeiten der äußeren Kräfte P_i auf den durch P_k erzeugten Wegen $[ik]$ aufstellten, so fragen wir jetzt nach den Arbeiten der inneren Kräfte (M_i, N_i, Q_i) während der durch P_k erzeugten Formänderungen der Stabelemente. Es leuchtet ein, daß die Normalkraft nur Arbeit leisten kann bei einer Verlängerung des Stabachsenelementes ds um Δds, das Moment nur bei der Drehung der beiden begrenzenden Querschnitte gegeneinander um $\Delta\varphi$ und schließlich die Querkraft nur bei einer Parallelverschiebung Δh in Richtung der Querschnitte. Die fraglichen Arbeitswerte sind also (Fig. 31), da die Kräfte während der Formänderung in ihrer vollen Größe M_i, N_i, Q_i wirken,

$$1. \quad N_i\cdot\Delta ds_k$$
$$2. \quad M_i\cdot\Delta\varphi_k$$
$$3. \quad Q_i\cdot\Delta h_k.$$

Nachdem wir damit sowohl die Arbeiten der äußeren als auch der inneren Kräfte dargestellt haben, suchen wir die Beziehungen zwischen beiden festzustellen. —

Zu diesem Zwecke denken wir uns zunächst den Fall, das Stabelement gelangte bei der Formänderung des Systems aus seiner ursprünglichen Lage I in die Lage I′ (Fig. 32), behielte aber währenddessen seine ursprüngliche Form bei. Dann könnten die an dem Element wirkenden Kräfte keine Arbeit leisten, da sie sich das Gleichgewicht halten (d'Alembertsches Prinzip). Es wären alle Voraussetzungen für die Anwendung des oben genannten Prinzips erfüllt, und die Summe der Arbeiten der am Element wirkenden Kräfte wäre Null.

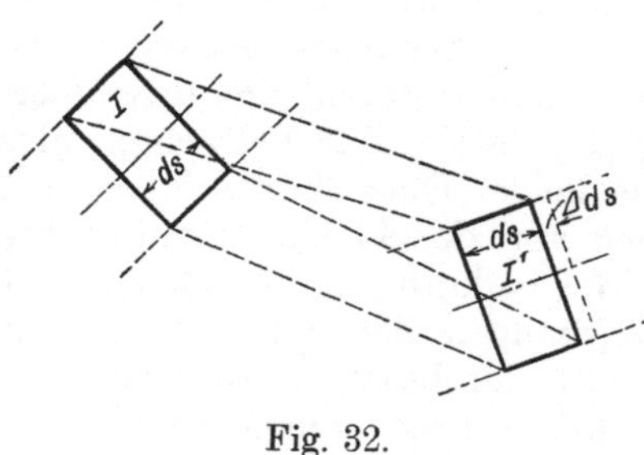

Fig. 32.

In Wirklichkeit ändert das Stabelement aber nicht nur seine Lage, sondern auch seine Form. In Fig. 32 ist die Längenänderung um Δds angedeutet. (Eine Verdrehung der Querschnitte oder eine Verschiebung in Richtung der Querschnitte ist nicht in die Figur eingezeichnet.) Während einer solchen Formänderung des Elementes leisten die inneren Kräfte N_i, M_i, Q_i Arbeit. Diese Arbeit muß, wenn unter Anwendung des d'Alembertschen Prinzips die Gesamtarbeit gleich Null gesetzt werden soll, in Abzug gebracht werden.

Denn während dieser Arbeit ist das Körperelement nicht mehr starr, sondern es ändert seine Form. Erst nach Abzug dieser Arbeit der inneren Kräfte während der Formänderung bleibt ein Arbeitsbetrag, bei dem die Voraussetzungen für die Anwendung des genannten Prinzips erfüllt sind (Körper starr, Kräfte im Gleichgewicht). Daher ist in die Gesamtarbeitssumme der Beitrag der inneren Kräfte mit dem negativen Vorzeichen einzusetzen. Dabei leisten diese inneren Kräfte nur während der Formänderung der Einzelelemente Arbeit. Der Beitrag der äußeren Kräfte kommt während der Lagenänderung, d. h. während der Verschiebungen $[ik]$ der Punkte i der Stabachse, zur Geltung. Letztere Arbeit ist gegeben durch den Wert

$$\Sigma P_i \cdot [ik].$$

Er betrifft jene Stabelemente, an denen äußere Kräfte in Frage kommen. Die Arbeit der inneren Kräfte kommt an jedem Einzelelement zur Geltung; ihr Gesamtbetrag ergibt sich durch Summierung über die unendlich vielen Einzelteile, also durch Integration:

$$\text{Innere Arbeit} = \int N_i \cdot \varDelta ds_k + \int M_i \cdot \varDelta \varphi_k + \int Q_i \cdot \varDelta h_k.$$

Dieser Wert ist nach obigen Ausführungen in der Gesamtarbeit, die gleich Null ist, negativ zu setzen. Es entsteht somit folgende Arbeitsgleichung:

$$\Sigma P_i \cdot [ik] - \int N_i \cdot \varDelta ds_k - \int M_i \cdot \varDelta \varphi_k - \int Q_i \cdot \varDelta h_k = 0$$

oder

$$\boldsymbol{\Sigma P_i \cdot [ik] = \int N_i \cdot \varDelta ds_k + \int M_i \cdot \varDelta \varphi_k + \int Q_i \cdot \varDelta h_k,} \quad . \textbf{(19)}$$

d. h. die Summe der virtuellen äußeren Arbeiten ist gleich der Summe der virtuellen inneren Arbeiten (virtuelle Formänderungsarbeit[1]).

In dieser Gleichung entsprechen die inneren Kräfte N_i, M_i, Q_i den äußeren Kräften P_i; ebenso entsprechen die inneren Verschiebungen $\varDelta ds_k$, $\varDelta \varphi_k$ und $\varDelta h_k$ den äußeren Verschiebungen $[ik]$ und sind wie diese durch die äußeren Lasten P_k hervorgerufen.

Um die in der Gleichung (19) vorkommenden Größen in eine für die Anwendung zweckmäßige Form zu bringen, drücken wir die inneren Verschiebungen $\varDelta ds_k$, $\varDelta \varphi_k$, $\varDelta h_k$ durch die inneren Kräfte N_k, M_k, Q_k aus, durch die sie erzeugt werden. Hierzu benutzen wir die früher hergeleiteten Beziehungen (s. Gl. 4, 5 und 6)

$$\varDelta ds_k = \frac{N_k \cdot ds}{E \cdot F},$$

---

[1] Man nennt die auf der rechten Seite von Gleichung (19) stehende Arbeitsgröße „virtuelle Formänderungsarbeit", weil während dieser Formänderung Kräfte wirken, die mit der Ursache der Formänderung nichts gemein zu haben brauchen, sondern als irgendwelche gedachte Kräfte aufzufassen sind. — Im Gegensatz zur „virtuellen" steht die „wirkliche Formänderungsarbeit, von der später (s. § 6) die Rede sein wird. Bei dieser handelt es sich um die Arbeit von Kräften während der von ihnen selbst erzeugten Formänderungen.

$$\varDelta \varphi_k = \frac{M_k \cdot ds}{E \cdot J},$$

$$\varDelta h_k = \varkappa \, \frac{Q_k \cdot ds}{G \cdot F}.$$

Setzt man diese Werte in Gleichung (19) ein, so erhält man die Arbeitsgleichung in folgender Form:

$$\varSigma P_i \cdot [ik] = \int N_i \, \frac{N_k \, ds}{EF} + \int M_i \, \frac{M_k \, ds}{EJ} + \int Q_i \, \varkappa \, \frac{Q_k \, ds}{GF} \qquad (19\,\text{a})$$

Handelt es sich um ein **Fachwerk**, bei dem die Lasten in den Knotenpunkten angreifen, so daß nur Normalkräfte (Stabkräfte S) auftreten, so bleibt in obiger Gleichung (19 a) auf der rechten Seite nur das erste Glied stehen. Als Normalkräfte N kommen die Stabkräfte S in Frage. Diese sind für den einzelnen Stab von der Länge s und dem Querschnitt F konstant; statt des Integrals tritt die Summe $(\varSigma)$ ein, die sich über alle Stäbe erstreckt. Man erhält als **Arbeitsgleichung des Fachwerks**

$$\varSigma P_i \cdot [ik] = \varSigma S_i \, \frac{S_k s}{EF} \quad \ldots \ldots \quad (19\,\text{b})$$

β) **Temperaturänderungen als Ursache der Verschiebungen.** Bisher war vorausgesetzt, daß die Formänderungen herrührten von einer Belastung P_k. Dies war gekennzeichnet durch den Index k, der bei den äußeren wie bei den inneren Verschiebungen verwandt worden ist. Es war schon früher von Formänderungen infolge der Temperatur die Rede; die Verschiebungen der Systempunkte bezeichneten wir mit $[it]$. Die inneren Verschiebungen infolge der Temperatur stellen sich dar als Längenänderungen $\varDelta ds_t$ der Stabelemente ds und Verdrehungen $\varDelta \varphi_t$ benachbarter Stabquerschnitte. Parallelverschiebungen $\varDelta h$ treten nicht auf.

Die Arbeitsgleichung wird also lauten:

$$\varSigma P_i \cdot [it] = \int N_i \cdot \varDelta ds_t + \int M_i \cdot \varDelta \varphi_t \quad \ldots \ldots \quad (20)$$

Die Berechnung der inneren Verschiebungen gestaltet sich verschieden, je nachdem die Temperaturänderung eine gleichmäßige oder ungleichmäßige ist. Gleichmäßig heißt sie dann, wenn in allen Teilen der einzelnen Querschnitte die Temperatur sich um den gleichen Betrag erhöht oder erniedrigt. Alsdann sind nur Längenänderungen $\varDelta ds_t$ möglich, Verdrehungen $\varDelta \varphi_i$ treten nicht auf. Verteilt sich dagegen die Temperaturänderung nach Fig. 33 ungleichmäßig, so daß sie vom Werte t_1 am oberen Außenrand auf den Wert t_2 am unteren Außenrand des Querschnitts ab- oder zunimmt, so heißt die Temperaturänderung eine ungleichmäßige. Die Zu- oder Abnahme von t wird dabei linear angenommen, so daß die Querschnitte eben bleiben.

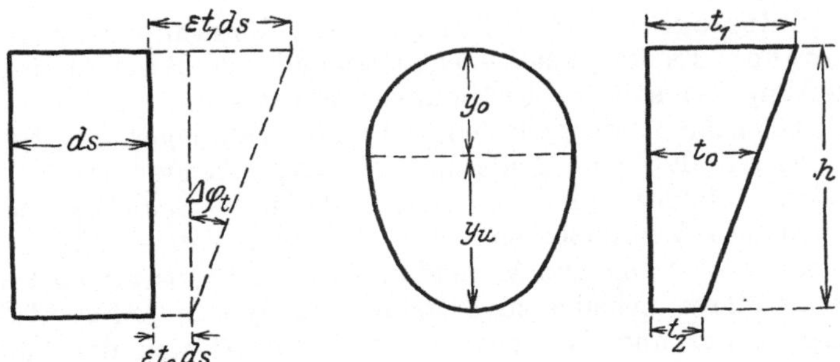

Fig. 33.

Im Fall einer ungleichmäßigen Temperaturänderung erhält man für die Längenänderung des Elementes ds der Stabachse (Schwerpunktslinie) den Wert:

$$\Delta ds_t = \varepsilon \cdot t_0 \cdot ds,$$

wo ε den Ausdehnungskoeffizienten, t_0 die Temperaturänderung im Schwerpunkt bedeutet. Diese hat den Wert (s. Fig. 33)

$$t_0 = t_2 + \frac{t_1 - t_2}{h} \cdot y_u = \frac{t_1 \cdot y_u + t_2 \cdot y_0}{h}.$$

Für die Verdrehung $\Delta \varphi_t$ erhält man, indem man statt des kleinen Winkels die Tangente einsetzt, folgenden Ausdruck:

$$\Delta \varphi_t = \frac{1}{h}\left(\varepsilon t_1 ds - \varepsilon t_2 ds\right) = \frac{1}{h}\varepsilon(t_1 - t_2) ds = \varepsilon \frac{\Delta t}{h} ds.$$

Hier bedeutet Δt den Unterschied der Temperatur in den Außenrändern des Querschnitts. Die Verschiebungen sind positiv zu rechnen, wenn sie im Sinne der positiven Kräfte N und M erfolgen.

Mit diesen Werten schreibt sich die Arbeitsgleichung für ungleichmäßige Temperaturänderung:

$$\Sigma P_i \cdot [it] = \int N_i \cdot \varepsilon t_0 \, ds + \int M_i \cdot \varepsilon \frac{\Delta t}{h} \, ds \quad . \quad . \quad (20a)$$

Dies ist also die Form der Arbeitsgleichung für den Fall, daß eine äußere Belastung P_i während eines Formänderungszustandes wirkt, der von einer ungleichmäßigen Temperaturänderung herrührt.

Im Falle der gleichmäßigen Temperaturänderung um t Grad treten keine Verdrehungen $\Delta \varphi_t$ der Querschnitte auf; die Längenänderung Δds_t hat den Wert $\Delta ds_t = \varepsilon \cdot t \cdot ds$ und es wird:

$$\Sigma P_i \cdot [it] = \int N_i \cdot \varepsilon t \, ds \quad . \quad . \quad . \quad . \quad (20b)$$

Liegt ein Fachwerk vor, so daß es sich nur um Stabkräfte S und Stäbe von der Länge s handelt, so lautet die Arbeitsgleichung:

$$\Sigma P_i \cdot [it] = \Sigma S_i \cdot \varepsilon t s \quad . \quad . \quad . \quad . \quad . \quad (20c)$$

3*

γ) **Widerlagerverschiebungen als Ursache der Formänderungen.** Es ist jetzt — entsprechend der Beschränkung der
Untersuchung auf statisch bestimmte Systeme — nur der besondere
Fall zu betrachten, wo sich lediglich die Widerlager des Systems
verschieben, so daß eine Änderung der Lage, nicht aber der Form
des Systems eintritt. Alsdann treten beim Verschiebungszustand
keinerlei innere Verschiebungen auf, d. h. die Werte Δds, $\Delta\varphi$, Δh
haben den Wert Null. Die Anwendung des d'Alembertschen Prinzips
auf das als starre Scheibe zu betrachtende System ergibt also eine
Gleichung, in der nur die Arbeiten der Kräfte P_i und der Auflagerkräfte vorkommen[1]).

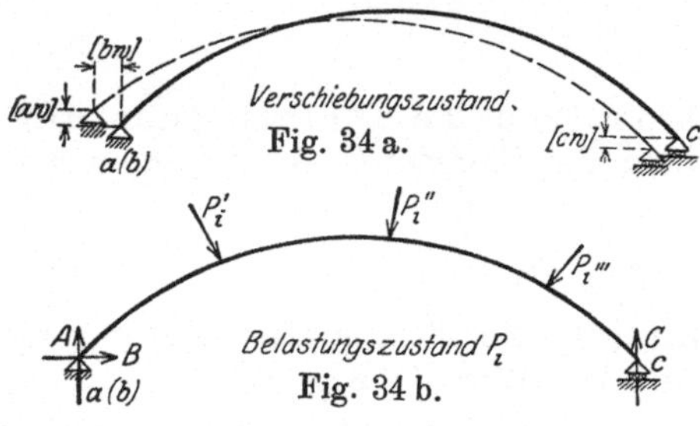

Für den bisher betrach-
teten einfachen Balken ist in
Fig. 34 a ein Verschiebungszustand dargestellt; Fig. 34 b
zeigt einen Belastungszustand
P_i, der während des Verschiebungszustandes am System
wirken und die Auflagerkräfte
A, B und C erzeugen möge.

Die Verschiebungskomponenten an den Widerlagern in Richtung dieser
Auflagerkräfte A, B, C seien [aw], [bw], [cw], wobei die Angriffspunkte der Kräfte A, B, C entsprechend mit a, b, c bezeichnet sind.
Ähnlich sind die Verschiebungen der Angriffspunkte i der Kräfte P_i
mit [iw] bezeichnet. — Da außer den Kräften P_i nur die von diesen
erzeugten Auflagerkräfte wirken und eine Arbeit leisten, so lautet
die Arbeitsgleichung in diesem Fall:

$$\Sigma P_i \cdot [iw] + \Sigma L_i \cdot [lw] = 0.$$

Hierbei sind die Auflagerkräfte infolge P_i allgemein mit L_i und
ihre Angriffspunkte mit l bezeichnet.

Bezüglich der **Vorzeichen** ist zu beachten, daß sowohl [iw]
wie [lw] die in die positive Richtung der betreffenden Kräfte P
und L fallende Verschiebungskomponente darstellen. Wie diese positive Richtung der Auflagerkräfte gewählt wird, ist gleichgültig.

Wird die Arbeit der Auflagerkräfte auf die rechte Seite der
Gleichung gebracht, so erhält man:

$$\Sigma P_i \cdot [iw] = - \Sigma L_i \cdot [lw] \quad \ldots \ldots \quad (21)$$

**b) Die Arbeitsgleichung statisch unbestimmter elastischer
Systeme.**

α) **Äußere Belastung P_k als Ursache der Formänderungen.** Bei den bisherigen Untersuchungen (§ 5a) war der Einfach-

---

[1]) Bei Systemen, die aus einzelnen Scheiben zusammengesetzt sind, fallen
die Arbeiten der inneren Kräfte in den gelenkigen Verbindungen verschiedener
Scheiben heraus; denn die Gelenkreaktionen sind entgegengesetzt gleich,
während die Verschiebung des gemeinsamen Angriffspunktes für beide Reaktionen
die gleiche ist.

heit der Darstellung wegen zunächst ein statisch bestimmtes System vorausgesetzt. — Nunmehr soll die Form der Arbeitsgleichung für statisch unbestimmte Systeme angegeben werden.

Wir betrachten wiederum einen bogenförmigen Balken, der aber nun nicht mehr statisch bestimmt gelagert, sondern etwa mit eingespannten Enden versehen sein möge, so daß das in Fig. 35a dargestellte, statisch unbestimmte System entsteht. Wie früher sei der Belastungszustand P_i und der Verschiebungszustand P_k. Die Verschiebungen des ν-fach statisch unbestimmten Systems, die äußeren $[ik.\nu]$ sowohl wie die inneren, sind naturgemäß andere als die Verschie-

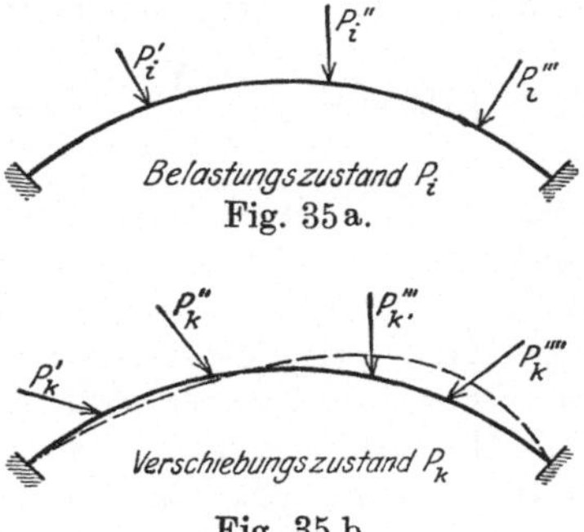

Belastungszustand P_i
Fig. 35 a.

Verschiebungszustand P_k
Fig. 35 b.

bungen $[ik]$ des statisch bestimmten Systems. Die inneren Verschiebungen Δds_k, $\Delta \varphi_k$ und Δh_k werden erzeugt von den inneren Kräften $N_{k.\nu}$, $M_{k.\nu}$, $Q_{k.\nu}$ im ν-fach statisch unbestimmten System. — Den äußeren Kräften P_i entsprechen die inneren Kräfte $N_{i\,\nu}$, $M_{i.\nu}$, $Q_{i.\nu}$. Mit diesen Bezeichnungen nimmt Gleichung 19[1]) die folgende Form an:

$$\Sigma P_i \cdot [ik.\nu] = \int N_{i.\nu} \frac{N_{k.\nu}\,ds}{EF} + \int M_{i.\nu} \frac{M_{k.\nu}\,ds}{EJ} + \int Q_{i.\nu} \varkappa \frac{Q_{k.\nu}\,ds}{GF} \qquad (19c)$$

Nach diesem Ausdruck wären die inneren Kräfte sowohl infolge P_i wie infolge P_k im ν-fach unbestimmten System in die Gleichung einzusetzen.

Die Aufgabe läßt sich indessen vereinfachen, und zwar ist es statthaft, die Kräfte P_i am Grundsystem wirken zu lassen, d. h. die inneren Kräfte N_i, M_i, Q_i am Grundsystem anzunehmen. Dies lehrt folgende Überlegung. Zu den Lasten P_i gehören die von ihnen erzeugten ν Unbekannten X des statisch unbestimmten Systems. Die Angriffspunkte dieser Lasten können keine Verschiebungen erleiden; denn die Elastizitätsbedingungen zur Berechnung eines statisch unbestimmten Systems besagen, daß die Verschiebungen der Angriffspunkte der Unbekannten gleich Null sind. Vgl. § 4, Gl. (13). Die Lasten X sind also für die Arbeitssumme $\Sigma P_i [ik.\nu]$ bedeutungslos, und es kann von ihnen abgesehen werden; demgemäß können sie auch bei den inneren Arbeiten unberücksichtigt bleiben, d. h. auch

---

[1]) Die Gleichung 19a, die für statisch bestimmte Systeme hergeleitet wurde, darf ohne weiteres angewandt werden, denn man kann ein statisch unbestimmtes System als ein statisch bestimmtes System (Grundsystem vgl. § 3) ansehen, an dem außer den gegebenen äußeren Lasten noch weitere Kräfte X wirken. Ob diese Größen X zunächst unbekannt sind, ist hierbei gleichgültig; man kann ja annehmen, daß sie nach den später zu behandelnden Methoden berechnet sind und als gegebene Werte zahlenmäßig vorliegen.

die inneren Kräfte N_i, M_i, Q_i sind ohne Berücksichtigung der Größen X, d. h. als Kräfte im Grundsystem zu berechnen[1]).

Nach dem Vorigen kann man somit die Arbeitsgleichung statt in der zuletzt angegebenen Form 19c auch wie folgt schreiben:

$$\Sigma P_i \cdot [ik.v] = \int N_i \frac{N_{k.v}\, ds}{EF} + \int M_i \frac{M_{k.v}\, ds}{EJ} + \int Q_i \cdot \varkappa \frac{Q_{k.v}\, ds}{GF} \ . \quad (19d)$$

Das heißt: Bei Anwendung der Arbeitsgleichung auf statisch unbestimmte Systeme kann man die Kräfte des Belastungszustandes P_i am Grundsystem wirkend annehmen und die entsprechenden inneren Kräfte N_i, M_i, Q_i als Kräfte im Grundsystem ermitteln.

Hierbei wird man das Grundsystem, dessen Wahl (nach § 3) in mannigfaltiger Weise erfolgen kann, zweckmäßig so wählen, daß die Rechnungen möglichst einfach werden. Auch braucht das Grundsystem, das bei der Berechnung der Unbekannten verwandt wurde, nicht dasselbe zu sein, an dem man P_i angreifen läßt.

Die Gleichung (19d) kann auch noch in einer etwas anderen Form geschrieben werden, die für das Folgende zweckmäßig ist. Man erhält, wenn man in Gleichung (19c) die Faktoren unter den Integralen vertauscht:

$$\Sigma P_i[ik.v] = \int N_{k.v} \frac{N_{i.v}\, ds}{EF} + \int M_{k.v} \frac{M_{i.v}\, ds}{EJ} + \int Q_{k.v} \varkappa \frac{Q_{i.v}\, ds}{GF} \ .$$

Hierin kann man nach der durch Gleichung (19d) ausgedrückten Regel die Werte $N_{k.v}$, $M_{k.v}$, $Q_{k.v}$ durch die Werte N_k, M_k, Q_k ersetzen. Alsdann erhält man, wenn man abermals die Faktoren vertauscht:

$$\Sigma P_i[ik.v] = \int N_{i.v} \frac{N_k\, ds}{EF} + \int M_{i.v} \frac{M_k\, ds}{EJ} + \int Q_{i.v} \varkappa \frac{Q_k\, ds}{GF} \ . \ . \quad (19e)$$

Das heißt: In der Arbeitsgleichung für den Belastungszustand P_i und den Verschiebungszustand P_k am v-fach unbestimmten System kann man auch den (inneren) Verschiebungszustand des Grundsystems in Rechnung setzen, wenn die (inneren) Kräfte des Belastungszustands P_i im v-fach unbestimmten System genommen werden.

Liegt ein Fachwerk vor, in dem nur Stabspannkräfte auftreten, so lauten die entsprechenden Gleichungen:

---

[1]) Will man dieses Ergebnis im einzelnen herleiten, so schreibe man in Gl. (19c) $N_{i.v}$, $M_{i.v}$, $Q_{i.v}$ nach dem Superpositionsgesetz als Funktionen der Überzähligen X an und entwickele den Ausdruck. Man findet dann, daß alle Glieder mit einer Größe X als Faktor zu 0 werden und nur der auf der rechten Seite der Gl (19d) angegebene Wert der inneren Arbeit übrig bleibt. — Diese Entwickelung ist im folgenden Abschnitt (γ) dieses Kapitels näher dargestellt.

$$\Sigma P_i\,[i\,k.v] = \Sigma S_t \frac{S_{k.\nu}\,s}{EF},$$

bzw.

$$\Sigma P_i\,[i\,k.v] = \Sigma S_{i.\nu}\,\frac{S_k\,s}{EF}$$

$\quad\quad\quad\quad \cdots\quad$ (19f)

β) **Temperaturänderungen als Ursache der Formänderungen.** Ändert sich die Temperatur eines statisch unbestimmten Systems, so daß Unbekannte X wirksam werden, so finden wir die Form der Arbeitsgleichung unter Beachtung der Gleichung (19e). Danach können wir den Verschiebungszustand, hier also die inneren Temperaturverschiebungen, des Grundsystems einsetzen, und es ergibt sich:

$$\Sigma P_i\,[i\,t.v] = \int N_{i.\nu}\cdot\varepsilon\,t_0\,ds + \int M_{i.\nu}\cdot\varepsilon\,\frac{\Delta t}{h}\,ds, \quad (20\,\mathrm{d})$$

wo $N_{i.\nu}$ und $M_{i.\nu}$ die Normalkräfte bzw. die Momente im ν-fach unbestimmten System infolge der Belastung P_i bedeuten.

Bei **Fachwerken** lautet die Gleichung:

$$\Sigma P_i\,[i\,t.v] = \Sigma S_{i.\nu}\cdot\varepsilon\,t\,s \quad\ldots\ldots\quad (20\,\mathrm{e})$$

γ) **Widerlagerverschiebungen als Ursache der Formänderungen.** Verschieben sich die Widerlager eines statisch unbestimmten Systems (s. Fig. 25), so daß Unbekannte X wirksam werden, so ändert das System — im Gegensatz zu dem in § 5 (Abschnitt a, γ) betrachteten Fall eines statisch bestimmten Systems — nicht nur seine Lage, sondern 'auch seine Form.

Die Lasten P_i erzeugen Unbekannte X_{ai}, X_{bi}, $\ldots$, X_{ni}, und es entstehen infolge dieser Gesamtbelastung Auflagerreaktionen $L_{i.\nu}$ am ν-fach unbestimmten System. Letztere sind zu den äußeren Lasten zu rechnen und leisten während der Verschiebung der Widerlager die Arbeit:

$$\Sigma L_{i.\nu}\cdot[l\,w.\nu].$$

Gemäß unseren früheren Bezeichnungen (vgl. § 4, e) bedeuten $[l\,w.\nu]$ die zahlenmäßig gegebenen Verschiebungen der Auflagerpunkte L am unbestimmten System.

Innere Kräfte-Momente M, Normalkräfte N, Querkräfte Q werden zunächst infolge der Belastung P_i und der zugehörigen Gruppe von Lasten X_{ai}, X_{bi}, $\ldots$, X_{ni} erzeugt. Wir wollen der Einfachheit halber lediglich die Momente ins Auge fassen und diese mit $M^{(i)}$ bezeichnen. Dann gilt die Gleichung

$$M^{(i)} = M_0 + M_a\cdot X_{ai} + M_b\,X_{bi} + \ldots + M_n\,X_{ni}.$$

Beim Verschiebungszustand infolge der Auflagerverschiebungen entstehen — im Gegensatz zu dem Fall des statisch bestimmten Systems — innere Verschiebungen, d. h. Verdrehungen der Querschnitte $(\Delta\varphi)$ usw. Diese rühren her von den Momenten (Normal- und Querkräften), die infolge der Unbekannten X_{aw}, X_{bw}, $\ldots$, X_{nw} auftreten, d. h. infolge der durch die Widerlagerbewegungen erzeugten Unbekannten. Wenn wir diese Momente mit $M^{(w)}$ bezeichnen, so gilt die Gleichung:

$$M^{(w)} = M_a \cdot X_{aw} + M_b \cdot X_{bw} + \cdots + M_n X_{nw}.$$

Die während des Verschiebungszustandes (Auflagerbewegungen) geleisteten **inneren** Arbeiten haben somit den Wert:

$$\int M^{(i)} M^{(w)} \frac{ds}{EJ} + \int N^{(i)} N^{(w)} \frac{ds}{EF} + \int Q^{(i)} \varkappa \frac{Q^{(w)} ds}{GF}.$$

Diese Arbeitsgröße hat aber den Wert Null und zwar wegen der Elastizitätsbedingungen (s. Gl. 13). Dies ist ohne weiteres zu erkennen, wenn man für $M^{(i)}$ und $M^{(w)}$ — wir berücksichtigen nur die Momente — die vorhin angegebenen Werte einsetzt. Man erhält:

$$\int M^{(i)} M^{(w)} \frac{ds}{EJ} = \int (M_0 + M_a X_{ai} + M_b X_{bi} + \cdots + M_n X_{ni}) \cdot$$

$$\cdot (M_a X_{aw} + M_b X_{bw} + \cdots + M_n X_{nw}) \frac{ds}{EJ}$$

$$= X_{aw} \cdot \int (M_0 + M_a X_{ai} + \cdots + M_n X_{ni}) M_a \frac{ds}{EJ}$$

$$+ X_{bw} \cdot \int (M_0 + M_a X_{ai} + \cdots + M_n X_{ni}) M_b \frac{ds}{EJ}$$

$$\vdots \qquad\qquad\qquad\qquad\qquad \vdots$$

$$+ X_{nw} \cdot \int (M_0 + M_a X_{ai} + \cdots + M_n X_{ni}) M_n \frac{ds}{EJ}.$$

Die Faktoren der Größen X_{aw}, X_{bw}, $\ldots$, X_{nw} sind aber nichts anderes als die Verschiebungen der Punkte a, b, $\ldots$, n, d. h. der Angriffspunkte der Überzähligen X, infolge der gegebenen äußeren Belastung P_i[1]. Es sind also die Werte, die wir früher, entsprechend der äußeren Belastung P_m, mit $[am.\nu]$, $[bm.\nu]$, $\ldots$, $[nm.\nu]$ bezeichneten. Diese Werte sind gemäß den Elastizitätsbedingungen (Gl. 13) gleich 0. Also ist der gesamte Wert der inneren Arbeiten gleich 0.

Somit bleiben in der Arbeitsgleichung nur die Arbeiten der äußeren Kräfte, d. h. der Lasten P_i und der zugehörigen Auflagerdrücke $L_{i.\nu}$, übrig. Daß die Lasten X_{ai}, X_{bi}, $\ldots$, X_{ni}, die auch zu P_i gehören, keine Arbeit leisten können, da sich ihre Angriffspunkte nicht verschieben (Elastizitätsbedingungen), bedarf keiner Erwähnung.

Es ergibt sich also:

---

[1]) Erläuterung: Die Klammerwerte unter den Integralen stellen nämlich die Momente im ν-fach statisch unbestimmten System infolge der gegebenen äußeren Belastung P_i dar, sind also mit $M_{i.\nu}$ zu bezeichnen. Demnach würde man z. B. für den ersten Integralwert schreiben können:

$$\int M_{i.\nu} \cdot M_a \frac{ds}{EJ}.$$

Dieser Wert stellt die Verschiebung $[ai.\nu]$ dar, d. h. die Verschiebung des Angriffspunktes a von X_a infolge der Belastung P_i am ν-fach statisch unbestimmten System.

Daß dem so ist, läßt sich aus der Arbeitsgleichung ableiten, indem man für ΣP_i (oder ΣP_k) eine Einzellast 1 setzt. Die diesbezüglichen näheren Ausführungen sind im nächstfolgendem Abschnitt § 7 gegeben. Gl. (27) ergibt direkt den vorstehenden Ausdruck als Einzelverschiebung.

$$\Sigma P_i[iw.\nu] + \Sigma L_{i,\nu}[lw.\nu] = 0$$

oder
$$\Sigma P_i[iw.\nu] = -\Sigma L_{i.\nu}[lw.\nu] \ \ldots \ldots \text{(21a)}$$

Hiernach erscheinen auf der rechten Seite der Gleichung lediglich die Auflagerreaktionen des ν-fach unbestimmten Systems infolge der Belastung P_i. Die Werte $[lw.\nu]$ sind gemäß unseren früheren Bezeichnungen (vgl. § 4, Abschn. e) die zahlenmäßig gegebenen Verschiebungen der Auflagerpunkte l am unbestimmten System.

c) Sätze von Betti und Maxwell. Die Gleichung (19c) lautet:

$$\Sigma P_i[ik.\nu] = \int N_{i.\nu}\frac{N_{k.\nu}\,ds}{EF} + \int M_{i.\nu}\frac{M_{k.\nu}\,ds}{EJ} + \int Q_{i.\nu}\varkappa\,\frac{Q_{k.\nu}\,ds}{GF}.$$

Vertauscht man in den Produkten der Integrale auf der rechten Seite die Faktoren mit dem Index i und k, so entsteht der Ausdruck:

$$\int N_{k.\nu}\frac{N_{i.\nu}\,ds}{EF} + \int M_{k.\nu}\frac{M_{i.\nu}\,ds}{EJ} + \int Q_{k.\nu}\varkappa\,\frac{Q_{i.\nu}\,ds}{GF}.$$

Dieser Wert ist aber gleich der Summe der äußeren Arbeiten:

$$\Sigma P_k\cdot[ki.\nu].$$

Denn soll dieser letztere Summenwert mit Hilfe der Arbeitsgleichung durch die inneren Arbeiten dargestellt werden, so ergibt sich der vorhergehende Ausdruck. — Aus alledem folgt die Gleichung-

$$\Sigma P_i\cdot[ik.\nu] = \Sigma P_k\cdot[ki.\nu]. \ \ldots \ldots \text{(22)}$$
(Satz von Betti).

Denn die beiden Summen sind gleich den nämlichen Ausdrücken für die inneren Arbeiten, da in letzteren nur die Faktoren vertauscht worden sind. —

Von besonderer Wichtigkeit für die praktische Anwendung ist eine Ableitung aus dem Bettischen Satz.

Setzt man P_i und P_k gleich 1, so wird

$$[ik.\nu] = [ki.\nu], \ \ldots \ldots \ldots \text{(23a)}$$

und für das statisch bestimmte System:

$$[ik] = [ki] \ \ldots \ldots \ldots \text{(23b)}$$
(Satz von Maxwell).

Um die Bedeutung dieser Gleichung zu erläutern, betrachten wir die beiden Fig. 36a und 36b.

Ist das System mit $P_k = 1$ belastet, so verschiebt sich der Punkt i in bestimmter zugehöriger Richtung i um ein Stück $[ik]$ (Fig. 36a). — Ist das andere Mal das System belastet mit $P_i = 1$ in der genannten Richtung, so verschiebt sich der Punkt k in Rich-

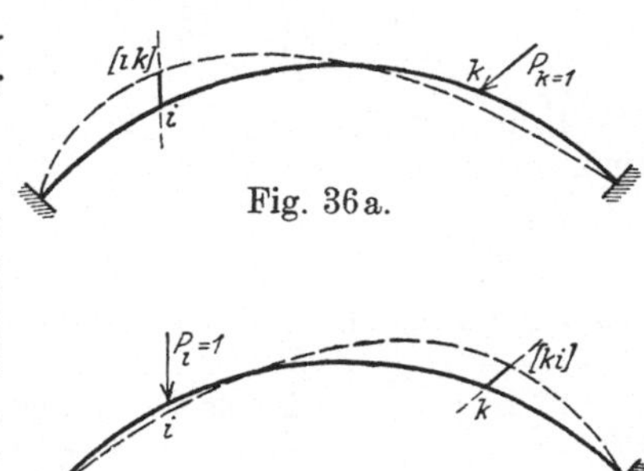

tung der vorgenannten Last P_k um ein Stück $[ki]$ (Fig. 36 b). Dann ist dieser Wert $[ki]$ gleich der vorhin gefundenen Verschiebung $[ik]$. Dieser Satz wird im folgenden von Wichtigkeit[1]). (Vgl. insbesondere § 7 und § 8.)

---

[1]) Es soll im folgenden noch eine allgemeine Darstellung der vorstehenden Sätze und Gleichungen angegeben werden. — Bei der Arbeitsgleichung war nur vorausgesetzt, daß P_i (ebenso wie P_k) ein im Gleichgewicht befindlicher Belastungszustand ist. Die in den Punkten i angreifenden Einzellasten P_i brauchen daher nicht am gegebenen v-fach statisch unbestimmten System zu wirken, sondern können an irgendeinem Grundsystem oder Hauptsystem angreifen, d. h. der Grad (μ) der Unbestimmtheit des mit P_i belasteten Systems kann alle Werte von 0 bis v annehmen. Dies folgt daraus, daß man der Lastengruppe P_i jede andere beliebige Lastengruppe P_i' zufügen kann, falls letztere nur keine Arbeit leistet, d. h. falls die Verschiebungen der Angriffspunkte der zugefügten Lasten P_i' gleich Null sind. Eine solche Lastengruppe sind aber die Unbekannten X, da die vorgenannte Bedingung wegen der Elastizitätsbedingungen erfüllt ist. Darum ist der Grad der Unbestimmtheit des Systems, an dem P_i wirkt, gleichgültig. Um dies in obiger Gleichung zu kennzeichnen, schreiben wir $P_{i.\mu}$ statt P_i, wirkend am v-fach statisch unbestimmten Hauptsystem, und dementsprechend für die inneren Kräfte $N_{i.\mu}$, $M_{i.\mu}$, $Q_{i.\mu}$, denen die Werte $N_{k.v}$, $M_{k.v}$, $Q_{k.v}$ im gegebenen v-fach statisch unbestimmten System gegenüberstehen. Wir schreiben demnach die obige Gleichung, die Arbeitsgleichung, wie folgt:

$$\varSigma P_{i.\mu}[ik.v] = \int N_{i.\mu}\frac{N_{k.v}\,ds}{EF} + \int M_{i.\mu}\frac{M_{k.v}\,ds}{EJ} + \int Q_{i.\mu}\varkappa\frac{Q_{k.v}\,ds}{GF} = \varSigma P_{i.\varrho}[ik.v]$$

$$= \int N_{i.\varrho}\frac{N_k\,{}_v\,ds}{EF} + \int M_{i.\varrho}\frac{M_{k.v}\,ds}{EJ} + \int Q_{i.\varrho}\varkappa\frac{Q_k\,{}_v\,ds}{GF}, \quad \ldots \ldots \text{(I)}$$

denn statt μ kann auch eine andere Zahl ϱ eingesetzt werden.

Wir betrachten insbesondere zwei Spezialfälle dieser allgemeinsten Form der Gleichung.

a) $\mu = 0$.

In dem Falle, wo $\mu = 0$ ist, wirkt P_i an einem Grundsystem; obige Gleichung nimmt die Form an:

$$\varSigma P_i[ik.v] = \int N_i\frac{N_{k.v}\,ds}{EF} + \int M_i\frac{M_{k.v}\,ds}{EJ} + \int Q_i\varkappa\frac{Q_{k.v}\,ds}{GF} \quad \ldots \text{(I a)}$$

Diese Form der Gleichung ist zweckmäßig, um sie zur Berechnung von Verschiebungen zu benutzen (vgl. die folgenden Ausführungen in § 7). Setzt man nämlich für P_i lediglich eine Last 1 in Richtung der gesuchten Verschiebung voraus, so ergibt sich:

$$[ik.v] = \int N_i\frac{N_{k.v}\,ds}{EF} + \int M_i\frac{M_{k.v}\,ds}{EJ} + \int Q_i\varkappa\frac{Q_{k.v}\,ds}{GF}{}^*) \quad \ldots \text{(I b)}$$

b) $\mu = v$.

In dem Falle, wo $\mu = v$ ist, wirkt P_i am gegebenen v-fach statisch unbestimmten System. Die Gleichung (I) nimmt die Form an:

$$\varSigma P_{i.v}[ik.v] = \int N_{i.v}\frac{N_{k.v}\,ds}{EF} + \int M_{i.v}\frac{M_{k.v}\,ds}{EJ} + \int Q_{i.v}\varkappa\frac{Q_{k.v}\,ds}{GF}$$

oder mit Vertauschung der Faktoren auf der rechten Seite:

---

*) *Hier erscheint eine Verschiebung $[ik.v]$ als Summenausdruck, der sich über alle Elemente ds der Systemachse erstreckt. Es ist in der Fehlertheorie üblich, eine solche Summenbildung durch das Zeichen $[\ ]$ auszudrücken, was zur Erklärung für die Einführung dieser Bezeichnung hier angeführt sei.*

§ 6. Die wirkliche Formänderungsarbeit.
Die Castigliano'schen Lehrsätze.

a) Das in § 5 behandelte sogenannte Prinzip der virtuellen Arbeiten ergab die Gleichheit zwischen der Arbeit der äußeren Kräfte und der (virtuellen) Formänderungsarbeit, d. h. der von den inneren Kräften (Momenten, Normalkräften, Querkräften) während der Deformation des Systems geleisteten Arbeiten. Dabei war ein von den äußeren Kräften P_i (Belastungszustand) unabhängiger Verschiebungszustand (P_k) angenommen, d. h. die Formänderungen rührten her von einer Belastung P_k, die mit der Kräftegruppe P_i nichts gemein zu haben brauchte. Von den äußeren Kräften P_i und ebenso von

$$\Sigma P_{i.\nu}\,[ik.\nu] = \int N_{k.\nu}\,\frac{N_{i.\nu}\,ds}{EF} + \int M_{k.\nu}\,\frac{M_{i.\nu}\,ds}{EJ} + \int Q_{k.\nu}\varkappa\,\frac{Q_{i.\nu}\,ds}{GF}$$

$$= \int N_{k.\nu}\,\varDelta ds_i + \int M_{k.\nu}\,\varDelta\varphi_i + \int Q_{k.\nu}\cdot\varDelta h_i = \Sigma P_{k.\nu}\,[ki.\nu]\,.$$

Also ergibt sich:

$$\Sigma P_{i.\nu}\,[ik.\nu] = \Sigma P_{k.\nu}\,[ki.\nu]\,.$$

Mit Rücksicht auf Gleichung (I) kann man auch schreiben:

$$\Sigma P_{i.\nu}\,[ik.\nu] = \Sigma P_{i.\mu}\,[ik.\nu] = \Sigma P_{k.\mu}\,[ki.\nu] = \Sigma P_{k.\nu}\,[ki.\nu]\quad .\;.\;\text{(II)}$$

(Satz von Betti).

Hier kann μ alle Werte von 0 bis ν annehmen. Also gilt auch (mit $\mu = 0$) die Gleichung:

$$\Sigma P_i\,[ik.\nu] = \Sigma P_k\,[ki.\nu]\quad .\;.\;.\;.\;.\;.\;.\;.\;.\;\text{(IIa)}$$

Wirkt insbesondere nur eine Einzellast $P_{i.\mu} = 1$ in Richtung der Verschiebung eines Punktes i, so wird:

$$[ik.\nu] = \Sigma P_{k.\mu}\,[ki.\nu]\,,\quad .\;.\;.\;.\;.\;.\;.\;.\;.\;\text{(IIb)}$$

d. h. die Verschiebung eines Punktes i infolge einer Lastengruppe P_k am ν-fach statisch unbestimmten System ist gleich der Summe der virtuellen Arbeiten aus den Einzellasten P_k und den Wegen $[ki.\nu]$ ihrer Angriffspunkte k, d. h. den Verschiebungen der Punkte k infolge $P_i = 1$ am ν-fach statisch unbestimmten System. —

Sind insbesondere die Einzellasten der Gruppe P_k alle gleich 1, so nimmt die Gleichung (IIb) mit $\mu = 0$ und umgekehrt gelesen die Form an:

$$\Sigma[ki.\nu] = [ik.\nu]\,,\quad .\;.\;.\;.\;.\;.\;.\;.\;.\;.\;\text{(IIc)}$$

d. h. die Summe der Verschiebungen einer Reihe von Punkten k (in bestimmten Richtungen k) eines ν-fach statisch unbestimmten Systems infolge einer Einzellast $P_i = 1$ ist gleich der Verschiebung des Angriffspunktes i von P_i infolge der Lastengruppe $P_k = 1$, d. h. einer Gruppe von Lasten 1 in den Punkten k (in den bestimmten Richtungen k) des ν-fach statisch unbestimmten Systems. (Diese Gleichung [IIc] läßt sich zur Aufstellung von Rechenproben verwenden. § 20.)

Besteht die Lastengruppe P_k nur aus einer Einzellast 1, so nimmt die Gleichung (II) die Form an:

$$1_{i.\mu}\,[ik.\nu] = 1_{k.\varrho}\,[ki.\nu]\,,$$

wo μ und ϱ beliebige Werte von 0 bis ν annehmen können. Insbesondere wird mit $\mu = 0$:

$$[ik.\nu] = [ki.\nu]\,,\quad .\;.\;.\;.\;.\;.\;.\;.\;.\;.\;.\;\text{(IId)}$$

d. h. die Verschiebung eines Punktes i eines ν-fach statisch unbestimmten Systems in Richtung ν infolge einer Last $P_k = 1$ in k ist gleich der Verschiebung des Punktes k des ν-fach statisch unbestimmten Systems in Richtung von P_k infolge von $P_i = 1$. (Maxwellscher Satz.)

den ihnen entsprechenden inneren. Kräften (M_i, N_i, Q_i) war angenommen worden, daß sie während des Verschiebungszustandes mit ihrer ganzen Größe wirken, nicht also allmählich auf den Endwert anwachsen sollten. Die Arbeiten wurden als „virtuelle" (gedachte) bezeichnet. —

Wir betrachten jetzt die sogenannte „wirkliche" Formänderungsarbeit, d. h. jene Arbeit, welche die Kräfte P_k bzw. die ihnen entsprechenden inneren Kräfte (M_k, N_k, Q_k) während des von eben diesen Kräften $(P_k$ bzw. $M_k, N_k, Q_k)$ erzeugten Verschiebungszustandes leisten. Es kommen also jetzt nur mehr äußere Verschiebungen $[kk]$ und innere $\varDelta ds_k, \varDelta \varphi_k, \varDelta h_k$ in Frage, wo $[kk]$ die Verschiebung des Angriffspunktes k einer Last P_k infolge der Lastengruppe P_k darstellt. Von Temperaturänderungen und Verschiebungen der Widerlager soll abgesehen werden. Entsprechend den tatsächlichen Verhältnissen ist dabei zu berücksichtigen, daß die Kräfte ebenso wie die Verschiebungen von O auf ihren Endwert anwachsen. Hierbei nehmen wir, wie in allen sonstigen Fällen, das Hooke'sche Gesetz an, setzen also lineare Beziehungen zwischen Kräften und Formänderungen voraus.

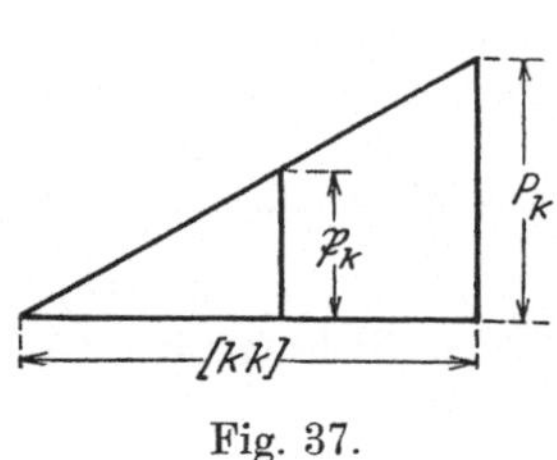

Fig. 37.

Die Arbeit, die etwa von einer Last P_k auf dem Wege $[kk]$ (oder z. B. von M_k auf dem Wege $\varDelta \varphi_k$) geleistet wird, stellt sich graphisch als ein Dreieck dar (Fig. 37); denn zu den einzelnen Zeitpunkten während des Weges $[kk]$ ist ein linear veränderlicher Wert $\mathfrak{P}_k$ der Kraft P_k wirksam. Der Inhalt des Dreiecks stellt die Gesamtarbeit dar, und diese hat den Wert:

$$A = \tfrac{1}{2} P_k \cdot [kk].$$

Ganz Entsprechendes gilt für die inneren Arbeiten; die innere Arbeit eines Momentes M_k wäre z. B. $\tfrac{1}{2} M_k \cdot \varDelta \varphi_k$. Setzen wir die inneren und äußeren Arbeiten einander gleich, so erhalten wir die Gleichung:

$$\tfrac{1}{2} \varSigma P_k [kk] = \tfrac{1}{2} \int M_k \varDelta \varphi_k + \tfrac{1}{2} \int N_k \varDelta ds_k + \tfrac{1}{2} \int Q_k \varDelta h_k,$$

wo die Summe $(\varSigma)$ sich über die Arbeiten aller Lasten der Belastungsgruppe P_k erstreckt. Der auf der rechten Seite der Gleichung stehende Ausdruck stellt die Arbeit der inneren Kräfte dar und wird als die wirkliche Formänderungsarbeit (A) bezeichnet. Drückt man noch die inneren Verschiebungen $\varDelta \varphi_k, \varDelta ds_k, \varDelta h_k$ durch die inneren Kräfte (M_k, N_k, Q_k) aus (s. Gl. 4, 5, 6), so erhält man:

$$A = \frac{1}{2} \int M_k^2 \frac{ds}{EJ} + \frac{1}{2} \int N_k^2 \frac{ds}{EF} + \frac{1}{2} \int \varkappa\, Q_k^2 \frac{ds}{GF}. \quad \textbf{(24)}$$

In dieser Form würde der Ausdruck für statisch bestimmte Systeme gelten.

Für das ν-fach statisch unbestimmte System wäre mit den früheren Bezeichnungen zu schreiben:

$$A = \frac{1}{2}\int M_{k.\nu}^2\,\frac{ds}{EJ} + \frac{1}{2}\int N_{k.\nu}^2\,\frac{ds}{EF} + \frac{1}{2}\int \varkappa\,Q_{k.\nu}^2\,\frac{ds}{GF}. \quad \textbf{(24a)}$$

b) An diesen Begriff der wirklichen Formänderungsarbeit knüpfen die Castigliano'schen Lehrsätze an.

Wir werden sehen, daß diese Lehrsätze zu Ergebnissen führen, die wir früher bereits auf anderem Wege fanden. Wir beschränken hier die Ausführungen auf das Notwendigste.

Der erste dieser Sätze ist der Satz von der Abgeleiteten der Formänderungsarbeit. — Es bezeichne P_i eine der Lasten aus der Lastengruppe P_k, und zwar greife sie an im Punkte i. Stellt man die Werte N_k, M_k, Q_k als Funktionen von P_i dar, so ist z. B. das Moment

$$M_k = \overline{M} + M_i P_i$$

wo $\overline{M}$ den Einfluß (Moment) aller Lasten der Gruppe P_k — außer P_i — und M_i das Moment infolge $P_i = 1$ bedeutet (Superpositionsgesetz). Entsprechende Formen gelten für N_k und Q_k. Differentiiert man nun den Wert A nach P_i, so ist bekanntlich unter den Integralen zu differentiieren. Da nun z. B.

$$\frac{\partial M_k^2}{\partial P_i} = 2\,M_k \cdot \frac{\partial M_k}{\partial P_i} = 2\,M_k M_i$$

ist, so erhält man:

$$\frac{\partial A}{\partial P_i} = \int M_i M_k\,\frac{ds}{EJ} + \int N_i\,\frac{N_k\,ds}{EF} + \int Q_i \varkappa\,\frac{Q_k\,ds}{GF}, \quad . \quad \textbf{(25)}$$

wo also M_i, N_i, Q_i für den Wert $P_i = 1$ gelten. — Entsprechend würde man durch Differentiation von Gleichung (24a) für das statisch unbestimmte System erhalten:

$$\frac{\partial A}{\partial P_i} = \int M_i\,\frac{M_{k.\nu}\,ds}{EJ} + \int N_i\,\frac{N_{k.\nu}\,ds}{EF} + \int Q_i \varkappa\,\frac{Q_{k.\nu}\,ds}{GF}. \quad . \quad \textbf{(25a)}$$

Dies sind aber die gleichen Ausdrücke, die wir für eine Verschiebung $[ik]$ bzw. $[ik.\nu]$ aus der früheren Gleichung (19d) finden, wenn wir annehmen, daß die dort vorkommende Lastengruppe P_i nur aus einer einzigen Last P_i besteht, die den Wert 1 hat. Man vergleiche auch die nachstehenden Ausführungen in § 7, insbesondere Gleichung (27) und (28). Man erhält also den Satz:

$$\frac{\partial A}{\partial P_i} = [ik] \text{ bzw. } [ik.\nu], \quad . \quad . \quad . \quad . \quad . \quad \textbf{(25b)}$$

d. h. die Verschiebung $[ik]$ des Punktes i in der Richtung von P_i ist gleich der partiellen Ableitung der Formänderungsarbeit nach dieser Last P_i.

NB. Sucht man die Verschiebung eines Punktes i, in dem keine Kraft P_i angreift, so denke man sich eine solche Last P_i in i wirken und führe wie vorhin die Differentiation durch. Man erhält die vorstehenden Ausdrücke, in denen dann naturgemäß bei den Werten M_k

bzw. $M_{k \cdot \nu}$ der Wert P_i nicht zu berücksichtigen, sondern gleich Null anzunehmen ist. —

Der zweite Satz von Castigliano, nämlich der Satz vom Minimum der Formänderungsarbeit, kann als eine Anwendung des ersten Satzes auf statisch unbestimmte Systeme aufgefaßt werden. Da nämlich gemäß den Elastizitätsbedingungen (s. Gl. 13) die Verschiebungen der Angriffspunkte der Unbekannten X_i eines unbestimmten Systems gleich Null sind, so gilt die Gleichung

$$[i k . \nu] = \frac{\partial A}{\partial X_i} = 0.$$

Diese Gleichung

$$\frac{\partial A}{\partial X_i} = 0 \qquad \cdots \cdots \cdots \quad (26)$$

drückt die notwendige Bedingung dafür aus, daß A ein Minimum (oder Maximum) wird. Daß A in der Tat ein Minimum sein muß, zeigt der zweite Differentialquotient

$$\frac{\partial^2 A}{\partial^2 P_i} = \frac{\partial [i k]}{\partial P_i}.$$

Nimmt nämlich P_i zu, so muß auch die Verschiebung $[i k]$ in Richtung von P_i zunehmen (s. Gl. 27). Also haben Zähler und Nenner des zweiten Differentialquotienten das gleiche Vorzeichen, d. h. dieser Quotient ist positiv (Bedingung für ein Minimum).

Der Satz wird gewöhnlich in der Form ausgesprochen:

Die Überzähligen X eines statisch unbestimmten Systems nehmen solche Werte an, daß die Formänderungsarbeit zu einem Minimum wird.

Im Grunde genommen drückt dieser Satz die aus der Natur der statisch unbestimmten Systeme folgende Bedingung aus, daß die Verschiebungen der Angriffspunkte der überzähligen Größen $X = 0$ sind.[1]

§ 7. Anwendung der Arbeitsgleichung. Berechnung von Verschiebungen.

a) Allgemeine Gleichungen zur Berechnung von Verschiebungen. Zahlenbeispiel.

1. Es sei ein durch eine Lastengruppe P_k belastetes System gegeben; zu untersuchen sind die Verschiebungen einzelner Systempunkte i.

Hierzu wird die Arbeitsgleichung benutzt. Zunächst ist zu beachten, daß weder die Richtung noch die Größe der gesuchten Verschiebung bekannt ist. Um beide Werte zu bestimmen, bedarf es der Berechnung zweier Komponenten der Verschiebung, und zwar der beiden Komponenten nach zwei beliebigen Richtungen. Aus diesen

---

[1] Zu § 5 und 6 vergleiche: Müller-Breslau, Graphische Statik der Baukonstruktionen. IV. Auflage. Bd. II, 1. Abt., S. 1—56. Neuere Methoden der Festigkeitslehre. 4. Auflage. S. 80—97. Föppl, Vorlesungen über technische Mechanik. Bd. III. Vierter Abschnitt.

beiden Komponenten ist die Verschiebung zusammenzusetzen. Die folgenden Untersuchungen befassen sich stets nur mit der Berechnung einer Verschiebung in bestimmter (gewählter oder gegebener) Richtung. Für viele Aufgaben genügt die Kenntnis einer solchen Verschiebungskomponente, insbesondere die Verschiebung in vertikaler Richtung (Durchbiegung).

Um die Verschiebung eines Punktes i in bestimmter zugehöriger Richtung i zu bestimmen (Fig. 38 b), denken wir uns in i in Richtung der gesuchten Verschiebung eine Last 1 wirken (etwa 1 t)[1]. Für diesen Belastungszustand $P_i = 1$ und den Verschiebungszustand P_k (Fig. 38 a) wird die Arbeitsgleichung angewandt (Gl. 19 c). Die linke Seite enthält nur ein Glied, da nur eine Last P_i wirkt, und diese Last ist gleich 1. Verschiebungen in

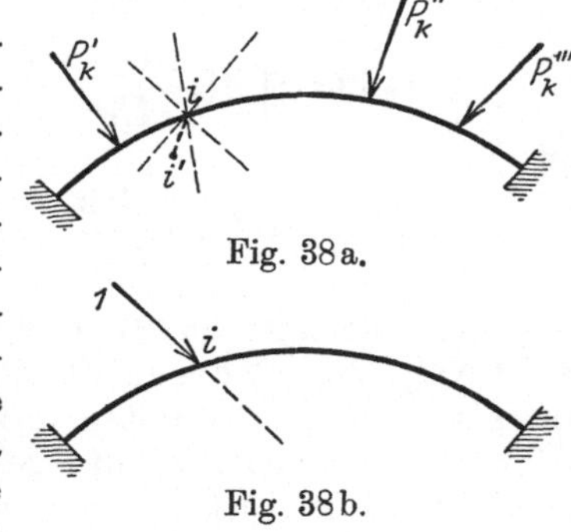

Fig. 38 a.

Fig. 38 b.

Richtung der Auflagerkräfte seien vornächst ausgeschlossen. Also erhält man bei einem ν-fach statisch unbestimmten System:

$$1\cdot[ik.v] = \int M_i \frac{M_{k.\nu}\,ds}{EJ} + \int N_i \frac{N_{k.\nu}\,ds}{EF} + \int Q_i\varkappa \frac{Q_{k.\nu}\,ds}{GF} \Bigg\}$$

bzw.

$$1\cdot[ik.v] = \int M_{i.\nu} \frac{M_k\,ds}{EJ} + \int N_{i.\nu} \frac{N_k\,ds}{EF} + \int Q_{i.\nu}\varkappa \frac{Q_k\,ds}{GF} \Bigg\} \quad (27)$$

---

[1] Handelt es sich nicht um eine Punktverschiebung, sondern um eine Verdrehung ϑ' einer Geraden aus ihrer ursprünglichen Lage in eine andere (Fig. 39 a), so ist die Belastung $P_i = 1$ in Richtung dieser Verschiebung (Drehung) ein Moment, d. h. ein Kräftepaar 1 (etwa 1 mt). Denn bei einer Drehung leisten nur Drehmomente Arbeit. — Dieses Moment 1 kann man sich als ein Kräftepaar denken, welches aus zwei entgegengesetzt gleichen Einzelkräften $\frac{1}{s}$ im Abstande s besteht. (Kraft $\times$ Abstand der beiden Kräfte ist gleich dem Moment eines Kräftepaares für jeden Punkt der Ebene) —

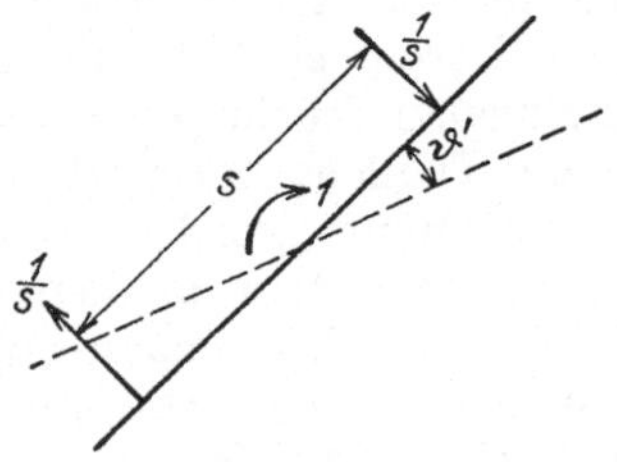

Fig. 39 a.

Später wird insbesondere auch die Winkeländerung $\varDelta\vartheta$ eines Winkels ϑ zu untersuchen sein, wenn dessen Schenkel ihre Lage verändern. Wie Fig. 39 b zeigt, ist

$$\varDelta\vartheta = \vartheta' + \vartheta'',$$

d. h. gleich der Summe der Einzeldrehungen ϑ' und ϑ'' der beiden Schenkel. Somit ist das, was vorhin für die einzelne Gerade angegeben wurde, jetzt auf jeden der beiden Schenkel des Winkels ϑ anzuwenden, d. h. jeder Schenkel ist mit je einem Kräftepaar 1 zu belasten.

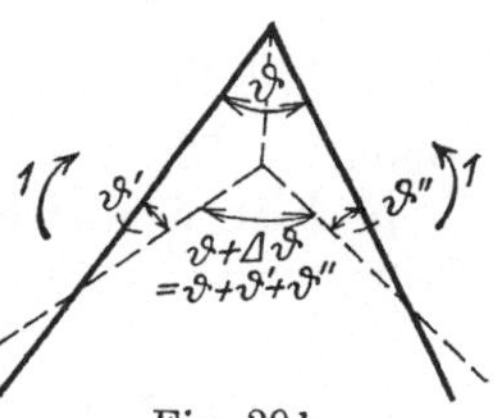

Fig. 39 b.

Der gesuchte Wert $[ik.\nu]$ ergibt sich demnach als Summenausdruck. Im Falle eines Fachwerks erhält man

$$[ik.\nu] = \sum S_i \frac{S_{k.\nu}\, s}{EF} \quad \ldots \ldots \ldots \quad (27\,\mathrm{a})$$

Beim statisch bestimmten System lauten die Gleichungen

$$[ik] = \int M_i \frac{M_k\, ds}{EJ} + \int N_i \frac{N_k\, ds}{EF} + \int Q_i \varkappa \frac{Q_k\, ds}{GF} \quad . \quad (28)$$

bzw.

$$[ik] = \sum S_i \frac{S_k\, s}{EF} \quad \ldots \ldots \ldots \ldots \quad (28\,\mathrm{a})$$

Diese Gleichungen (27) und (28) ergeben folgende Regel zur Berechnung von Verschiebungen infolge einer äußeren Belastung P_k (vgl. die unten angegebene Vorzeichenregel):

α) Für biegungsfeste Stabwerke. Um eine Verschiebung $[ik.\nu]$ eines Punktes i eines ν-fach unbestimmten Systems infolge einer Belastung P_k zu bestimmen, sind zunächst die inneren Kräfte $N_{k.\nu}$, $M_{k\ \nu}$, $Q_{k.\nu}$, also die Normalkräfte, Momente und Querkräfte dieses Systems infolge P_k zu bestimmen[1]), derart, daß man an jeder Stelle der Systemachse (bzw. für jedes Element dieser Achse) die daselbst wirkenden Momente M, Normalkräfte N und Querkräfte Q angeben kann. — Zweitens ist das System für eine Last $P_i = 1$ in Richtung der gesuchten Verschiebung zu untersuchen, d. h. es sind für diese Last $P_i = 1$ die Momente M_i, Normalkräfte N_i und Querkräfte Q_i zu berechnen. — Hierbei genügt es, im Falle eines statisch unbestimmten Systems, die Werte M_i, N_i, Q_i im Grundsystem zu bestimmen. Handelt es sich um die Verschiebung $[ik]$ eines statisch bestimmten Sys ems, so sind naturgemäß auch die Kräfte N_k, M_k, Q_k dieses Systems zu verwenden [s. Gl. (28)].

Hierauf sind die durch die Gleichungen (27) und (28) gegebenen Summenausdrücke (Integrale) auszuwerten; sind die Querschnitte (Werte F und J) nicht konstant, so muß die Integration in einzelnen Teilen vorgenommen werden, und zwar für jene Teile, in denen die Querschnitte konstant bleiben.

Ist die Bogenachse nicht gerade oder nicht nach einer mathematischen Linie gekrümmt, so daß sich die Integrale nicht in geschlossenen Ausdrücken darstellen lassen, so teile man die Achse in einzelne Elemente ds von endlicher Länge (z. B. $\frac{1}{2}$ oder 1 m) auf, bilde für jedes dieser Elemente die in den Gleichungen vorkommenden Produkte, z. B. $M_i \dfrac{M_k\, ds}{EJ}$, und summiere schließlich alle diese Produkte. Die Summe liefert den gesuchten Wert $[ik]$ bzw. $[ik.\nu]$.

β) Für Fachwerke. Handelt es sich um die Verschiebungen $[ik.\nu]$ eines ν-fach statisch unbestimmten Fachwerks, so daß nur

---

[1]) Hierzu bedarf es natürlich der vorherigen Bestimmung der ν Unbekannten X. Die Regeln hierfür werden im Abschnitt III angegeben.

Stabkräfte S auftreten, so berechnet man zunächst die Spannkräfte $S_{k.\nu}$ im gegebenen, unbestimmten System sowie die Spannkräfte S_i im Grundsystem infolge einer Last $P_i = 1$ in Richtung der gesuchten Verschiebung. Dann bilde man die durch die Gleichung (27a) bzw. (28a) gegebenen Produkte für jeden Stab s des Fachwerks, wobei jedem Stab von der Länge s und dem Querschnitt F ein solches Produkt $S_i \dfrac{S_{k\,\nu} s}{EF}$ entspricht. Die Summe all dieser Produkte ergibt die gesuchte Verschiebung. — Bei statisch bestimmten Fachwerken sind sowohl die Spannkräfte S_k wie S_i im gegebenen System zu untersuchen.

2. Handelt es sich um den Einfluß von Temperaturänderungen, so ergeben sich die Werte der Verschiebungen aus Gleichung (20d) und (20e), indem man im Punkte i in Richtung der gesuchten Verschiebung eine Last $P_i = 1$ annimmt. Man erhält alsdann (s. Gl. 20d) als Wert der Verschiebung beim ν-fach statisch unbestimmten System für biegungsfeste Systeme:

$$[it.\nu] = \int N_{i.\nu}\,\varepsilon\,t_0\,ds + \int M_{i.\nu}\,\varepsilon\,\frac{\varDelta t}{h}\,ds \ . \ . \ . \ (29)$$

Für das Fachwerk gilt:

$$[it.\nu] = \varSigma\,S_{i.\nu}\,\varepsilon\,ts \ . \ . \ . \ . \ . \ . \ (30)$$

Beim statisch bestimmten System lauten die entsprechenden Gleichungen für biegungsfeste Systeme:

$$[it] = \int N_i\,\varepsilon\,t_0\,ds + \int M_i\,\varepsilon\,\frac{\varDelta t}{h}\,ds, \ . \ . \ . \ (29a)$$

für Fachwerke:

$$[it] = \varSigma\,S_i\,\varepsilon\,ts \ . \ . \ . \ . \ . \ . \ . \ (30a)$$

Die Gleichungen (29) und (30) ergeben folgende Regel zur Berechnung von Verschiebungen infolge von Temperaturänderungen:

α) Für biegungsfeste Stabwerke. Um eine Verschiebung $[it.\nu]$ eines Punktes i eines ν-fach statisch unbestimmten Systems bei Temperaturänderungen zu berechnen, sind die inneren Kräfte $M_{i.\nu}$ und $N_{i.\nu}$ infolge $P_i = 1$ am ν-fach statisch unbestimmten System zu bestimmen. Hiernach sind die durch Gleichung 29 bzw. 29a gegebenen Summenausdrücke ohne weiteres auszumitteln. Einer Berechnung der Unbekannten X des Systems infolge der Temperaturänderung bedarf es also nicht. Beim statisch bestimmten System treten an Stelle der Werte $M_{i.\nu}$ und $N_{i.\nu}$ die inneren Kräfte N_i und M_i infolge $P_i = 1$ am statisch bestimmten System.

β) Für Fachwerke. Bei Fachwerken treten als innere Kräfte die Stabspannkräfte $S_{i.\nu}$ im gegebenen ν-fach statisch unbestimmten System infolge $P_i = 1$ auf. Für jeden Stab s ist dessen Spannkraft $S_{i.\nu}$ mit der Längenänderung des Stabes infolge der (gleichmäßigen)

Vorzeichen. a) Die Last $P_i = 1$ ist in Richtung der gesuchten Verschiebung anzunehmen. Wie man den positiven Sinn dieser Richtung annimmt, ist gleichgültig. Denn wenn sich beim Resultat $[ik.\nu]$ der oben angegebenen Rechnung ein positives Vorzeichen ergibt, so erfolgt die Verschie-

Temperaturänderung um t^0 (Werte $\varepsilon\,ts$) zu multiplizieren. Diese für alle Stäbe zu bildenden Produkte sind zu addieren.

Beim statisch bestimmten System ist ebenso zu verfahren; nur treten die Stabkräfte S_i (statt $S_{i\,\nu}$) im gegebenen System infolge $P_i = 1$ auf.

3. Ist die Verschiebung eines Systempunktes i im Falle von Widerlagerverschiebungen zu berechnen, so erhält man nach Gl. (21a) bzw. (21b) mit $P_t = 1$ die folgenden Ausdrücke:

Beim ν-fach statisch unbestimmten System gilt für biegungsfeste Systeme wie für Fachwerke die Gleichung:

$$[iw.v] = -\,\Sigma\,L_{i.\nu}\,[lw.v] \quad . \quad . \quad . \quad . \quad \textbf{(31)}$$

Beim statisch bestimmten System lautet die entsprechende Gleichung für biegungsfeste Systeme wie für Fachwerke:

$$[iw] = -\,\Sigma\,L_i\,[lw] \quad . \quad . \quad . \quad . \quad . \quad \textbf{(31a)}$$

bung in der als positiv angenommenen Richtung der Last $P_i = 1$; bei negativem Vorzeichen des Resultats ist es umgekehrt.

b) Bei manchen Aufgaben erfordert die Wahl der Vorzeichen für die Momente M_i und M_k in dem Summenausdruck $\int M_i\,\dfrac{M_k\,ds}{EJ}$ einer Verschiebung $[ik]$ besondere Festsetzungen. Hierfür scheint es zweckmäßig, die Vorzeichen der Momente M_i und M_k nach Maßgabe der Verbiegungen festzulegen, welche der jeweils in Frage stehende Systemteil infolge der Belastungen P_i bzw. P_k (d. h. der Ursache von M_i bzw. M_k) erfährt. Verbiegt sich ein Systemteil infolge von P_i und P_k in gleichem Sinne, so ist den Momenten M_i und M_k das gleiche Vorzeichen zu geben; ob dieses nun positiv oder negativ gewählt wird, ist dabei gleichgültig. Umgekehrt müssen die Vorzeichen von M_i und M_k entgegengesetzt sein, wenn P_i und P_k den Systemteil im entgegengesetzten Sinne verbiegen. Die Art der Verbiegung des Systems, die durchweg leicht zu übersehen ist, zeichnet man zweckmäßig in die Figur ein.

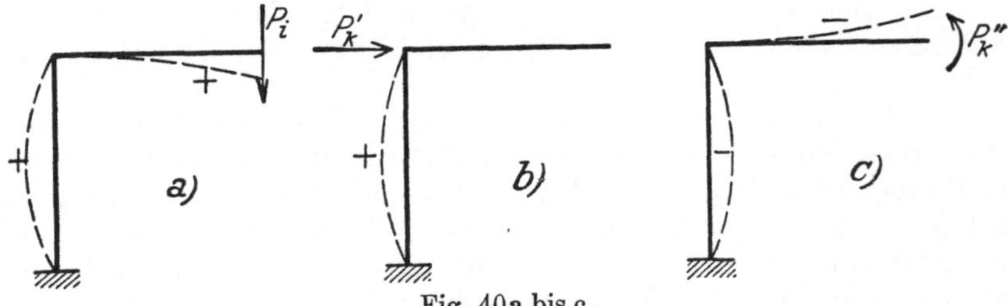

Fig. 40a bis c.

In dem durch Fig. 40 dargestellten Fall wäre M_i und M_k' (infolge P_k') für den vertikaien Ständer mit gleichen Vorzeichen einzuführen (für den horizontalen Riegel ist $M_k' = 0$).

Dagegen müßte M_k'' (infolge P_k'') sowohl für den Ständer wie für den horizontalen Riegel das umgekehrte Vorzeichen von M_i erhalten, da die Verbiegung infolge des Drehmomentes P_k'' und die infolge P_i im entgegengesetzten Sinne erfolgt. Dabei ist es ohne Bedeutung, ob man die Verbiegung von Ständer und Riegel nach Fig. 40a als positiv oder negativ bezeichnet.

Bei dieser Art der Festsetzung der Vorzeichen muß das Vorzeichen der Arbeitsgrößen $M_i\,M_k\,\dfrac{ds}{EJ} = M_i\,\varDelta\,\varphi_k$ zutreffend sein, da ein Arbeitswert positiv ist, wenn der Weg $(\varDelta\,\varphi_k)$ im Sinne der Kraft M_i erfolgt und umgekehrt. — (Eine Erläuterung der Frage der Vorzeichen gibt auch das in § 8d behandelte Beispiel einer Dreigelenkbogenkette.)

Die Gleichungen (31) ergeben folgende **Regel zur Berechnung von Verschiebungen der Systempunkte** i **für den Fall, daß sich lediglich die Widerlager eines statisch unbestimmten Systems verschieben.**

Man berechne die Widerlagerkräfte $L_{i.\nu}$ infolge $P_i = 1$ am ν-fach statisch unbestimmten System und multipliziere eine jede Kraft $L_{i.\nu}$ mit der gegebenen (geschätzten) Verschiebung ihres Angriffspunktes in (positiver) Richtung dieser Kraft $L_{i.\nu}$. Die Summe

---

Näherungsrechnungen. Es sei schon hier darauf hingewiesen, daß in manchen (nicht allen) Fällen bei der Berechnung statisch unbestimmter Systeme für den praktischen Gebrauch Vereinfachungen bei der Bestimmung der Verschiebungen gestattet sind*).

Bei **biegungsfesten Stabwerken** wird vielfach der Beitrag der Normal- und Querkräfte vernachlässigt, weil dieser im Vergleich zum Beitrag der Momente gering ist. Vom Einfluß der Querkräfte wird fast stets, vom Beitrag der Normalkräfte in vielen Fällen abgesehen. Man erhält dann die vereinfachten Gleichungen (Näherungsgleichungen)

$$[ik.\nu] = \sim \int M_i \frac{M_{k.\nu}\,ds}{EJ}$$

bzw. beim statisch bestimmten System:

$$[ik] = \sim \int M_i \frac{M_k\,ds}{EJ}\,.$$

Bei **Fachwerken** vernachlässigt man mitunter in den Gleichungen (27a) und (28a) den Beitrag, den die Füllungsstäbe zu den Summenausdrücken liefern, und berücksichtigt lediglich die Formänderungen der Gurtungen. In die Gleichungen:

$$[ik.\nu] = \sum S_i \frac{S_{k.\nu}\,s}{EF} \quad \text{bzw.} \quad [ik] = \sum S_i \frac{S_k\,s}{EF}$$

würden dann nur die Gurtstäbe (Länge s und Querschnitt F), deren Spannkräfte S_i und S_k sind, eingehen.

Bei diesen Vereinfachungen der Rechnung würde es demnach für die Untersuchung biegungsfester Stabwerke genügen, zwei Momentenflächen (M_i- und M_k-Fläche) zu bestimmen, da deren Ordinaten die erforderlichen Größen (M_i und M_k) an jeder Stelle der Systemachse zu entnehmen gestatten. — Bei Fachwerken brauchen nicht die vollständigen Kräftepläne (Spannkräfte S_i und S_k) gezeichnet zu werden, sondern es genügt die Bestimmung der Spannkräfte in den Gurtungen; dies erfolgt im allgemeinen am einfachsten durch Rechnung aus den Knotenpunktsmomenten (Ritterscher Schnitt usw.).

Auch bezüglich der **Querschnittsannahmen** gestattet man sich häufig vereinfachende Annahmen. In vielen Eällen, wie z. B. bei der ersten Berechnung eines statisch unbestimmten Systems, ist dies durchweg gar nicht zu vermeiden. Denn in den Ausdrücken für die Verschiebungen (s. die vorstehenden Gleichungen) kommen die Trägheitsmomente J und die Querschnitte F vor; diese sollen aber erst durch die Berechnung gefunden werden, sind also vornächst nicht bekannt. — In derartigen Fällen nimmt man für die Größen J und F geeignet erscheinende Werte schätzungsweise an. Hierbei gewinnt man häufig einen Anhalt an bereits ausgeführten ähnlichen Bauwerken. Ist dies nicht möglich, so macht man meist die Annahme, daß alle Querschnitte konstant und gleich sind, und führt auf dieser Grundlage die erste Berechnung durch. Weichen die Ergebnisse wesentlich von der Annahme ab, so rechnet man die Aufgabe ein zweites Mal mit den auf Grund der ersten Rechnung verbesserten Werten J und F. Eine dritte Rechnung kann notwendig werden, ist aber meist entbehrlich.

---

*) Eine Begründung hierzu wird in dem Kapitel über Fehlerwirkungen gegeben (vgl. § 20).

dieser Produkte, ausgedehnt über alle Widerlager, ergibt — negativ genommen — die gesuchte Verschiebung $[iw.\nu]$ des Punktes i.

Es bedarf also lediglich der Berechnung der Auflagerkräfte des unbestimmten Systems für die Belastung $P_i = 1$; die Unbekannten X infolge der Widerlagerverschiebungen brauchen nicht berechnet zu werden.

Beim statisch bestimmten System ist in gleicher Weise zu verfahren; nur sind naturgemäß die Auflagerkräfte L_i am gegebenen System einzusetzen.

Diese Regel gilt für biegungsfeste Systeme wie für Fachwerke. (Ein Zahlenbeispiel findet sich in § 13.)

Zahlenbeispiele. (Verschiebungen von Punkten statisch bestimmter Systeme[1]).)

1. Der in Fig. 41 dargestellte Balken von 8 m Spannweite, bestehend aus einem Normalprofil I 55 mit einem Trägheitsmoment von rd. 99000 cm⁴ um die Biegungsachse, sei in der Mitte mit 15 t belastet. Gesucht sei die Durchbiegung in Balkenmitte.

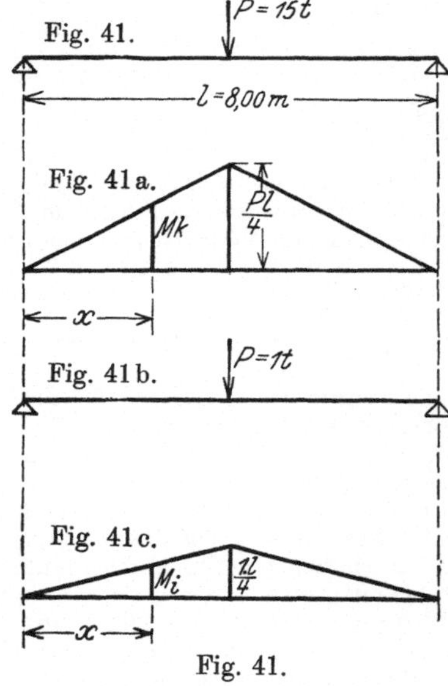

Das System ist ein statisch bestimmter, biegungsfester Balken; folglich ist die Verschiebung nach Gl. (28) zu berechnen. Normalkräfte treten nicht auf, sondern nur Momente und Querkräfte. Letztere werden vernachlässigt, und deshalb gilt die Gleichung:

$$[ik] = \int M_i \frac{M_k \, ds}{EJ}.$$

Die Belastung P_k ist hier die Last P in Balkenmitte. Die Belastung $P_i = 1$ in Richtung der gesuchten Verschiebung ist die in Fig. (41 b) angegebene Last 1 t. — Zunächst sind für diese beiden Belastungen die Momentenflächen zu ermitteln (Werte M_i und M_k); es sind dies Dreiecke mit den in Fig. (41 a) und (41 c) angegebenen Höhen $P\dfrac{l}{4}$ bzw. $1 \cdot \dfrac{l}{4}$. Aus diesen Momentenflächen sind die Werte M_k und M_i an jeder Stelle des Balkens zu entnehmen. Es ist im Abstand x vom linken Auflager für die linke Balkenhäfte:

$$M_k = \frac{P \cdot x}{2}$$

$$M_i = \frac{1}{2} \cdot x.$$

---

[1] Verschiebungen von Punkten statisch unbestimmter Systeme können erst dann besprochen werden, wenn wir im III. Abschnitt die Berechnung der Unbekannten dieser Systeme behandelt haben. (Beispiele finden sich in § 13, S. 130.)

Dieselben Werte gelten für die rechte Balkenhälfte. Folglich erhält man nach obiger Gleichung, da $E \cdot J$ als Konstante zu betrachten ist:

$$[ik] = \frac{1}{EJ} \cdot 2 \int_0^{\frac{l}{2}} \frac{P}{2} \cdot \frac{1}{2} \cdot x^2 \cdot dx = \frac{P}{EJ} \cdot \frac{1}{2} \left[\frac{x^3}{3}\right]_0^{\frac{l}{2}}$$

$$[ik] = \frac{P}{EJ} \cdot \frac{l^3}{48}.$$

In diesen allgemeinen Ausdruck werden die Zahlenwerte der Aufgabe eingesetzt. Bei der zahlenmäßigen Ausrechnung ist auf die Einheit der Dimensionen zu achten. Will man etwa die Lasten in t und die Längen in m ausdrücken, so ist auch der Elastizitätsmodul E in t/m² und das Trägheitsmoment in m⁴ anzugeben. Es ist:

$$E = 2\,200\,000 \text{ kg/cm}^2, \qquad J = 99\,000 \text{ cm}^4.$$

Da nun

$$1 \text{ kg} = \frac{1}{1000} \text{ t}, \qquad 1 \text{ cm} = \frac{1}{100} \text{ m},$$

so ist:

$$E = 2\,200\,000 \cdot \frac{1}{1000} \cdot 100^2 = 2{,}2 \cdot 10^7 \text{ t/m}^2,$$

$$J = 99\,000 \cdot \frac{1}{100^4} = 0{,}000\,99 \text{ m}^4.$$

Die gesuchte Durchbiegung ist also:

$$[ik] = \frac{15}{2{,}2 \cdot 10^7 \cdot 99 \cdot 10^{-5}} \cdot \frac{8^3}{48} = 0{,}0073 \text{ m}.$$

Das Ergebnis ist ebenfalls in m zu rechnen. Die Durchbiegung ist also 7,3 mm.

2. Die gleiche Aufgabe werde jetzt behandelt für den Fall, daß der Balken als Fachwerk ausgebildet ist. Es sei gefragt nach der

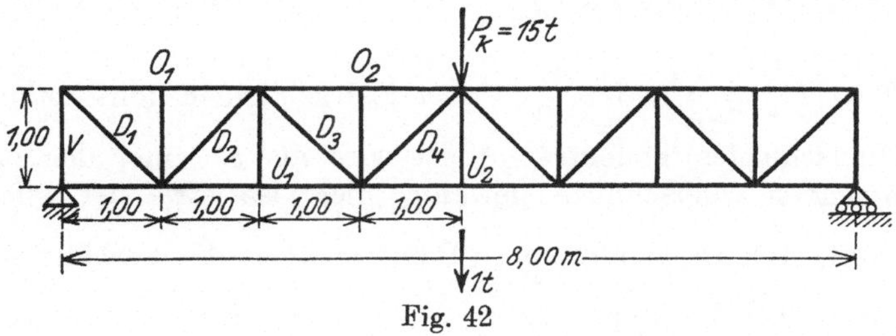

Fig. 42

Durchbiegung $[ik]$ (vertikale Senkung) des Punktes i im Untergurt (Fig. 42).

Die Berechnung von $[ik]$ erfolgt nach Gleichung (28a):

$$[ik] = \sum S_i \frac{S_k s}{E F}.$$

Die Spannkräfte S_k für die äußere Last $P_k = 15\,\mathrm{t}$ sowie die Werte S_i für die Last $1\,\mathrm{t}$ in i in Richtung der gesuchten Durchbiegung sind vorerst zu bestimmen, entweder durch Zeichnung (Kräftepläne) oder durch Rechnung. Die Ergebnisse sind aus der folgenden Tabelle zu entnehmen. Dort sind auch die Querschnitte F und die Stablängen s angegeben, wobei zu bemerken ist, daß in diesem Beispiel der Querschnitt des Ober- und Untergurtes auf der ganzen Länge konstant und die Diagonalen und Vertikalen mit gleichem Querschnitt angenommen sind. (Vertikalen hier spannungslos.) Die Berechnung ist in der Tabelle angegeben, wobei der Elastizitätsmodul als Konstante vorgesetzt wurde. Für jeden Einzelstab s ist das Produkt $S_i\,\dfrac{S_k\,s}{F}$ gebildet und alle Produkte sind zum Schluß addiert. Die Summe ist nur für die eine der beiden symmetrischen Systemhälften bestimmt, weshalb die Stablängen doppelt gerechnet sind.

Stab	s	F	$\dfrac{s}{F}$	S_k	S_i	$S_i\,S_k\,\dfrac{s}{F}$	$\dfrac{F_c}{F}$	$S_i\,S_k\,s\,\dfrac{F_c}{F}$
O_1	400	30,2	13,25	$-\ 7,5$	$-0,5$	$+\ 49,7$	1	1 500
O_2	400	30,2	13,25	$-22,5$	$-1,5$	447,0	1	13 500
U_1	400	28,2	14,18	$+15,0$	$+1,0$	212,8	1,07	6 426
U_2	200	28,2	7,09	$+30,0$	$+2,0$	425,0	1,07	12 851
V	200	13,8	14,5	$-\ 7,5$	$-0,5$	54,3	2,19	1 639
D_1	283	13,8	20,5	$+10,6$	$+0,71$	153,5	2,19	4 635
D_2	283	13,8	20,5	$-10,6$	$-0,71$	153,5	2,19	4 635
D_3	283	13,8	20,5	$+10,6$	$+0,71$	153,5	2,19	4 635
D_4	283	13,8	20,5	-10.6	$-0,71$	153,5	2,19	4 635

$$E = 2200\ \mathrm{t/cm^2} \qquad\qquad \Sigma = 1803,3 \qquad \Sigma = 54456$$

$$[ik] = \frac{1803,3}{2200} = 0,82\ \mathrm{cm} \quad \text{oder} \quad [ik] = \frac{54\,456}{2200 \cdot 30,2} = 0,82\ \mathrm{cm}\,.$$

Im allgemeinen erweist es sich, speziell bei der Berechnung statisch unbestimmter Systeme, als zweckmäßig, statt des Wertes

$$[ik] = \sum S_i\,\frac{S_k\,s}{EF}$$

zunächst dessen $E \cdot F_c$-fachen Wert zu bestimmen,

also: $EF_c \cdot [ik] = \sum S_i\,S_k\,s\,\dfrac{F_c}{F}$, wobei F_c irgendeinen konstanten Wert eines Querschnittes bedeutet. Meist wird als F_c einer der zumeist vorkommenden Querschnitte gewählt, hier also etwa der Obergurtquerschnitt, d. h. $F_c = 30{,}2\ \mathrm{cm^2}$. Dann nehmen die Verhältnisse $\dfrac{F_c}{F}$ die in der Tabelle angegebenen Werte an. Die Berechnung des Wertes

$$EF_c \cdot [ik] = \sum S_i\,S_k\,s\,\frac{F_c}{F}$$

ist ebenfalls in die Tabelle eingetragen worden.

Ganz entsprechend bestimmt man bei vollwandigen Systemen vielfach den $E \cdot J_c$-fachen Wert der Verschiebungen, wobei J_c ein willkürliches mittleres Trägheitsmoment bedeutet. Es gilt dann die Gleichung:

$$E J_c \cdot [ik] = \int M_i M_k \, ds \, \frac{J_c}{J} + \frac{J_c}{F_c} \int N_i N_k \, ds \, \frac{F_c}{F},$$

wenn die Querkräfte, wie üblich, vernachlässigt werden. Neben $\dfrac{J_c}{J}$ tritt hier noch das Verhältnis $\dfrac{J_c}{F_c}$ auf, ein Verhältnis von Trägheitsmoment und Querschnitt.

3. Gesucht ist die Durchbiegung $[ik]$ des Endpunktes i des in Fig. 43 dargestellten einseitig eingespannten Balkens von konstantem Querschnitt, der mit einer gleichmäßigen Last $p = 2 \, t/m$ belastet ist.

Da keine Normalkräfte auftreten, lautet die Gleichung zur Bestimmung von $[ik]$

$$[ik] = \int M_i \frac{M_k \, ds}{E J} + \int Q_i \varkappa \, \frac{Q_k \, ds}{G F}.$$

Der Einfluß der Querkräfte möge hier einmal berücksichtigt werden, um an einem Beispiel ihren Einfluß festzustellen.

Die äußere Belastung P_k erzeugt im Abstande x vom Balkenende das Moment:

$$M_k = -\frac{p \, x^2}{2}$$

und die Querkraft:

$$Q_k = p \cdot x.$$

Die Belastung P_i, d. h. 1 t in i in Richtung der gesuchten Durchbiegung, erzeugt an der Stelle x ein Moment:

$$M_i = -1 \cdot x$$

und eine Querkraft:

$$Q_i = 1.$$

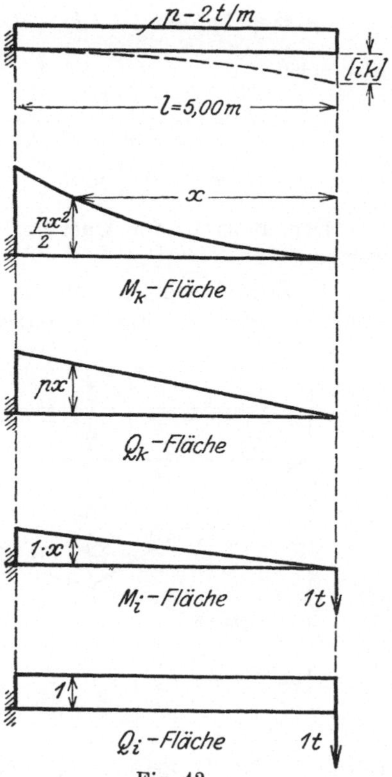

Folglich erhält man für die mit $E \cdot J$ multiplizierte Durchbiegung:

Fig. 43.

$$E \cdot J \cdot [ik] = \int_0^l x \frac{p \, x^2}{2} \, dx + \frac{E \cdot J}{G \cdot F} \cdot \varkappa \cdot \int_0^l p \, x \cdot dx = \frac{p \, l^4}{8} + \frac{E \cdot J}{G \cdot F} \cdot \varkappa \cdot \frac{p \, l^2}{2}.$$

Es werden die Zahlenwerte des Beispiels eingesetzt und dabei als Profil ein I-Profil $47^1/_2$ angenommen, dessen Trägheitsmoment $J = \sim 56\,400 \, cm^4$ und dessen Querschnitt $F = 163 \, cm^2$ ist. Die Zahl $\varkappa$ kann für einen I-förmigen Querschnitt von dieser Höhe etwa zu 2,0 angenommen werden (vgl. Föppl III, Festigkeitslehre, S. 156.) Das Verhältnis $\dfrac{E}{G}$ ist durch den Querkontraktionskoeffizienten m gegeben, und zwar besteht die Gleichung;

$$G = \frac{m}{2\,(m+1)}\,E\,.$$

Also wird für $m = 4$

$$\frac{E}{G} = 2,5\,.$$

Alle Größen werden in Kilogramm und Zentimeter ausgedrückt, so daß also zu setzen ist

$$p = 20\,\text{kg/cm}, \qquad l = 500\,\text{cm}, \qquad \frac{J}{F} = \frac{56\,400}{163} = 364\,.$$

Also wird:

$$[ik] = \frac{20 \cdot 500^4}{8 \cdot 2\,200\,000 \cdot 56\,500} + 2{,}0\,\frac{2{,}5 \cdot 20 \cdot 500^2}{2 \cdot 2\,200\,000 \cdot 163}$$

$$= 1{,}26 + 0{,}035 = 1{,}295\,\text{cm}\,.$$

Der Beitrag der Querkraft ist also hier $2,7\,\%$ des Gesamtwertes.

4. Zum Vergleich soll noch die Durchbiegung $[ik]$ des Endpunktes i des in Fig. 44 dargestellten Fachwerkträgers berechnet

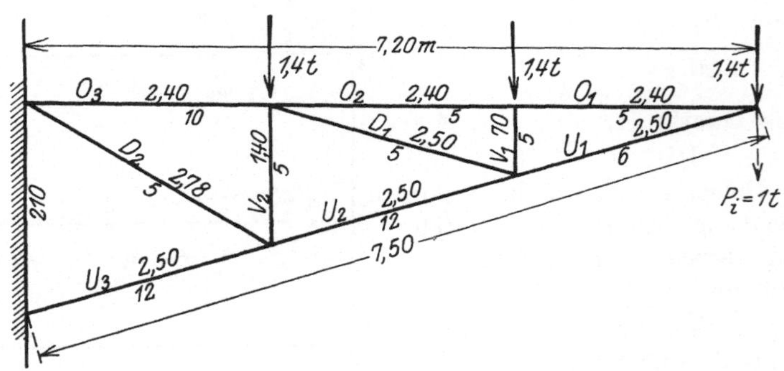

Fig. 44.

werden. Die Belastung in den Knotenpunkten soll 1,4 t betragen. Die Stablängen und Stabquerschnitte sind in der Figur eingetragen. Die Spannkräfte S_i und S_k sind in der Tabelle angegeben; zu beachten ist, daß durch die Last $P_i = 1$ t die Füllungsstäbe keine Spannkräfte erhalten. Dann ist der E-fache Wert der Verschiebung berechnet nach der Formel:

$$E \cdot [ik] = \sum S_i S_k \frac{s}{F}\,.$$

Stab	s	F	$\dfrac{s}{F}$	S_k	S_i	$S_i S_k \dfrac{s}{F}$
O_1	240	5	48	$+\ 4{,}8$	$+\ 3{,}43$	790
O_2	240	5	48	$+\ 4{,}8$	$+\ 3{,}43$	790
O_3	240	10	24	$+\ 7{,}2$	$+\ 3{,}43$	593
U_1	250	6	41,7	$-\ 5$	$-\ 3{,}57$	745
U_2	250	12	20,8	$-\ 7{,}5$	$-\ 3{,}57$	557
U_3	250	12	20,8	$-\ 10$	$-\ 3{,}57$	742
V_1	70	5	20,8	$-\ 1{,}4$	$-$	$-$
V_2	140	5	28	$-\ 2{,}8$	$-$	$-$
D_1	250	5	50	$+\ 2{,}5$	$-$	$-$
D_2	278	5	55,6	$+\ 3{,}71$	$-$	$-$

$$\Sigma = 4217$$

$$[ik] = \frac{4217}{2200} = 1{,}92 \text{ cm}.$$

5. Bei dem in Fig. 45 dargestellten Fachwerkträger soll festgestellt werden, um wieviel sich die beiden Punkte i und i' bei der Formänderung des Fachwerks infolge einer Belastung P_k nähern. Es wäre also nach der Verschiebung von i und i' in Richtung der Verbindungslinie ii' gefragt. — Der Belastungszustand $P_i = 1$ besteht hier in zwei Einzellasten 1 t in i bzw. i'

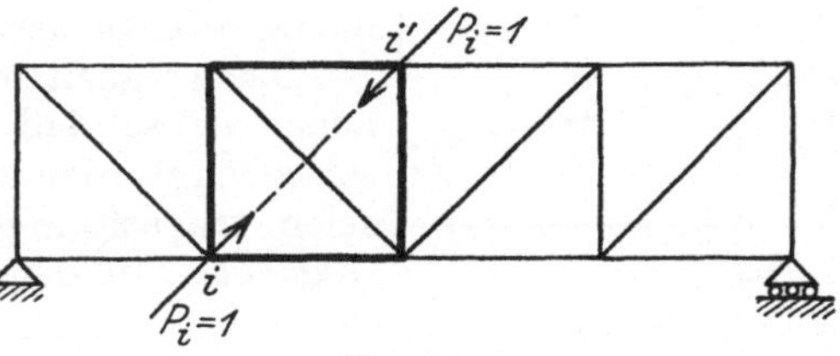

Fig. 45.

in Richtung der Linie ii'; denn der gesuchte Wert $[ik]$ setzt sich zusammen aus den beiden Verschiebungen der Punkte i in der fraglichen Richtung. Spannkräfte S_i treten nur innerhalb des durch stärkere Zeichnung hervorgehobenen Teiles des Systems auf, da die beiden Lasten für sich im Gleichgewicht sind und keine Auflagerkräfte erzeugen. Daraus folgt, daß der Summenausdruck $[ik]$ sich ebenfalls nur über die Stäbe des genannten Fachwerkteiles erstreckt. Im übrigen bedarf die Aufgabe keiner weiteren Erläuterung.

6. Um auch ein Beispiel für die Berechnung einer Verdrehung zu erhalten, fragen wir nach der Verdrehung $\varDelta\varphi$ der Endtangente des in Fig. 46 dargestellten, einseitig eingespannten Balkens bei gleichmäßiger Vollbelastung mit p t/m. Bei

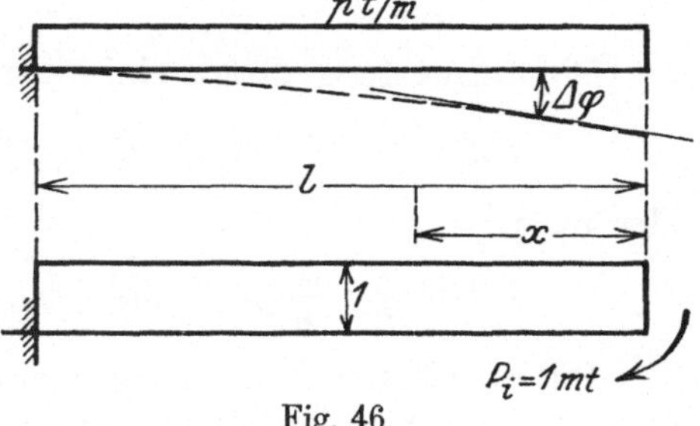

Fig. 46.

Vernachlässigung der Querkräfte ist

$$[ik] = \int M_i \frac{M_k\,ds}{EJ}.$$

Die Belastung $P_i = 1$ ist hier ein Kräftepaar 1, etwa 1 mt, in Richtung der gesuchten Verdrehung (vgl. Anm. S. 47). Dieses Kräftepaar erzeugt an allen Stellen des Balkens das gleiche Moment, nämlich -1 mt. Da $M_k = -\dfrac{p\,x^2}{2}$ ist, so erhält man:

$$[ik] = \frac{p}{EJ} \cdot \int_0^l \frac{x^2}{2} \cdot 1 \cdot dx = \frac{p\,l^3}{6\,EJ}\,.$$

b) Formeln zur Berechnung des Wertes $\int M_i M_k\,dx$. Der Ausdruck $\int M_i M_k\,dx$, um dessen Auswertung es sich bei der Berechnung von Verschiebungen handelt, ist dann besonders einfach zu bestimmen, wenn die Stabachse gerade ist und die M_i- und M_k-Fläche auf der Strecke s geradlinig begrenzt sind. Dieser Fall liegt bei späteren Aufgaben häufig vor, und wir suchen daher einige geschlossene Formeln zur Auswertung dieses immer wiederkehrenden Summenausdrucks herzuleiten.

Das Trägheitsmoment J sei auf der Strecke s konstant, so daß der Faktor $E \cdot J$ herausgeschrieben werden kann; die M_i- und M_k-Fläche seien trapezförmig, also geradlinig begrenzt (Fig. 47). In dem Ausdruck:

$$EJ \cdot [ik] = \int_0^s M_i M_k\,dx$$

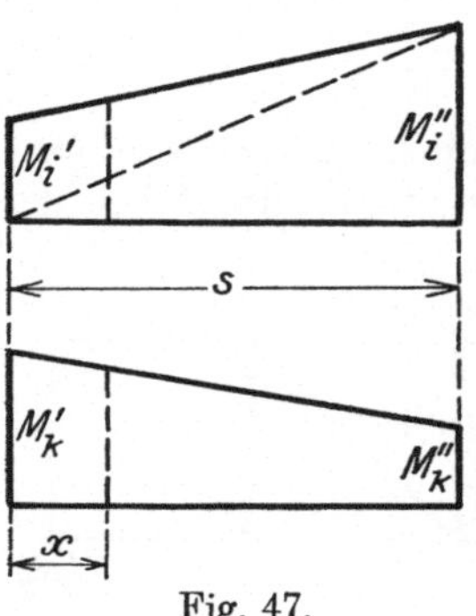

Fig. 47.

ist an der Stelle x:

$$M_i = M_i'' \frac{x}{s} + M_i'\left(1 - \frac{x}{s}\right),$$

$$M_k = M_k'' \frac{x}{s} + M_k'\left(1 - \frac{x}{s}\right),$$

$$E \cdot J \cdot [ik] = \int_0^s \left[M_i'' \frac{x}{s} + M_i'\left(1 - \frac{x}{s}\right)\right] \cdot \left[M_k'' \frac{x}{s} + M_k'\left(1 - \frac{x}{s}\right)\right] \cdot dx\,.$$

Die Auswertung dieses einfachen Ausdrucks ergibt:

$$EJ \cdot [ik] = \frac{s}{6}\left[M_i'\left(2\,M_k' + M_k''\right) + M_i''\left(2\,M_k'' + M_k'\right)\right]$$

oder auch:

$$EJ \cdot [ik] = \frac{s}{6}\left[M_k'\left(2\,M_i' + M_i''\right) + M_k''\left(2\,M_i'' + M_i'\right)\right]. \tag{32}$$

Die Anordnung dieses Klammerwertes ist einfach zu übersehen: Jede der beiden Endordinaten der einen von beiden Momentenflächen (etwa der M_i-Fläche) ist mit je einem Summenwert (runde Klammer) zu multiplizieren. Der erste Summand der runden Klammer ist der doppelte Wert derjenigen Ordinate der anderen Momentenfläche (M_k-Fläche), die an demselben Ende von s liegt wie der vor der runden Klammer stehende Wert (M_i); der zweite Summand ist die Ordinate (M_k) am anderen Ende von s.

Sonderfälle. Der vorhin behandelte Fall, daß sowohl die M_i- wie die M_k-Fläche Trapeze darstellen, vereinfacht sich noch bei manchen Aufgaben, und zwar dadurch, daß die M_i- oder M_k-Fläche oder auch beide zusammen die Gestalt von Rechtecken oder Dreiecken annehmen. Durch Anwendung der Gleichung (32) erhält man die folgenden vereinfachten Ausdrücke:

I. Die eine der beiden Momentenflächen ist ein Rechteck $(M_i' = M_i'')$ (Fig. 48).

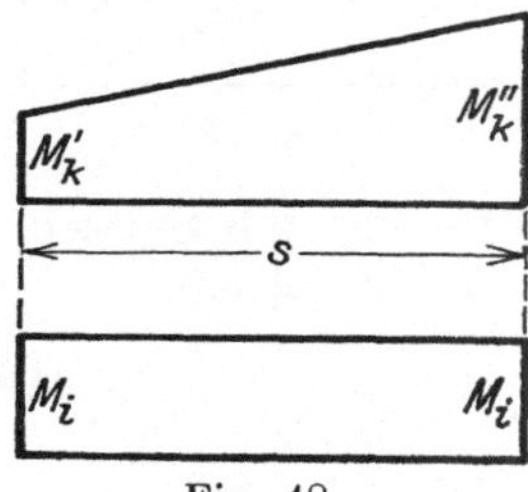

Fig. 48.

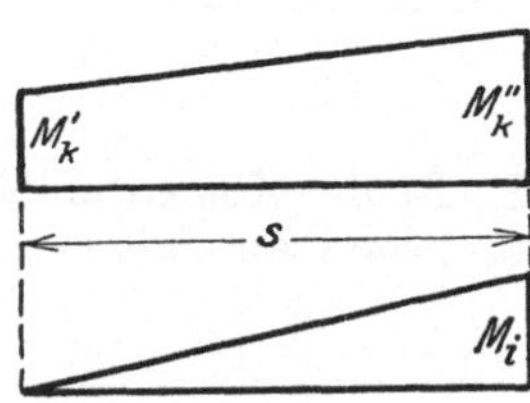

Fig. 49.

$$EJ \cdot [ik] = \frac{s}{6} M_i [2 M_k' + M_k'' + 2 M_k'' + M_k'],$$

$$EJ \cdot [ik] = \frac{s}{2} M_i [M_k' + M_k'') \quad \ldots \ldots \ldots \quad (32a)$$

II. Die eine der beiden Momentenflächen ist ein Dreieck (Fig. 49).

$$EJ \cdot [ik] = \frac{s}{6} M_i (2 M_k'' + M_k')$$

bzw. bei umgekehrter Lage des Dreiecks: $\quad\ldots\quad$ (32b)

$$EJ \cdot [ik] = \frac{s}{6} M_i (2 M_k' + M_k'')$$

III. Beide Momentenflächen sind Rechtecke (Fig. 50):

$$EJ \cdot [ik] = s M_i M_k \quad \ldots \ldots \ldots \quad (32c)$$

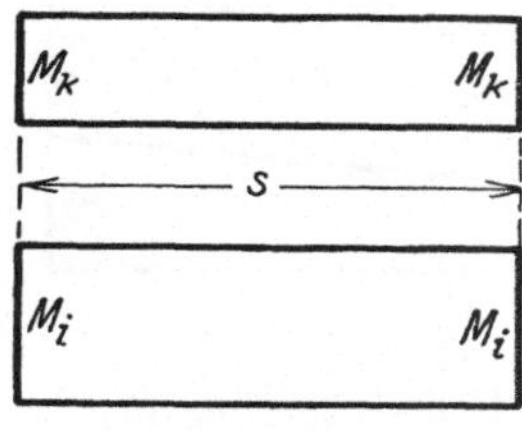

Fig. 50.

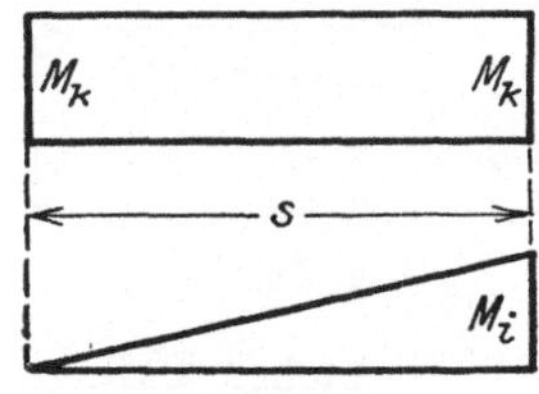

Fig. 51.

IV. Die eine der beiden Momentenflächen ist ein Rechteck, die andere ein Dreieck (Fig. 51).

$$EJ \cdot [ik] = \frac{s}{2} M_i M_k \quad \ldots \ldots \quad (32d)$$

V. Beide Momentenflächen sind Dreiecke; die Spitzen (Ordinaten 0) liegen am nämlichen Ende der Strecke s (Fig. 52).

$$EJ \cdot [ik] = \frac{s}{3} M_i M_k \quad \dots \dots \dots \quad (32\,\text{e})$$

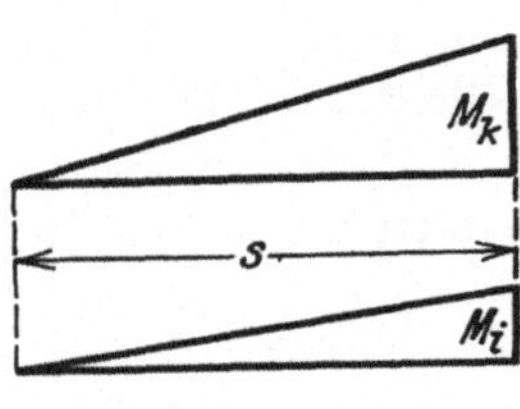

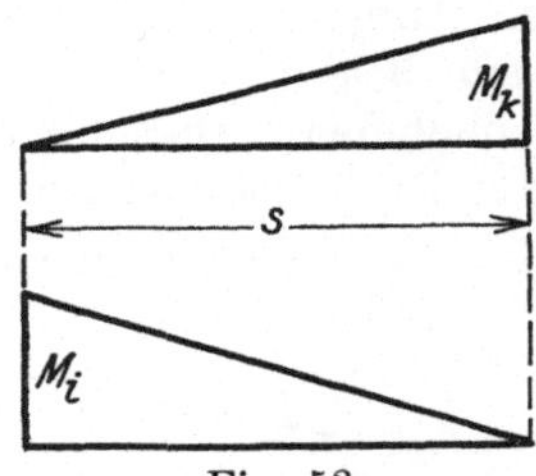

Fig. 52.Fig. 53.

VI. Beide Momentenflächen sind Dreiecke; die Spitzen (Ordinaten 0) liegen an entgegengesetzten Enden der Strecke s (Fig. 53).

$$EJ \cdot [ik] = \frac{s}{6} M_i M_k \quad \dots \dots \dots \quad (32\,\text{f})$$

Weiterhin werde noch der Fall behandelt, daß die eine der beiden Momentenflächen (M_k-Fläche) parabolische Form hat.

VII. Freiträger gleichmäßig belastet. Die Ordinate M_i' entspricht dem 0-Punkt der M_k-Fläche (Fig. 54).

$$EJ \cdot [ik] = \int\limits_0^s \left[M_i' \frac{x}{s} + M_i'' \left(1 - \frac{x}{s} \right) \right] \frac{p\,x^2}{2} \cdot dx,$$

$$EJ \cdot [ik] = \frac{p\,s^3}{24} \left(3\,M_i' + M_i'' \right) \quad \dots \dots \dots \quad (33\,\text{a})$$

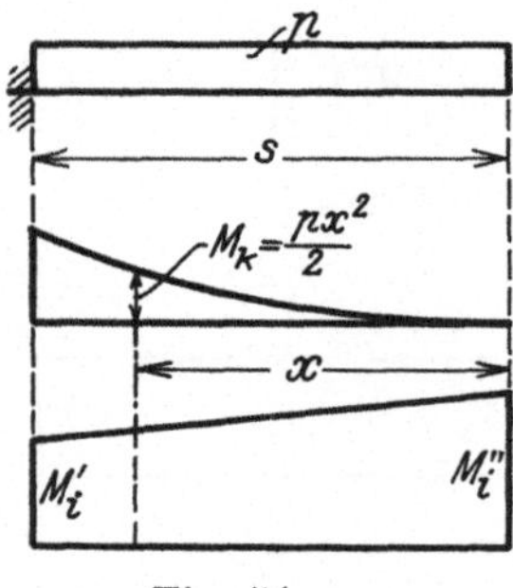

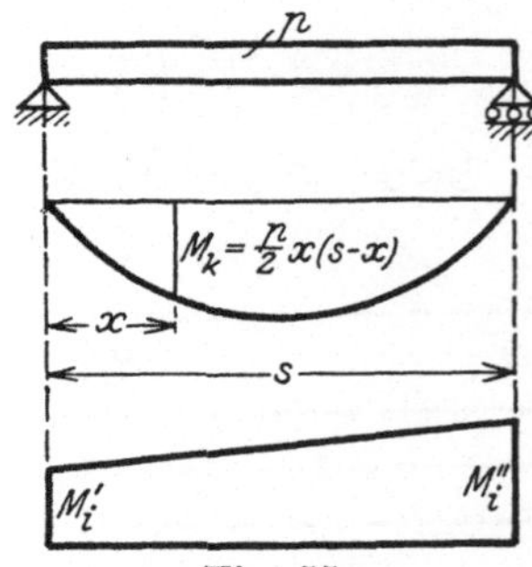

Fig. 54.Fig. 55.

VIII. Einfacher Balken gleichmäßig belastet (Fig. 55):

$$EJ \cdot [ik] = \frac{p}{2} \int\limits_0^s x\,(s-x) \left[M_i'' \frac{x}{s} + M_i' \left(1 - \frac{x}{s} \right) \right] \cdot dx,$$

$$EJ \cdot [ik] = \frac{p\,s^3}{24} \left(M_i' + M_i'' \right) \quad \dots \dots \dots \quad (33\,\text{b})$$

Anmerkung. Mit Hilfe vorstehender Formeln lassen sich auch die Ergebnisse der Übungsaufgaben in § 7 ohne weiteres angeben. So z. B. erhält man in dem ersten Beispiel (S. 52), wo $M_k = P \dfrac{l}{4}$ und $M_i = 1 \dfrac{l}{4}$ und zweimal über die Strecke $s = \dfrac{l}{2}$ zu integrieren ist, durch Anwendung von Formel (32e)

$$EJ\cdot[ik] = 2\cdot\frac{1}{3}\cdot\frac{l}{2}\cdot P\frac{l}{4}\cdot\frac{l}{4} = P\frac{l^3}{48}.$$

c) Geschlossene Ausdrücke für die Winkeländerungen $\varDelta\vartheta$ bei vollwandigen Systemen und Fachwerken. (Zur Verwendung bei später folgenden Aufgaben.)

1. Ein Balken auf zwei Stützen ist an seinen Enden durch die (Stützen-)Momente M_1 und M_2 beansprucht. Gesucht ist die Verdrehung τ_1 der Endtangente (Fig. 56).

Die Belastung $P_i = 1$ in Richtung der gesuchten Verschiebung ist ein Kräftepaar vom Wert 1 (etwa 1 mt) an dem betreffenden Balkenende. Die dementsprechende Momentenfläche (M_i-Fläche) ist ein Dreieck; die M_k-Fläche ist ein durch die Werte M_1 und M_2 gegebenes Trapez.

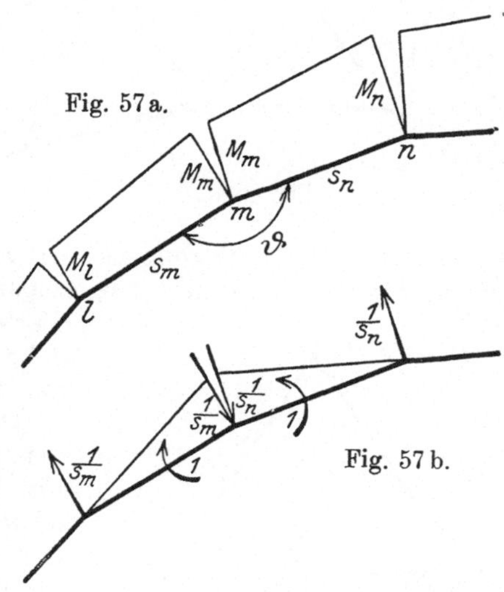

Fig. 56.

Unter Anwendung der Formel (32b) ergibt sich:

$$EJ\cdot\tau_1 = \frac{s}{6}\left(2\,M_1 + M_2\right) \quad\ldots\ldots\quad (34)$$

2. Ein biegungsfestes Stabwerk sei durch eine Belastung P_k beansprucht. Gesucht ist die Winkeländerung $\varDelta\vartheta$ eines Winkels ϑ zwischen zwei (kurzen) Sehnen s_m und s_n (Fig. 57).

Die gegebene Belastung P_k erzeugt im System Momente M_k, Normalkräfte N_k und Querkräfte Q_k. Letztere werden vernachlässigt; die Normalkräfte kommen, wie sich zeigen wird, nicht in Frage. Die Momente M_k sind durch die in Fig. 57a dargestellte Momentenfläche gegeben. Diese möge auf den Strecken s_m und s_n geradlinig verlaufen und an den drei Teilpunkten l, m, n die Ordinaten M_l, M_m, M_n haben[1]). Auch die Querschnitte sind

---

[1]) Wenn die Strecken s_m und s_n genügend kurz genommen werden, was hier angenommen ist, so kann man in praktischen Fällen stets die M_k-Flächen geradlinig begrenzt annehmen.

auf den Strecken s_m und s_n konstant angenommen, und zwar seien die Trägheitsmomente J_m bzw. J_n.

Es handelt sich um die Änderung des Winkels ϑ, d. h. um die Drehung der unverbogenen Geraden s_m und s_n um ihre ursprüngliche Lage. Daher ist als Belastung $P_i = 1$ in Richtung der gesuchten Verschiebung je ein die Strecken s_m und s_n belastendes Kräftepaar 1 zu nehmen (vgl. Anm. S. 47). Hierzu werden die Strecken s an ihren Endpunkten mit den Kräften $\dfrac{1}{s}$ belastet (siehe Fig. 57b); die Momentenfläche (M_i-Fläche) besteht aus zwei Dreiecken mit der Ordinate 1 im Punkte m. Da durch die Belastung $P_i = 1$ keine Normalkräfte N_i erzeugt werden, kommt lediglich der Einfluß der Momente in Frage und es ist daher

$$1 \cdot \varDelta \vartheta = \int M_i M_k \frac{ds}{EJ} \, .$$

Nach Gleichung (32b) findet man unmittelbar:

$$\varDelta \vartheta = \frac{s_m}{6 E J_m} (2 M_m + M_l) + \frac{s_n}{6 E J_n} (2 M_m + M_n). \quad (35)$$

Die Form des Ausdrucks ist leicht zu merken, da in beiden Klammern der Wert M_m (Moment am Punkte m) den Faktor 2 hat.

3. Ein Fachwerk erleide unter dem Einfluß von Knotenpunktslasten P_k eine Formänderung. Gesucht ist die Winkeländerung $\varDelta \vartheta$ eines Dreieckswinkels ϑ (Fig. 58a).

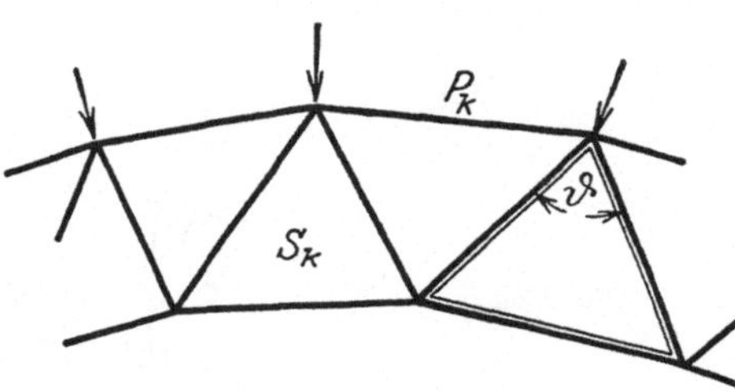

Fig. 58a.

Die Stabkräfte S_k, denen die Stabspannungen σ entsprechen mögen, erzeugen Verlängerungen bzw. Verkürzungen (keine Verbiegungen) der Stäbe, so daß das Dreieck etwa die in Fig. 58b punktiert eingezeichnete, veränderte Form annimmt.

Hierbei verdrehen sich die Einzelstäbe, und dadurch ändern sich die von diesen gebildeten Winkel ϑ.

Die Belastung $P_i = 1$ ist demnach hier je ein Kräftepaar 1 (etwa 1 mt), mit dem jeder der beiden den Winkel ϑ bildenden Stäbe belastet wird (s. Anm. S. 47). Da es sich nicht um die Verbiegung der Stabenden, sondern um eine Lagenänderung der Stäbe eines nur in den Knotenpunkten belasteten Fachwerks handelt, so ist das

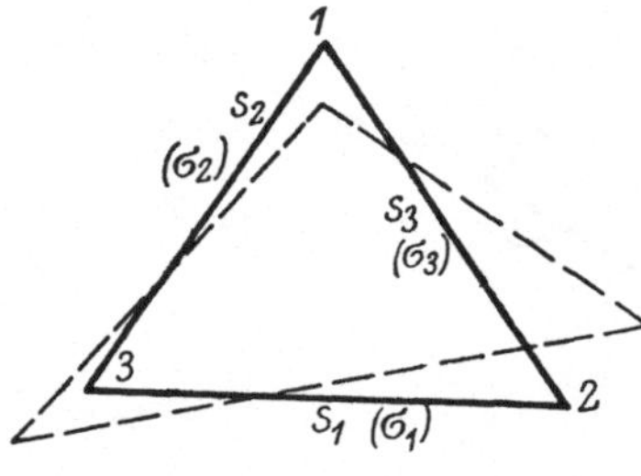

Fig. 58b.

Kräftepaar 1 darzustellen durch zwei an den Stabenden, d. h. in

den Knotenpunkten wirkende Einzelkräfte $\dfrac{1}{s}$, wo s die Stablänge

bedeutet. So entsteht die in Fig. 58c angegebene Belastung $P_i = 1$

mit den Kräften $\dfrac{1}{s_2}$ und $\dfrac{1}{s_3}$, wenn die Winkeländerung $\varDelta\vartheta_1$ er-

mittelt werden soll[1]). Diese Belastung
erzeugt die Spannkräfte S_i, die sich
wie folgt ergeben:

Da das Moment um den Knotenpunkt 1 infolge der beiden Kräfte-
paare den Wert 1 hat, so ist die
Spannkraft S_{i1} im gegenüberliegenden
Stabe s_1:

$$S_{i1} = +\,\frac{1}{h_1}\,.$$

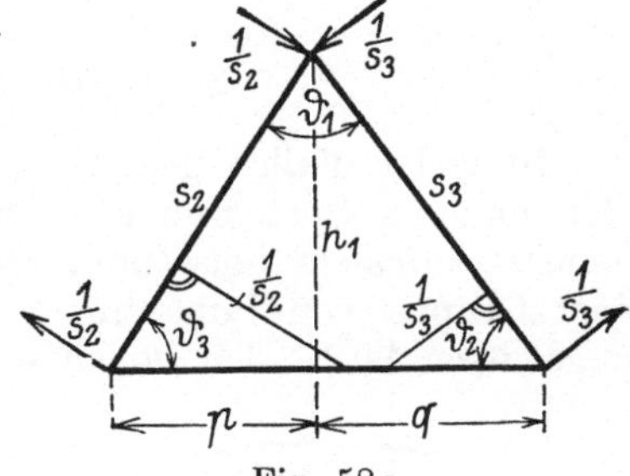

Fig. 58c.

Die Spannkräfte S_{i2} und S_{i3} in
den Stäben s_2 und s_3 findet man

durch Zerlegung der Kräfte $\dfrac{1}{s_2}$ und $\dfrac{1}{s_3}$ an den Knotenpunkten

3 und 2. Fig. 58c läßt erkennen, daß

$$S_{i2} = -\,\frac{1}{s_2}\cdot\operatorname{ctg}\vartheta_3\,,$$

$$S_{i3} = -\,\frac{1}{s_3}\cdot\operatorname{ctg}\vartheta_2 \quad\text{ist.}$$

Hiernach läßt sich der Wert $[ik] = \varDelta\vartheta_1$ angeben.

$$E\varDelta\vartheta_1 = E\,[ik] = \sum S_i\,\frac{S_k}{F}\,s = \Sigma\,S_i\sigma s\,,$$

$$E\varDelta\vartheta_1 = +\,\frac{1}{h_1}\,s_1\,\sigma_1 - \frac{1}{s_2}\operatorname{ctg}\vartheta_3 s_2\,\sigma_2 - \frac{1}{s_3}\operatorname{ctg}\vartheta_2 s_3\,\sigma_3\,.$$

Setzt man $s_1 = p + q$ und beachtet, daß

$$\frac{s_1}{h_1} = \frac{p}{h_1} + \frac{q}{h_1} = \operatorname{ctg}\vartheta_3 + \operatorname{ctg}\vartheta_2\,,$$

so erhält man:

$$E\cdot\varDelta\vartheta_1 = +\,\sigma_1\,(\operatorname{ctg}\vartheta_3 + \operatorname{ctg}\vartheta_2) - \sigma_2\operatorname{ctg}\vartheta_3 - \sigma_3\operatorname{ctg}\vartheta_2\,,$$

$$E\cdot\varDelta\vartheta_1 = (\sigma_1 - \sigma_2)\operatorname{ctg}\vartheta_3 + (\sigma_1 - \sigma_3)\operatorname{ctg}\vartheta_2\,.$$

Diese Gleichung läßt folgendes erkennen: In den Klammern
steht die Differenz zweier Spannungen, und zwar ist der Minuend
in beiden Fällen die Spannung des dem fraglichen Winkel ϑ_1 gegenüberliegenden Stabes (σ_1); der Subtrahend (negatives Vorzeichen) ist
jeweils die Spannung des einen der beiden anliegenden Stäbe (σ_2
und σ_3). Der Faktor einer Klammer ist die Kotangente des Winkels ϑ
zwischen denjenigen beiden Stäben, deren Spannungen in der Klam-

---

[1]) Als positiv ist hier jene Drehung der Stäbe s_2 und s_3 angenommen,
welche einer Vergrößerung des Winkels ϑ entspricht.

mer stehen. — Nach dieser Regel lassen sich die Winkeländerungen aller drei Dreieckswinkel ohne weiteres angeben.

$$E \cdot \Delta \vartheta_1 = (\sigma_1 - \sigma_2) \cdot \operatorname{ctg} \vartheta_3 + (\sigma_1 - \sigma_3) \cdot \operatorname{ctg} \vartheta_2 \,, \left.\right\}$$
$$E \cdot \Delta \vartheta_2 = (\sigma_2 - \sigma_3) \cdot \operatorname{ctg} \vartheta_1 + (\sigma_2 - \sigma_1) \cdot \operatorname{ctg} \vartheta_3 \,, \left.\right\} \quad . \quad . \ (36)$$
$$E \cdot \Delta \vartheta_3 = (\sigma_3 - \sigma_1) \cdot \operatorname{ctg} \vartheta_2 + (\sigma_3 - \sigma_2) \cdot \operatorname{ctg} \vartheta_1 \,. \left.\right\}$$

§ 8. Die Biegungslinie. [1])

In vielen Fällen genügt es nicht, die Verschiebungen des einen oder anderen Systempunktes zu untersuchen; es ist vielmehr für manche Aufgaben notwendig, insbesondere die vertikalen Senkungen einer Gruppe von Punkten zu bestimmen. Dies sind entweder die in gewissen Abständen voneinander liegenden Teilpunkte der Systemachse eines vollwandigen Tragwerks (Fig. 59), oder die sämtlichen Knotenpunkte eines Fachwerks (Fig. 59a), oder schließlich die Knotenpunkte einer Gurtung des Fachwerks (Fig. 59b).

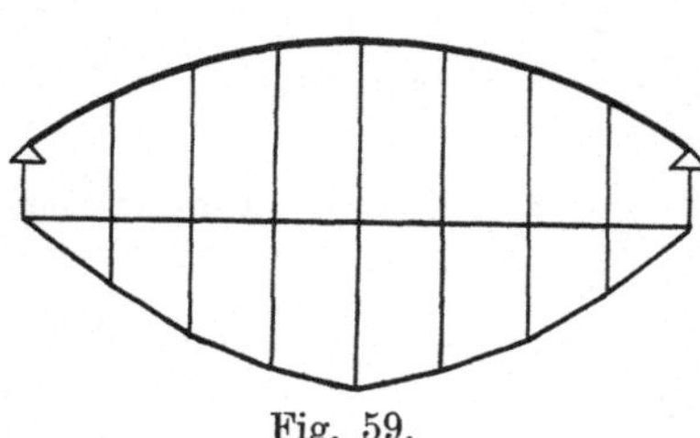

Fig. 59.

Der Geradenzug, welcher die Verbindung der Punkte darstellt, deren Durchbiegungen bestimmt werden sollen, sei als „Stabzug“ bezeichnet. In Fig. 59 wäre demnach die Systemachse, oder genauer die Reihe der Sehnen zwischen den einzelnen Teilpunkten, in Fig. 59a bzw. 59b der in der Figur hervorgehobene Geradenzug als Stabzug zu betrachten. Den Linienzug, welcher die Endpunkte der von einer Geraden aus aufgetragenen Durchbiegungen verbindet, nennt man Biegungslinie.

Man könnte mit den bisher besprochenen Hilfsmitteln, d. h. mit Hilfe der Arbeitsgleichung, jede einzelne dieser Durchbiegungen für sich bestimmen.

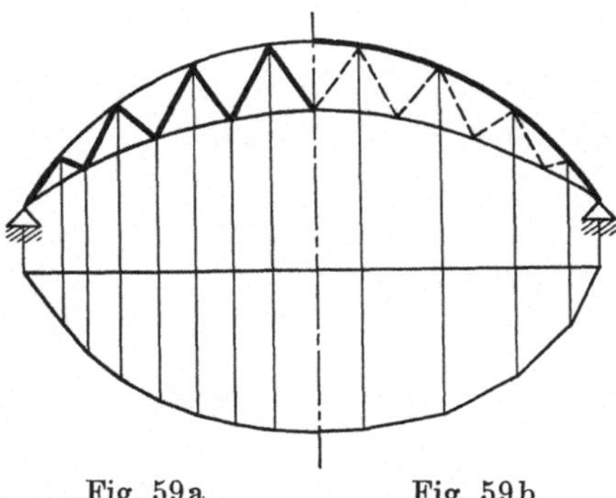

Fig. 59a.   Fig. 59b.

Im folgenden soll jedoch ein einfacher Weg besprochen werden, der es ermöglicht, die sämtlichen Durchbiegungen aller Punkte des Stabzuges im Zusammenhang zu ermitteln.

---

a) Die Biegungslinie als Seilpolygon. — Allgemeine Gleichungen für die elastischen (virtuellen) Gewichte.

α) Zusammensetzung der Ordinaten der Biegungsfläche durch Aufzeichnen der Momentenfläche eines einfachen Balkens und Festlegung der Schlußlinie des Seilpolyoms der elastischen (virtuellen) Gewichte (Müller-Breslau).

Die Biegungslinie eines mit irgendwelchen Lasten P_k belasteten Balkens ist in Fig. 60 dargestellt. Die Stützpunkte A und B mögen sich aus irgendeiner Ursache, etwa durch die Elastizität der Stützen, um die Strecken Aa und Bb senken. Die Ordinaten $[mk]$ der Fläche, welche durch die Gerade AB und das Biegungspolygon begrenzt ist, stellen die gesamten Senkungen $[mk]$ irgendwelcher Systempunkte m dar. Diese Durchbiegungen $[mk]$ setzen sich aus zwei Teilen zusammen: erstens aus dem Einfluß $[mk]''$ der Stützensenkungen, der

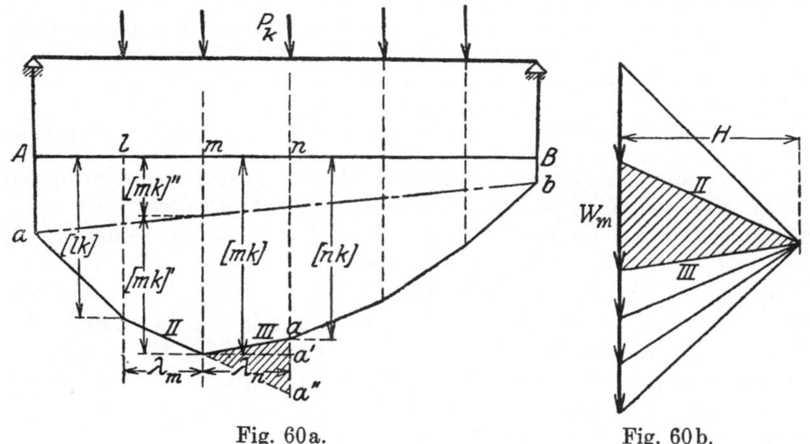

Fig. 60a.Fig. 60b.

ohne weiteres durch die Gerade ab gegeben ist, welche die Endpunkte a und b der Stützenordinaten verbindet; zweitens aus den Verbiegungen $[mk]'$, welche als Ordinaten des eigentlichen Biegungspolygons (von a bis b) aufzufassen sind.

Das Biegungspolygon zwischen a und b (s. Fig. 60a) läßt sich, wie jedes beliebige Polygon, als ein Seilpolygon auffassen, welches gewissen Kräften w eines Kräftezuges (s. Fig. 60b) entspricht. Von welcher Linie aus man auch immer die Ordinaten messen mag, ob von AB (Ordinaten $[mk]$) oder von ab aus (Ordinaten $[mk']$), stets besteht zwischen den Kräften, zu denen das Seilpolygon gehört (vgl. Fig. 60b, Kräfte w), und den Ordinaten des letzteren eine bestimmte analytische Beziehung. Um die Herleitung dieser Beziehungen soll es sich zunächst handeln.

Mit den Bezeichnungen der Fig. 60a wird:

$$a'a'' = ([mk] - [lk]) \cdot \frac{\lambda_n}{\lambda_m}$$

$$aa' = [mk] - [nk].$$

Aus der Ähnlichkeit der Dreiecke in Krafteck (Fig. 60a) und Seileck (Fig. 60b) folgt

$$\frac{w_m}{H} = \frac{a\,a''}{\lambda_n}$$

und mit $a\,a'' = a'\,a'' + a\,a'$ wird daher:

$$w_m = H\left(\frac{([m\,k] - [l\,k])\frac{\lambda_n}{\lambda_m} + ([m\,k] - [n\,k])}{\lambda_n}\right)$$

$$w_m = H\left\{\frac{[m\,k] - [l\,k]}{\lambda_m} + \frac{[m\,k] - [n\,k]}{\lambda_n}\right\}.$$

Durch diese Beziehung sind die in den einzelnen Teilpunkten m wirkenden (gedachten) Lasten w_m gegeben, deren Seilpolygon mit der Biegungslinie übereinstimmt.

In dem besonderen Fall, wo man die von $a\,b$ aus gemessenen Ordinaten $[m\,k]'$ ins Auge faßt, lautet die Gleichung, wenn die an sich beliebige Polweite $H = 1$ angenommen wird,

$$w_m = \frac{[m\,k]' - [l\,k]'}{\lambda_m} + \frac{[m\,k]' - [n\,k]'}{\lambda_n} \quad \dots \quad \textbf{(37)}$$

Hier sind die von der Geraden $a\,b$ aus gemessenen Ordinaten (s. Fig. 60a) aufzufassen als Ordinaten einer Momentenfläche eines einfachen Balkens (Schlußlinie $a\,b$). Man kann also schreiben

$$[m\,k]' = M_w,$$

wenn M_w das Moment M eines mit den Gewichten w belasteten einfachen Balkens bedeutet[1]). — Bei zeichnerischer Bestimmung der Momente M_w ist die Polweite $H = 1$ im Maßstab der Gewichte w zu nehmen (vgl. die späteren Beispiele). Allgemein gilt daher die Regel:

Um die Biegungslinie zu finden, ermittele man die Momentenlinie eines mit den elastischen (virtuellen) Gewichten belasteten einfachen Balkens. Alsdann ist die Schlußlinie einzutragen, die mit der erst ermittelten Momentenlinie die eigentliche Biegungslinie ergibt.

Auf den Balken mit überragenden Enden (Fig. 61) angewandt, ergäbe diese Regel folgendes. Man bestimme die Momentenfläche des mit den Gewichten w belasteten einfachen Balkens $a - b$. Diese liefert die Gestalt des Biegungspolygons (Ordinaten $[m\,k]'$). Um die eigentliche Biegungsfläche zu erhalten, deren Ordinaten $[m\,k]$ die Durchbiegungen liefern, ist noch die Schlußlinie $A\,B$, den Eigenschaften des Systems entsprechend, einzuzeichnen. Ändern die Stützen ihre Lage nicht, erfahren also die Stützpunkte die Durchbiegung 0, so ist die

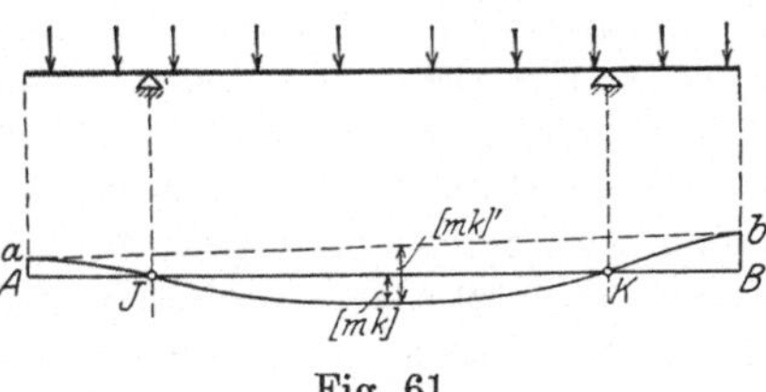

Fig. 61.

sprechend, einzuzeichnen. Ändern die Stützen ihre Lage nicht, erfahren also die Stützpunkte die Durchbiegung 0, so ist die

---

[1]) Die Gewichte w bezeichnet man als elastische oder virtuelle (gedachte) Gewichte.

Schlußlinie durch die 0-Punkte J und K zu ziehen. — Es ist also gewissermaßen so, als ob zu den Durchbiegungen $[mk]'$, die durch die erst gefundene Momentenfläche $aJKb$ gegeben sind, eine nachträgliche Korrektur hinzugetreten sei, und zwar durch Drehung des jetzt als starr betrachteten Balkens aus der Lage $a-b$ in die richtige Lage AB, welche den Bedingungen, daß die Stützensenkungen 0 sein sollen, entspricht. — Wären die Stützen elastisch, so wären aus ihrer Elastizität und den Auflagerdrücken die Stützensenkungen zu berechnen und diese Werte (an Stelle von 0) als Ordinaten in J und K einzutragen.

Der einseitig eingespannte Balken (Fig. 62) gibt ein Beispiel, bei dem die Schlußlinie durch zwei Senkungen festgelegt wird, deren eine bei A ohne weiteres gegeben ist, während die andere berechnet wird. Die Ordinaten $[mk]'$ ergeben sich durch Auftragen der Momentenfläche $a-b$ des einfachen Balkens. Um die eigentlichen Durchbiegungen $[mk]$ zu erhalten, ist noch die Schlußlinie AB einzutragen; dies ist in Fig. 62 zugleich die System-

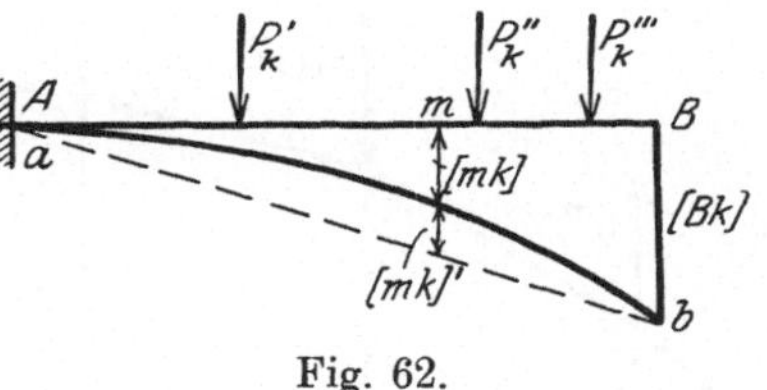

Fig. 62.

linie; sie ist gegeben durch die Ordinate 0 in A und die Senkung $[Bk]$ des Endpunktes B. Letztere ist für eine Belastung P_k mit Hilfe der Arbeitsgleichung als Summenausdruck zu berechnen (vgl. § 7 und die Zahlenbeispiele S. 52 ff.).

Daß die Momentenfläche ab von dem Dreieck ABb abzuziehen ist, lehrt die Betrachtung der einzig möglichen Form der Biegungslinie. Auch ergibt sich dies dadurch, daß die elastischen Gewichte negativ werden, wie man bei zahlenmäßiger Durchführung der Aufgabe nach den im folgenden angegebenen Regeln erkennt.

β) **Allgemeine Darstellung der elastischen Gewichte durch die Momente, Normal- und Querkräfte zwecks zahlenmäßiger Ausrechnung.**

Die bisherigen Ausführungen (unter α) haben gezeigt, wie die Biegungslinie aus der Momentenlinie eines einfachen Balkens und zwei Einzelordinaten, welche die Lage der Schlußlinie liefern, darzustellen ist. Die elastischen Gewichte, mit denen zur Ermittlung der Momentenlinie jener Balken zu belasten ist, sind durch Gleichung (37) gegeben. — Indessen sind bisher die Gewichte w, die wir doch zahlenmäßig ausrechnen müßten, als Funktion der gesuchten Durchbiegungen $[mk]$ bzw. $[mk]'$ dargestellt. Da die Bestimmung dieser letzteren das Ziel der Untersuchung ist, so ist die bisherige Form der Gleichung (37) vornächst für die Rechnung nicht verwendbar.

Eine für die zahlenmäßige Ausrechnung geeignete Form erhält die Gleichung (37) erst durch folgenden Kunstgriff. Wir fassen die Werte $\dfrac{1}{\lambda}$, dem Gedankengange Müller-Breslau's folgend, als Kräfte und somit die Produkte aus diesen Kräften und den Verschiebungen

$[mk]'$ in Gleichung (37) als Arbeitsgrößen auf; die durch die Gleichung (37) dargestellte Summe äußerer Arbeiten drücken wir mit Hilfe der Arbeitsgleichung durch die entsprechenden inneren Arbeiten aus. Zu diesem Zwecke schreiben wir den Wert w_m wie folgt um:

$$w_m = \frac{[mk]' - [lk]'}{\lambda_m} + \frac{[mk]' - [nk]'}{\lambda_n}$$

$$= [mk]'\left(\frac{1}{\lambda_m} + \frac{1}{\lambda_n}\right) - [lk]' \cdot \frac{1}{\lambda_m} - [nk]' \cdot \frac{1}{\lambda_n}.$$

Hier erscheinen die Verschiebungen der drei aufeinanderfolgenden Punkte l, m, n des Stabzuges mit den in Fig. 63 dargestellten

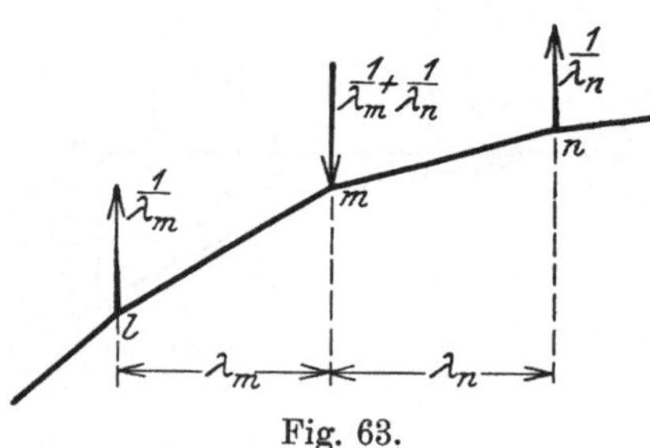

Fig. 63.

Einzelkräften multipliziert. Die in m angreifende Kraft ist positiv, also, wenn die Senkungen nach unten positiv gerechnet werden, nach unten gerichtet; sie ist gleich der Summe der beiden anderen, in l und n wirkenden Kräfte, die indessen das negative Vorzeichen haben und daher nach oben gerichtet sind. Ferner stellen offenbar die drei Kräfte einen im Gleichgewicht befindlichen Belastungszustand dar; das Biegungsmoment der beiden in l und n wirkenden Kräfte in bezug auf den Punkt m hat den Wert 1 $\left(\frac{1}{\lambda}\text{ am Hebelarm }\lambda\right)$.

Es handelt sich somit in Fig. 63 um einen im Gleichgewicht befindlichen Belastungszustand. Der Verschiebungszustand (Formänderungen $[mk]'$ usw.) rührt der Voraussetzung gemäß ebenfalls von einer im Gleichgewicht befindlichen Belastung P_k her. Da die Formänderungen kleine Größen sind, so sind die Voraussetzungen für die Anwendung der Arbeitsgleichung gegeben, und es ergibt sich nach Gleichung (19a) S. 34 für die äußere Arbeit w_m die nachstehende Summe innerer Arbeiten:

$$w_m = \int M' \frac{M_k\,ds}{EJ} + \int N' \frac{N_k\,ds}{EF} + \int Q'\varkappa \frac{Q_k\,ds}{GF} \quad . \quad (38)$$

Dabei bedeuten die Werte M', N', Q' die von den äußeren Kräften $\frac{1}{\lambda}$ hervorgerufenen inneren Kräfte (Momente, Normalkräfte und Querkräfte); sie entsprechen der Belastung P_i in den allgemeinen Arbeitsgleichungen. Die Größen M_k, N_k, Q_k sind die von der gegebenen äußeren Belastung P_k erzeugten inneren Kräfte, d. h. jener Belastung, für welche die Biegungslinie gesucht wird. Da alle in Gleichung (38) vorkommenden inneren Kräfte ohne weiteres anzugeben sind, so gestattet diese Form der Gleichung für w eine zahlenmäßige Ausrechnung der elastischen Gewichte.

Damit ist die Lösung der Aufgabe in eine praktisch verwendbare Form gebracht, und es soll nunmehr, zwecks Herleitung geschlossener Ausdrücke für die Gewichte w, die Gleichung (38) auf einzelne Fälle angewandt werden.

Zu bemerken ist noch, daß, den vorstehenden Ausführungen entsprechend, nach Gleichung (37) naturgemäß das elastische Gewicht eines jeden einzelnen Punktes m des Stabzuges, dessen Biegungslinie gesucht wird, berechnet werden muß.

b) Anwendung der allgemeinen Gleichung (38) für die elastischen Gewichte. Geschlossene Ausdrücke für die elastischen Gewichte w bei vollwandigen Systemen und Fachwerken.

α) Das elastische Gewicht für ein biegungsfestes Stabwerk ergibt sich durch die folgende einfache Überlegung, wobei die früher gefundenen Ergebnisse der Berechnung von Verschiebungen (§ 7) benutzt werden. In Gleichung (38) vernachlässigen wir in gleicher Weise den geringen Beitrag der Querkräfte und schreiben somit

$$w_m = \int M' \frac{M_k\,ds}{EJ} + \int N' \frac{N_k\,ds}{EF}.$$

Die Momente M' und Normalkräfte N' entsprechen der in Fig. 63 dargestellten Belastung und sind in Fig. 64 angegeben. Werden die

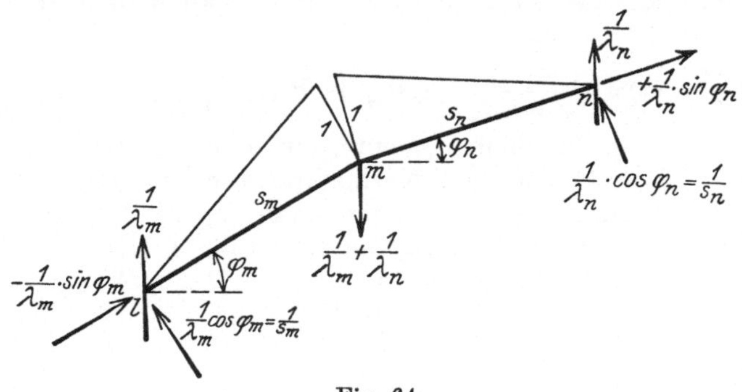

Fig. 64.

Kräfte $\dfrac{1}{\lambda_m}$ und $\dfrac{1}{\lambda_n}$ in ihre Komponenten in Richtung der Stabzugsehnen lm bzw. mn und senkrecht dazu zerlegt, so ergibt sich:

$$\frac{1}{\lambda_m} \cdot \cos \varphi_m \quad \text{bzw.} \quad \frac{1}{\lambda_n} \cdot \cos \varphi_n \quad \text{senkrecht zu den Sehnen,}$$

und $-\dfrac{1}{\lambda_m} \cdot \sin \varphi_m$ bzw. $+\dfrac{1}{\lambda_n} \cdot \sin \varphi_n$ in Richtung der Sehnen,

deren Länge mit s_m bzw. s_n bezeichnet sein möge. Zu beachten ist, daß die Normalkräfte bei positiven Winkeln φ_m und φ_n entgegengesetztes Vorzeichen haben, da sie eine Druckkraft und eine Zugkraft darstellen. Die Zerlegung der Kräfte $\dfrac{1}{\lambda_m}$ und $\dfrac{1}{\lambda_n}$ denke man sich sowohl an den Endpunkten l und n, als auch im Punkte m vorgenommen.

Da $\dfrac{1}{\lambda} \cdot \cos \varphi = \dfrac{1}{s}$ ist, so ist die Belastung senkrecht zu den Stäben, die allein Momente erzeugt, die gleiche wie früher, wo die Winkeländerung $\varDelta \vartheta$ zweier biegungsfest verbundener Stäbe zu bestimmen war (Kräftepaar 1; Einzelkräfte $\dfrac{1}{s}$ am Hebelarm s). Die M_k-Fläche möge, wie in früheren Aufgaben, auf den Strecken s_m und s_n den in Fig. 65 dargestellten geradlinigen Verlauf haben. Die

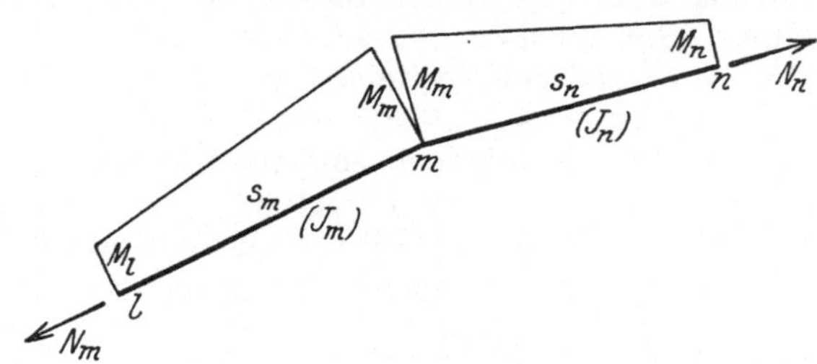

Fig. 65.

Teilstrecken s sind so klein angenommen, daß man die Momentenfläche praktisch stets als geradlinig begrenzt annehmen kann. Wir fanden [s. Gl. (35), S. 62]

$$\int M' \frac{M_k\, d s}{EJ} = \varDelta \vartheta = \frac{s_m}{6\,EJ_m}\,(2\,M_m + M_l) + \frac{s_n}{6\,EJ_n}\,(2\,M_m + M_n),$$

wo J_m und J_n die Trägheitsmomente auf den Strecken s_m bzw. s_n bedeuten. — Den Beitrag der Normalkräfte erhält man nach den Fig. 64 und 65 ohne weiteres. Setzt man für die Spannungen auf den Strecken s_m bzw. s_n (infolge der Belastung P_k)

$$\frac{N_m}{F_m} = \sigma_m \quad \text{bzw.} \quad \frac{N_n}{F_n} = \sigma_n,$$

und ferner für die Längen

$$s_m = \frac{\lambda_m}{\cos \varphi_m} \quad \text{bzw.} \quad s_n = \frac{\lambda_n}{\cos \varphi_n},$$

so erhält man, wenn die Zugkräfte positiv gerechnet werden:

$$\int N' \frac{N_k\, d s}{EF} = -\frac{\sigma_m}{E} \cdot \mathrm{tg}\,\varphi_m + \frac{\sigma_n}{E} \cdot \mathrm{tg}\,\varphi_n.$$

Hiernach ergibt sich insgesamt:

$$w_m = \varDelta \vartheta - \frac{\sigma_m}{E} \cdot \mathrm{tg}\,\varphi_m + \frac{\sigma_n}{E} \cdot \mathrm{tg}\,\varphi_n \quad \ldots \quad (39)$$

oder:

$$w_m = \frac{s_m}{6\,EJ_m}\,(2\,M_m + M_l) + \frac{s_n}{6\,EJ_n}\,(2\,M_m + M_n)$$

$$-\frac{\sigma_m}{E} \cdot \mathrm{tg}\,\varphi_m + \frac{\sigma_n}{E} \cdot \mathrm{tg}\,\varphi_n \quad \ldots \ldots \ldots \ldots (39\,\mathrm{a})$$

Das Ergebnis ist also dies, daß das elastische Gewicht w_m eines Punktes m des Stabzuges sich aus den Ordinaten M_l, M_m und M_n der drei aufeinanderfolgenden Punkte l, m, n des Stabzuges sowie aus den in den Stabzugsehnen s_m und s_n wirkenden Normalspannungen σ_m und σ_n nach Gleichung (39) zusammensetzt. Es sind somit die Ordinaten der Momentenfläche (für die Belastung P_k) an den einzelnen Punkten m des Stabzuges sowie die Normalkräfte infolge P_k in den einzelnen Stabzugsehnen festzustellen, um nach Gleichung (39) die elastischen Gewichte berechnen zu können.

Bei Vernachlässigung des Einflusses der Normalkräfte geht die Gleichung (39a) in folgende Form über:

$$w_m = \frac{s_m}{6\,EJ_m}\,(2\,M_m + M_l) + \frac{s_n}{6\,EJ_n}\,(2\,M_m + M_n) \quad (39b)$$

In dieser Form werden wir insbesondere bei der Untersuchung statisch unbestimmter Systeme im allgemeinen die elastischen Gewichte verwenden.

Die Biegungslinie des geraden Balkens.
(Satz von Mohr.)

Der in Gleichung (39b) dargestellte Ausdruck ergibt sich ebenfalls, wenn man sich den einfachen geraden Balken AB (Fig. 66) mit der

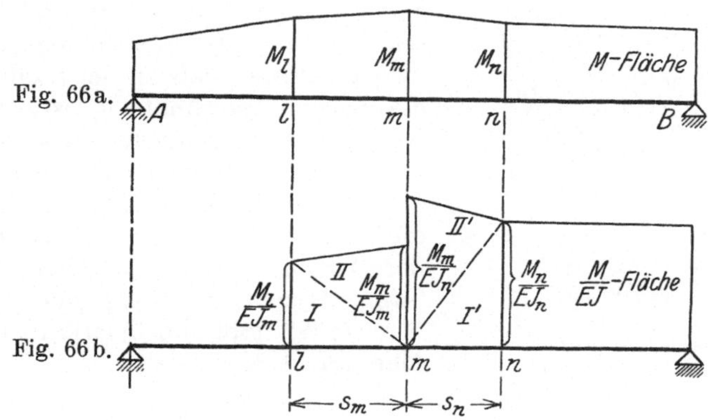

Fig. 66a.

Fig. 66b.

durch $E \cdot J$ dividierten Momentenfläche belastet denkt. In Fig. 66b ist die $\dfrac{M}{E \cdot J}$-Fläche dargestellt, wobei auf den Teilstrecken s_m und s_n die Trägheitsmomente J_m und J_n verschieden angenommen sind. (Hier ist $J_m > J_n$) angenommen.) Fragt man nach der Einzellast, die von den beiden trapezförmigen Belastungsflächen auf den Punkt m übertragen wird, so erhält man den durch Gleichung (39) dargestellten Wert. Denn werden die Trapeze durch Diagonalen in Dreiecke geteilt (Fig. 66b), so kommt von dem Inhalt der beiden Dreiecke I und I′ je $\frac{1}{3}$, von den beiden anderen, II und II′, je $\frac{2}{3}$ als Last auf den Punkt m. Also wird der Gesamtwert

$$w_m = \frac{2}{3}\left(\frac{M_m}{EJ_m}\cdot\frac{s_m}{2} + \frac{M_m}{EJ_n}\cdot\frac{s_n}{2}\right) + \frac{1}{3}\left(\frac{M_l}{EJ_m}\cdot\frac{s_m}{2} + \frac{M_n}{EJ_n}\cdot\frac{s_n}{2}\right)$$

oder:

$$w_m = \frac{s_m}{6\,EJ_m}\,(2\,M_m + M_l) + \frac{s_n}{6\,EJ_n}\,(2\,M_m + M_n).$$

Dies ist der gleiche Ausdruck wie in Gleichung (39b). Es gilt also der Satz:

Um die Biegungslinie eines geraden Balkens zu erhalten, belaste man das System mit der durch $E\cdot J$ dividierten Momentenfläche und ermittele die auf die einzelnen Teilpunkte m entfallenden (elastischen) Gewichte (Gl. 39b). Die Momentenlinie des mit diesen Gewichten w belasteten Balkens (sog. zweite Momentenlinie) liefert die Biegungslinie. (Satz von Mohr.)

Es sei hier noch die einfache und anschauliche Art der Herleitung angeführt, wie sie von Mohr gegeben wurde, welcher zuerst die hier in Frage stehenden Eigenschaften der Biegungslinie nachgewiesen hat. Der Balken sei, wie in Fig. 67a angegeben, derart belastet, daß an der Stelle x die Belastungsordinate q_x ist; die Neigung der Tangente des zugehörigen Seilpolygons sei φ. In Fig. 67b teilt die Schlußlinie OS die Auflagerdrücke A und B ab; der Strahl OT ist parallel der Tangente an das Seilpolygon. Die Strecke ST gibt die Querkraft Q_x. Man erhält also:

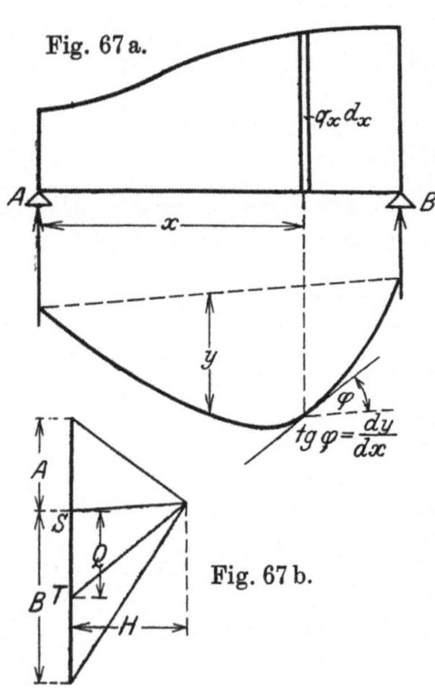

$$\frac{dy}{dx} = \frac{Q}{H}.$$

Also wird:

$$\frac{d^2y}{dx^2} = \frac{1}{H}\cdot\frac{dQ_x}{dx} = -\frac{1}{H}\cdot\frac{q_x\cdot dx}{dx} = -\frac{1}{H}\cdot q_x,$$

wobei q_x die Belastungsordinate an der Stelle x bedeutet. Das Minuszeichen ist deswegen am Platze, weil mit zunehmendem x die Querkraft abnimmt, also dQ_x negativ ist.

Die Gleichung stellt die Differentialgleichung einer Seillinie dar.

Nun lautet bekanntlich die Differentialgleichung der elastischen Linie

$$\frac{d^2y}{dx^2} = - \frac{M_x}{EJ},$$

wobei M_x die Ordinate der Momentenfläche bedeutet. Aus der Gleichsetzung

$$-\frac{1}{H} \cdot q_x = - \frac{M_x}{EJ}$$

folgt die Belastung q_x, die die elastische Linie erzeugen soll, wenn die Polweite $H = 1$ ist:

$$q_x = \frac{M_x}{EJ},$$

d. h. die Biegungslinie ist aufzufassen als eine Seillinie mit der Polweite $H=1$, und zwar zu einer Belastungsfläche, welche mit der durch EJ dividierten Momentenfläche übereinstimmt.

$\beta)$ **Das elastische Gewicht der Knotenpunkte eines Fachwerks**, in welchem nur Normalkräfte (Stabkräfte S) auftreten, ergibt sich ebenfalls aus Gleichung (38). Diese Gleichung vereinfacht sich in diesem Falle zu folgender Form:

$$w_m = \int N' \frac{N_k\,ds}{EF}.$$

Die Normalkräfte N sind zu ersetzen durch die Stabkräfte S, an Stelle des Integrals tritt das Summenzeichen Σ, und diese Summe ist zu erstrecken über alle Fachwerkstäbe; die Länge eines Einzelstabes sei mit s bezeichnet. Also wird:

$$\boldsymbol{w_m = \sum S' \frac{S_k s}{EF}}\,{}^1) \ \ldots \ldots \ldots \ (40)$$

Hier bedeuten S' die Spannkräfte infolge der Belastungen $\frac{1}{\lambda}$ in den drei aufeinanderfolgenden Punkten l, m, n des Stabzuges (s. Fig. 63). — S_k sind die Spannkräfte S infolge der gegebenen Belastung P_k, für welche die Biegungslinie gezeichnet werden soll.

Die **Auswertung des Summenausdrucks** w_m gestaltet sich je nach der Art des Fachwerks verschieden. Wir betrachten zunächst das in Fig. 68 dargestellte **Strebenfachwerk**, wo der Diagonalenzug den Stabzug bildet, also die Durchbiegungen sämtlicher Knotenpunkte gesucht sind. Die Spannkräfte S_k infolge der Belastung P_k mögen als gegeben angenommen werden, so daß es sich nur noch um die Spannkräfte S' infolge der Belastung $\frac{1}{\lambda}$ handelt (s. Fig. 68).

Diese Lasten $\frac{1}{\lambda}$ stellen einen im Gleichgewicht befindlichen Belastungszustand dar, durch den nur die drei Stäbe des Dreiecks

---

$^1)$ Gebräuchlich ist die Anwendung des elastischen Gewichts in folgender Form: $w_m = \Sigma \mu \cdot \varDelta s$ Hier ist μ statt S' und $\varDelta s$ statt $\frac{S_k s}{EF}$ eingesetzt.

l-m-n beansprucht werden. Die übrigen Stäbe des Systems bleiben spannungslos. Die Spannkräfte S' in diesen drei Stäben können in einfachster Weise durch Zerlegung der Lasten nach den angrenzenden Stäben graphisch ermittelt werden.

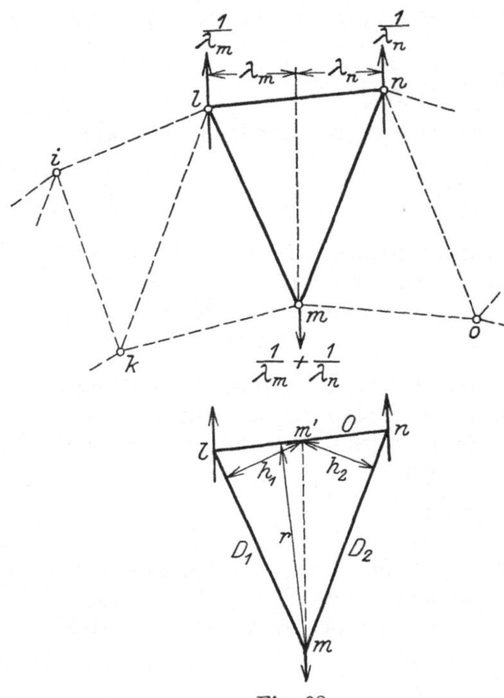

Fig. 68.

Will man neben der Zeichnung auch die Rechnung verwenden, so können die drei Stabkräfte O' im Obergurt und D_1' bzw. D_2' in den Diagonalen auch wie folgt gefunden werden. Die Spannkraft O' ergibt sich aus dem Moment für den gegenüberliegenden Knotenpunkt. Da dieses den Wert 1 hat, so wird die Druckkraft O' (negatives Vorzeichen):

$$O' = -\frac{1}{r}.$$

In ähnlicher Weise findet man die Spannkräfte D_1' und D_2', wenn man die Lasten in l und n nach den angrenzenden Stäben zerlegt und das Moment um den Punkt m' (senkrecht über m auf dem Obergurt) aufstellt. Es wird (s. Fig. 68):

$$D_1' = +\frac{1}{h_1} \quad \text{und} \quad D_2' = +\frac{1}{h_2}.$$

Hiernach kann der Wert w_m angegeben werden. Er enthält nur drei Glieder, da nur in drei Stäben Spannkräfte S' auftreten. Bezeichnen O, D_1, D_2 die Spannkräfte infolge der Belastung P_h, o, d_1, d_2 die Stablängen, F_0, F_1, F_2 die Querschnitte, so wird:

$$w_m = -\frac{1}{r}\frac{Oo}{EF_0} + \frac{1}{h_1}\frac{D_1 d_1}{EF_1} + \frac{1}{h_2}\frac{D_2 d_2}{EF_2}.$$

Liegt ein Fachwerk mit Vertikalen vor, etwa wie in Fig. 69a, und wird die Biegungslinie einer Gurtung, etwa der oberen, gesucht, so gestaltet sich die Berechnung des elastischen Gewichtes w_m eines Knotenpunktes m wie folgt.

Die drei aufeinanderfolgenden Punkte l, m, n des Stabzuges, d. h. des Obergurtes, sind in gewohnter Weise mit den Kräften $\frac{1}{\lambda}$ zu belasten. Hierdurch werden die in Fig. 69a gekennzeichneten sechs Stäbe beansprucht, so daß der Summenausdruck w_m insgesamt sechs Glieder enthielte. Die entsprechenden Spannkräfte S' können graphisch durch einen Kräfteplan bestimmt werden.

Durch Rechnung bestimmen sich die Kräfte S' wie folgt. Die Gurtspannkräfte O' und U' erhält man aus dem Moment für die gegenüberliegenden Knotenpunkte m^s bzw. $m^{s'}$. Da dieses Moment den Wert 1 hat, so wird:

$$O' = -\frac{1}{r_0},$$

$$U' = +\frac{1}{r_u}.$$

Die Diagonalspannkräfte D_1' und D_2' findet man aus den Momenten um eben jene Punkte m und m' aus den Gleichungen:

$$D_1' = +\frac{1}{h_1},$$

$$D_2' = -\frac{1}{h_2}.$$

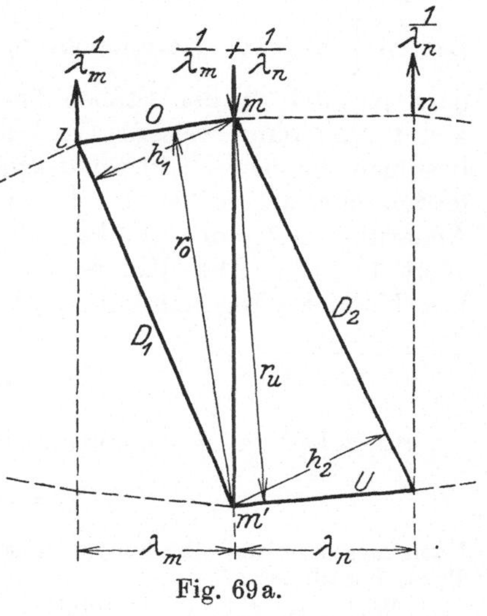

Fig. 69 a.

Sind auch diese Spannkräfte gefunden, so erhält man die Spannkraft V' in der Vertikalen am einfachsten aus der Gleichgewichtsbedingung um m', indem man unter Verwendung der bekannten Größen U und D_1 das geschlossene Kräftepolygon des Punktes m' zeichnet. — Auch V' kann in der gleichen Form dargestellt werden wie die Diagonalkräfte, nämlich als reziproker Wert einer Strecke z; jedoch erfordert die Konstruktion dieser Strecke das Einziehen verschiedener Linien und ist umständlicher als die Rechnung oder auch als das Zeichnen des Kräfteplanes für den Punkt m' [1]) (siehe Fig. 69 b).

---

[1]) Die Spannkraft V' erhält man bei Belastung der oberen Gurtung aus der Gleichung 10 c, S. 15

$$\frac{M_{m-1}^0}{\lambda_m} - \frac{M_m^0}{\lambda_m} \cdot \frac{h'_{m-1}}{h_m}.$$

Da in unserem Falle $M_{m-1}^0 = 0$ und $M_m^0 = 1$ ist, so ergibt sich

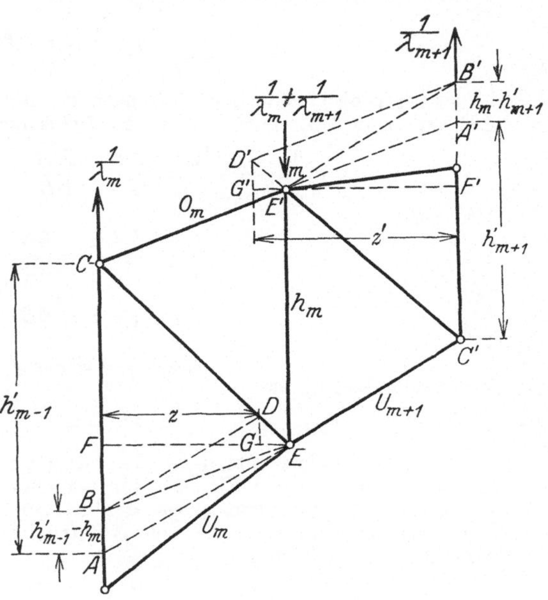

Fig. 69 b.

Zwecks rechnerischer Bestimmung der elastischen Gewichte eines Fachwerks kann auch der für vollwandige Systeme benutzte Weg eingeschlagen werden. Man zerlege in Fig. 70 die Lasten $\frac{1}{\lambda}$ in zwei Komponenten, und zwar eine senkrecht, die andere parallel zu den Stäben lm und mn des Stabzuges; dann erkennt man ohne weiteres, daß die gleichen Beziehungen wie früher bestehen bleiben. Die senkrecht zu den Stäben wirkenden Kräfte leisten nur Arbeit bei der Verdrehung der Stäbe, d. h. während der Änderung $\Delta\vartheta_m$ des Winkels ϑ_m, und zwar hat diese Arbeit den Wert $1\cdot\Delta\vartheta_m$. Die Komponenten in Richtung der Stäbe können nur bei der Längenänderung dieser Stäbe Arbeit leisten. Aus alle-

$$V'_0 = -\frac{1}{\lambda_m}\cdot\frac{h'_{m-1}}{h_m}.$$

Bei Belastung der unteren Gurtung ergibt sich aus Gl. (10d) der Wert

$$V'_u = +\frac{1}{\lambda_m}\cdot\frac{h'_{m+1}}{h_m}.$$

Nach diesen beiden Gleichungen lassen sich die Spannkräfte V' in einfachster Weise berechnen.

Will man dagegen V' ähnlich wie O', U', D' als reziproken Wert einer Strecke z darstellen, so schreibe man (bei Belastung oben):

$$-V' = \frac{1}{z} = \frac{1}{\lambda_m}\cdot\frac{h'_{m-1}}{h_m}$$

oder

$$\frac{\lambda_m}{z} = \frac{h_{m-1}}{h_m}$$

oder

$$\frac{\lambda_m - z}{\lambda_m} = \frac{h'_{m-1} - h_m}{h_m}.$$

In Fig. 69b ziehe man EB parallel zum Obergurt O_m, BD parallel zu AE bzw. zum Untergurt U_{m+1} und DG senkrecht zu $EF = \lambda_m$. Alsdann ist

$$\frac{h'_{m-1} - h_m}{h'_{m-1}} = \frac{AB}{AC} = \frac{ED}{EC} = \frac{EG}{EF} = \frac{EG}{\lambda_m}.$$

Also wird

$$\frac{\lambda_m - z}{\lambda_m} = \frac{EG}{\lambda_m}$$

oder

$$\lambda_m - z = EG,$$

d. h.

$$z = \lambda_m - EG = FG.$$

Mit diesem Wert z ist

$$V'_0 = -\frac{1}{z}.$$

Handelt es sich um die Belastung der unteren Gurtung, so tritt an Stelle von z der in Fig. 69b (oben rechts) dargestellte Wert z', der sich auf ganz entsprechendem Wege ergibt. An Stelle von EA tritt $E'A'$ (Verlängerung von O_m), an Stelle von EB tritt $E'B'$ (Parallele zu U_{m+1}). Alsdann gilt die Gleichung

$$V'_u = +\frac{1}{z'}.$$

dem folgt, daß für das elastische Gewicht der früher (s. Gl. 39) gefundene Wert:

$$w_m = \varDelta\,\vartheta_m - \sigma_m \cdot \mathrm{tg}\,\varphi_m + \sigma_n \cdot \mathrm{tg}\,\varphi_n$$

in Frage kommt. Die Winkeländerung $\varDelta\,\vartheta$ hat hier den für das Fachwerk gültigen Wert, der durch die Gl. (36) gegeben ist.

Hierbei ist zu beachten, daß σ_m und σ_n die Spannungen in den Stäben lm und mn des Stabzuges, die den Winkel ϑ bilden, bedeuten. Werden nun, wie in Fig. 70, die Stäbe und damit auch die Stabspannungen nach den gegenüberliegenden Knotenpunkten bezeichnet, so wäre zu schreiben (siehe Fig. 70a)

$$w_m = -\,\varDelta\,\vartheta_m - \sigma_n \cdot \mathrm{tg}\,\varphi_n + \sigma_l \cdot \mathrm{tg}\,\varphi_l.$$

Für $\varDelta\,\vartheta$ wäre dann der früher für die Vergrößerung von ϑ gefundene Wert einzusetzen:

$$\varDelta\,\vartheta_m = (\sigma_m - \sigma_n) \cdot \mathrm{ctg}\,\vartheta_l + (\sigma_m - \sigma_l) \cdot \mathrm{ctg}\,\vartheta_n,$$

wobei zu beachten ist, daß hier (Fig. 70) im Gegensatz zu früher (s. Fig. 47e u. Gl. 19) die Kräfte im Sinne der Verkleinerung des Winkels ϑ wirken; daher ist $-\varDelta\vartheta_m$ in w_m einzusetzen.

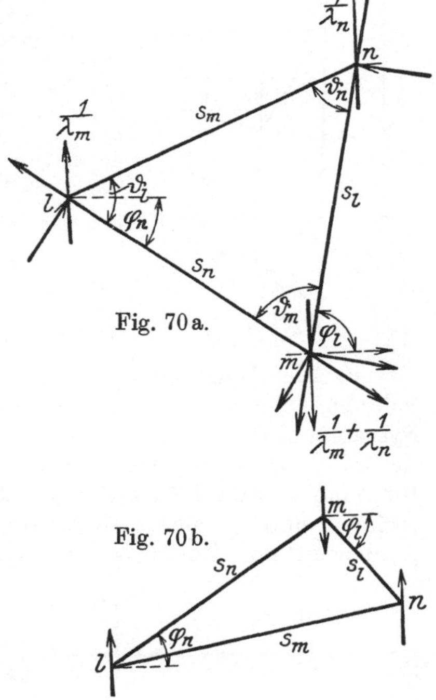

Fig. 70 a.

Fig. 70 b.

Die Neigungswinkel φ der beiden Stäbe des Stabzuges sind wie früher von der durch die Anfangspunkte der Stäbe gelegten Horizontalen aus nach oben positiv zu rechnen. φ_n wäre also hier negativ. — Umgekehrt wäre es in Fig. 70b, wo der Punkt m oben liegt. Hier wäre $+\varDelta\,\vartheta_m$ (statt $-\varDelta\,\vartheta_m$) in der Gleichung für w_m einzusetzen.

Es sei nochmals darauf hingewiesen, daß in allen Fällen für die Größen σ die Stabspannungen infolge der Belastung P einzusetzen sind, für welche die Biegungslinie gezeichnet wird.

Anmerkung 1. In Fig. 71 ist der Fall dargestellt, daß eine Gurtung der Stabzug ist und demnach infolge der Belastung der drei aufeinanderfolgenden Punkte l, m, n die in der Figur gekennzeichneten sieben Stäbe Spannungen erhalten.

Wird in diesem Falle das w-Gewicht nach Gl. (40) als Summenausdruck berechnet, so gehen sieben Glieder ein. — Wird Gl. (39) verwandt, so ist unter $\varDelta\,\vartheta$ (Änderung des Winkels zwischen lm und mn) der Gesamtwert der Änderungen der drei am Punkte m liegenden Dreieckswinkel zu verstehen; von diesen ist jede

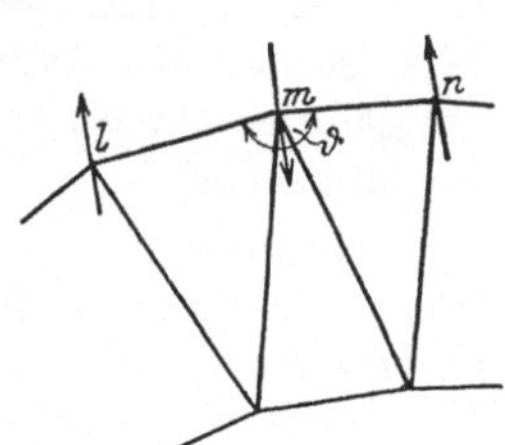

Fig. 71.

einzelne Winkeländerung aus den Spannungen σ der Stäbe des betreffenden Dreiecks nach Gl. (36) zu berechnen.

Anmerkung 2. Ist bei einem Ständerfachwerk nach der Durchbiegung der Knotenpunkte der oberen und der unteren Gurtung gefragt, so fällt von den beiden Stäben lm und mn des Stabzuges der zweite in die Richtung der Vertikalen. Offenbar ist dann kein Gleichgewicht zwischen den Kräften $\dfrac{1}{\lambda}$ mehr möglich (vgl. Fig. 63). In der Gl. (39) für w_m wird der Wert $\operatorname{tg}\varphi_n$ gleich unendlich. Die bisherige Art der Behandlung der Aufgabe führt also auf Schwierigkeiten.

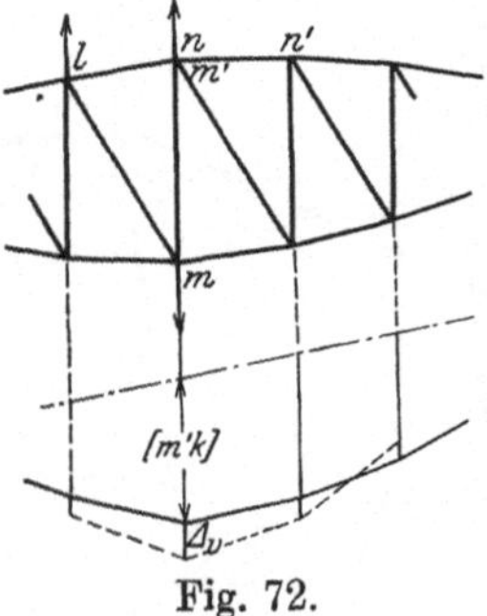

Fig. 72.

In diesem Falle kann man sich in der Weise helfen, daß man die Biegungslinie einer Gurtung, etwa der oberen, in der bisherigen Art ermittelt, indem man die Punkte l, m', n' (s. Fig. 72) an Stelle von l, m, n nimmt. Die Durchbiegungen der Punkte der anderen Gurtung werden dann mit Hilfe der Längenänderung $\varDelta v$ der Vertikalen bestimmt, die nach der Gleichung $\varDelta v = \dfrac{V_k s}{E F}$ berechnet wird, wo V_k die Spannkraft in V infolge der Belastung P_k, s die Stablänge der Vertikalen und F ihren Querschnitt bedeutet. Dieser Wert $\varDelta v$ ist an die Durchbiegung $[m'k]$ anzutragen (s. Fig. 72).

c) Die Biegungslinie als Einflußlinie einer elastischen Verschiebung. Häufig handelt es sich um die Durchbiegung $[im]$ eines Systempunktes i infolge einer wandernden Last $P_m = 1$ t, d. h. um die Einflußlinie der Durchbiegung $[im]$. Man könnte den Wert $[im]$ für eine Anzahl Laststellungen mit Hilfe der Arbeitsgleichung berechnen und so eine genügende Anzahl der Ordinaten der Einflußlinie ermitteln. Ein einfacherer Weg zur Lösung der Aufgabe ist durch den Maxwellschen Satz gegeben. Da nämlich

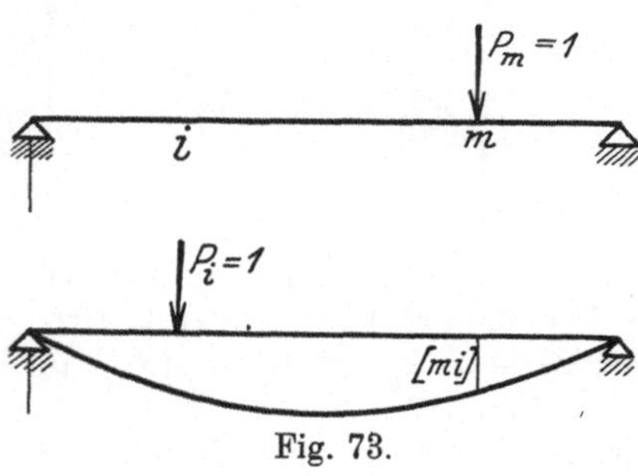

Fig. 73.

$$[im] = [mi]$$

ist, so kann man sagen: Die Durchbiegung des Punktes i infolge einer Last 1, die der Reihe nach in den Punkten m_1, m_2, ... angreift, ist gleich der Durchbiegung dieser verschiedenen Punkte m_1, m_2, ... infolge der Last $P_i = 1$ im Punkte i. Diese Durchbiegungen der Systempunkte m infolge $P_i = 1$ sind aber durch die Biegungslinie für die Last $P_i = 1$ gegeben. Die Ordinaten dieser Biegungslinie stellen die Werte $[mi]$ und somit auch $[im]$ dar, d. h. die Biegungslinie für $P_i = 1$ ist die gesuchte Einflußlinie für die Durchbiegung $[im]$.

Ergebnis. Die Einflußlinie einer elastischen Verschiebung $[im]$ eines Punktes i (bzw. der Verdrehung einer Geraden i) ist identisch mit der Biegungslinie des Systems für die Belastung $P_i = 1$ (d. h. für 1 t im Punkte i bzw. für ein Kräftepaar 1 in Richtung der fraglichen Verdrehung).

d) Besprechung einiger Einzelaufgaben.

α) **Das elastische Gewicht** w_m **im Scheitelgelenk eines Dreigelenkbogens.** Bei den bisherigen Darlegungen erstreckte sich der Einfluß der Belastungen $\frac{1}{\lambda}$ in den Punkten l, m, n des Stabzuges stets nur auf einen mehr oder minder beschränkten Teil des Systems. Es kommen aber auch Fälle vor, wo diese Belastung das ganze System beansprucht, so daß in den Summenausdruck alle oder die meisten Teile des Tragwerks eingehen. Ein solcher Fall liegt z. B. beim Dreigelenkbogen vor, wenn nach dem elastischen Gewicht im Gelenkpunkte des Scheitels gefragt wird.

Wird der Scheitelpunkt mit m bezeichnet, so ist zur Bestimmung von w_m die in Fig. 74 angegebene Belastung mit den Lasten

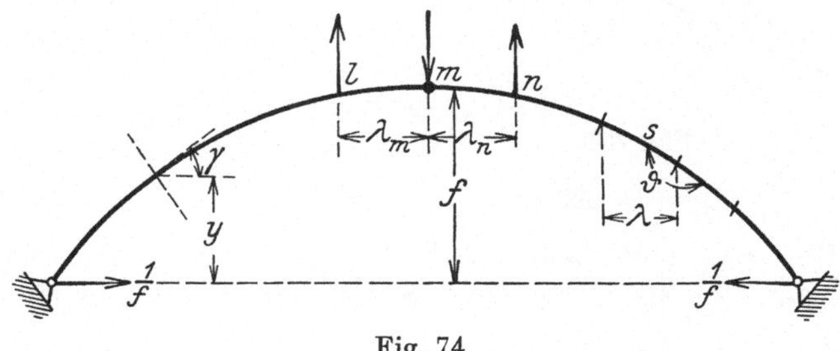

Fig. 74.

$\frac{1}{\lambda}$ wie üblich auzubringen. Diese Belastung beansprucht alle Teile des Systems, insofern sie Auflagerkräfte, und zwar den Horizontalschub $\frac{1}{f}$ erzeugt[1]). Es entstehen Momente:

$$M' = -\frac{1}{f} \cdot y$$

und Normalkräfte:

$$N' = -\frac{1}{f} \cdot \cos \gamma \,.$$

Die allgemeine Gleichung für w_m lautet:

$$w_m = \int M' \frac{M_k \, ds}{EJ} + \int N' \frac{N_k \, ds}{EF} \,.$$

Das erste Glied stellt die Arbeit der Momente M' (hervorgerufen durch die Lasten $\frac{1}{\lambda}$), das zweite diejenige der Normalkräfte N' dar; beide, die Momente M' wie die Normalkräfte N', wirken während des Formänderungszustandes infolge P_k. Man denke sich

---

[1]) Der Horizontalschub eines Dreigelenkbogens berechnet sich aus dem Moment des einfachen gelenklosen Balkens für die Gelenkstelle, dividiert durch die Pfeilhöhe f. Das Moment für den Gelenkpunkt m ist hier gleich 1.

die Bogenachse in einzelne Strecken s aufgeteilt, welche insgesamt den Stabzug darstellen (s. Fig. 75). Die infolge der Form-

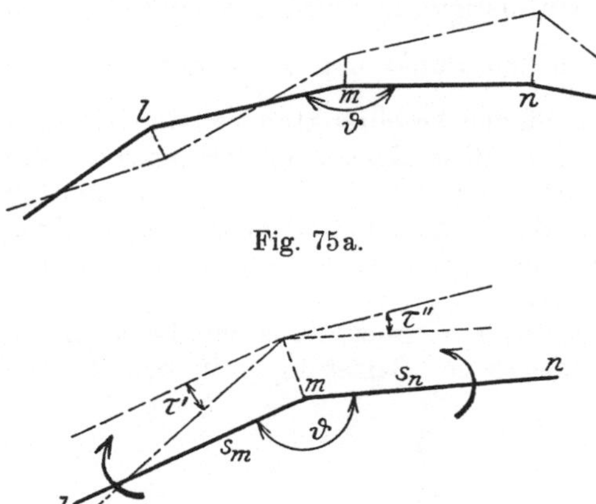

Fig. 75a.

Fig. 75b.

änderungen veränderte Gestalt des Stabzuges ist in Fig. 75 durch die strichpunktierte Linie dargestellt. Wir betrachten die einzelnen Sehnenstücke in ihrer durch Verdrehung (nicht Verbiegung) geänderten Lage. Während dieser Lagenänderung der Strecken s leisten die Momente M' Arbeit, und zwar, wenn M' das an der jeweils betrachteten Stelle wirksame Moment ist (s. Fig. 75b),

$$M'\left(\tau' + \tau''\right) = M' \cdot \varDelta\vartheta.$$

Hierbei hat man sich das Moment M' als je ein die beiden Strecken s_m und s_n belastendes Kräftepaar M' zu denken. Setzt man noch in der Arbeitssumme w_m für $\dfrac{N_k}{F}$ die Spannung σ ein, so ergibt sich:

$$w_m = \sum M' \cdot \varDelta\vartheta_k + \sum N' \frac{\sigma_k}{E} \cdot s.$$

Diese Gleichung ist anzuwenden, wenn vorausgesetzt wird, daß die Widerlager sich nicht verschieben und somit der Horizontalschub $\dfrac{1}{f}$ keine Arbeit leistet.

Verschieben sich dagegen die Widerlager und vergrößert sich dabei die Entfernung l der Auflager um $\varDelta l$, so tritt zu den obigen inneren Arbeiten noch die äußere Arbeit des Horizontalschubes $\dfrac{1}{f}$ hinzu, welche nach Gleichung (21), S. 36, den Wert $-\dfrac{1}{f}(-\varDelta l)$ $= +\dfrac{1}{f}\varDelta l$ hat. (Das Minuszeichen vor $\varDelta l$ ist nach der Vorzeichenregel zu Gl. (21) einzusetzen, weil die angenommene Verschiebung $\varDelta l$ nach außen, also im entgegengesetzten Sinne des nach innen positiv gerechneten Schubes erfolgt.) Somit lautet in diesem Falle der Wert w_m, wenn man die oben angegebenen Werte für M' und N' einsetzt:

$$w_m = \frac{1}{f}\left(\sum y \cdot \varDelta\vartheta_k + \sum \frac{\sigma_k}{E} \cdot s \cdot \cos\gamma - \varDelta l\right).$$

Hierin ist eingesetzt:

$$M' = - \frac{y}{f} \quad \text{(negatives Moment)}$$

und $\quad N' \cdot s = - \frac{1}{f} \cdot \cos \gamma \cdot s = - \frac{1}{f} \cdot \lambda \quad \text{(Druckkraft) (s. Fig. 74)}.$

Die Winkeländerungen $\Delta \vartheta_k$ in dieser Gleichung werden bei zahlenmäßiger Durchführung der Aufgabe bereits bei der Ermittlung der w-Gewichte der einzelnen Punkte des Stabzuges berechnet.

Es ergibt sich nach den früheren Darlegungen von selbst, daß der gleiche Ausdruck für w_m auch beim **Fachwerk** gültig bleibt. Ist z. B. die Biegungslinie des Obergurts bei dem in Fig. 76 dar-

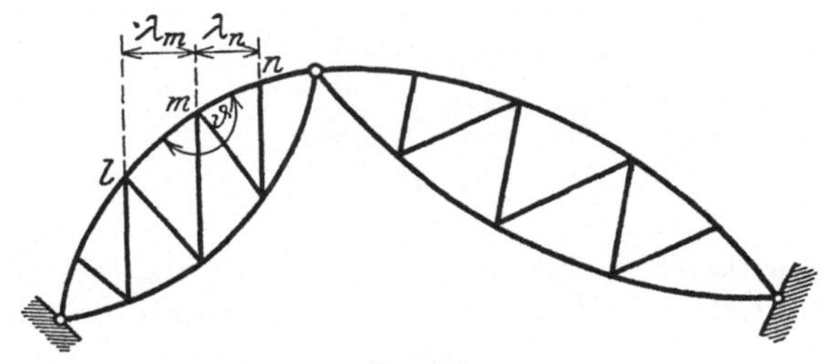

Fig. 76.

gestellten Dreigelenkbogen gesucht, so gelten die gleichen Überlegungen wie vorhin mit entsprechender Anpassung an das Fachwerk. Unter $\Delta \vartheta_k$ sind, wie sonst, die Änderungen der Winkel ϑ des Stabzuges (s. Fig. 76), unter λ die Projektionen der Einzelstäbe des Stabzuges (Feldweiten) zu verstehen.[1]

β) **Das elastische Gewicht eines Punktes m einer Dreigelenkbogenkette.** Als Erläuterung des Verfahrens zur Berechnung elastischer Gewichte sei hier noch ein Beispiel angeführt, welches später bei der Behandlung der Vierecksnetze (der soge-

---

[1] Es sei noch darauf hingewiesen, daß das Gewicht w_m des Gelenkpunktes im allgemeinen nicht genau gleich der Winkeländerung $\Delta \vartheta_m$ ist; denn die in die Stabrichtungen fallenden Komponenten der Lasten $\frac{1}{\lambda}$ (s. Fig. 77) liefern einen weiteren Beitrag zu w_m, so daß der durch die Gleichung (39) (s. S. 70) dargestellte allgemeine Ausdruck für das elastische

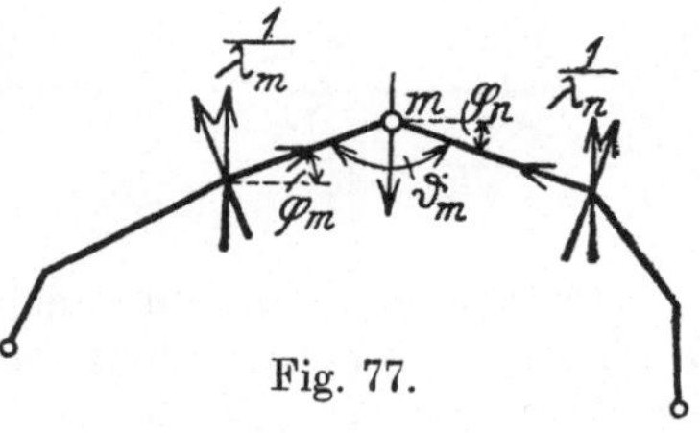

Fig. 77.

Gewicht in Frage kommt. Die vollständige Gleichung für w_m lautet also:

$$w_m = - \frac{1}{f} \left(\sum y \, \Delta \vartheta_k + \sum \frac{\sigma_k}{E} \cdot \lambda + \Delta_l \right) - \frac{\sigma_m}{E} \operatorname{tg} \varphi_m + \frac{\sigma_n}{E} \operatorname{tg} \varphi_n.$$

Jedoch ist dies für die Rechnung ohne Belang; zudem ist ja wohl durchweg die Neigung der an das Scheitelgelenk anschließenden Stäbe gegen die Horizontale sehr gering.

nannten Vierendeel-Träger) eine Rolle spielt. Die Fig. 78a stellt das statisch bestimmte und starre Grundsystem eines solchen Rahmengebildes dar. Es ist eine Zusammenfügung nach Art einer Kette, deren Einzelglieder Dreigelenkbögen sind; diese letzteren (Fig. 78b) bestehen aus je einem vertikalen und horizontalen geraden Stab, sowie aus einem rechtwinklig ausgebildeten dritten Stab. In den

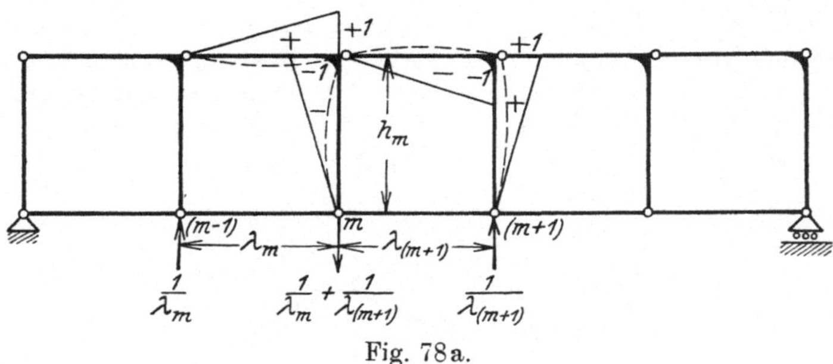

Fig. 78a.

Gelenkstellen wirken beim biegungsfesten Rahmenträger Einspannungsmomente X, welche die Stabenden beanspruchen (Fig. 78b und 78c). Die meisten dieser Stabenden sind durch mehrere Einspannungsmomente X beansprucht, die sich zu den Stabmomenten M zusammensetzen. So z. B. wirken am Fußpunkt der mittleren Vertikalen in Fig. 78c die beiden Einspannungsmomente X_c und X_e, die sich zu dem Gesamtmoment M_e zusammensetzen. In ähnlicher Art sind auch die übrigen Momente M in Fig. 78c aufzufassen.

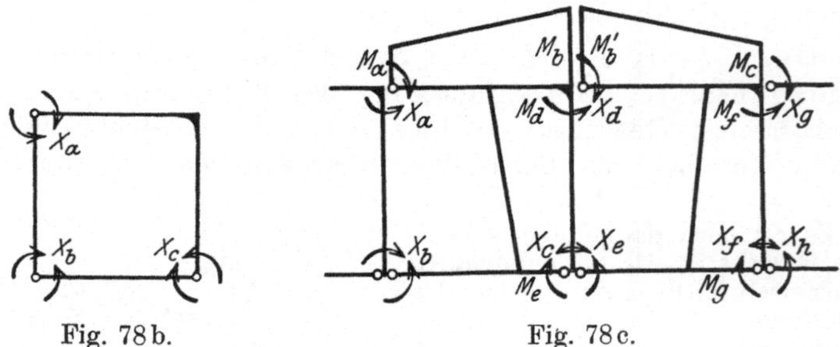

Fig. 78b.   Fig. 78c.

Es handele sich nun um die Biegungslinie bzw. die elastischen Gewichte dieser Dreigelenkbogenkette, wenn die Stabenden durch die Momente $(M_a, M_b, M_c, \ldots)$ beansprucht sind, die von der Gesamtheit der Einspannungen X an den Gelenkstellen herrühren.

Berücksichtigt man lediglich den Beitrag der Momente zu den Formänderungen, so bestimmt sich das elastische Gewicht w_m des Punktes m nach der Gleichung:

$$w_m = \int M' \frac{M_k \, ds}{EJ}.$$

Wir bezeichnen mit J' den Wert irgendeines Trägheitmomentes und berechnen den Wert

$$EJ'w_m = \int M' M_k\, ds\, \frac{J'}{J}.$$

Die Momentenfläche infolge der Belastungen $\frac{1}{\lambda}$ (M'-Fläche) ist in Fig. 78a dargestellt. Es ist leicht zu ersehen, daß an den Stabenden die Ordinaten 0 bzw. $+1$ für die Momente M' gelten müssen[1]). Das Integral erstreckt sich demnach nur über die beiden oberen Gurtstäbe (λ_m und λ_{m+1}) und die beiden Vertikalen (h_m und h_{m+1}), da nur in diesen Systemteilen Momente M' auftreten. Es interessieren uns also auch nur die Momente M_k dieser Systemteile. Die Ordinaten der M_k-Flächen an den Enden der genannten Stäbe sind mit $M_a, M_b, \ldots, M_g$ bezeichnet (Fig. 78c). Man erhält, wenn man zur Auswertung der einzelnen Integrale die Formeln aus § 7b verwendet, ohne weiteres die folgende Gleichung. Hierbei ist der EJ'-fache Wert bestimmt und $s \cdot \dfrac{J'}{J} = s'$ gesetzt.

$$EJ'w_m = \int M' M\, ds\, \frac{J'}{J} = \frac{\lambda'_m}{6}(2M_b + M_a) - \frac{\lambda'_{m+1}}{6}(2M_c + M'_b)$$

$$- \frac{h'_m}{6}(2M_d + M_e) + \frac{h'_{m+1}}{6}(2M_f + M_g).$$

Die Momente M an den Stabenden sollen herrühren von den Einzelmomenten X, die bei Einspannung an den Ecken in den Gelenkpunkten wirken. Aus diesen Größen X setzen sich die Momente M nach den folgenden Gleichungen zusammen, wobei die Vorzeichen nach der unten angegebenen Regel im Hinblick auf die Stabverbiegungen festgesetzt sind[2]).

$$M_a = X_a;$$
$$M_b = X_a - X_b + X_c;$$
$$M'_b = X_d;$$
$$M_c = X_d - X_e + X_f;$$
$$M_d = -X_a + X_b - X_c + X_d;$$
$$M_e = -X_c + X_e;$$
$$M_f = -X_d + X_e - X_f + X_g;$$
$$M_g = -X_e + X_h.$$

---

[1]) Wichtig ist die Wahl der Vorzeichen. Hierfür beachte man die Anmerkung auf S. 50. Man verfüge etwa über die Vorzeichen so, daß bei den Gurtstäben die Durchbiegungen nach unten positiv, nach oben negativ, ferner die Ausbiegungen der Vertikalen nach rechts positiv, nach links negativ sein sollen. Diejenigen Momente M' seien dann positiv gerechnet, die einer Belastung entsprechen, welche positive Verbiegungen der Stäbe erzeugt. Dieselbe Festsetzung muß für die Momente M_k gelten, d. h. auch diese gelten als positiv, wenn die Belastung P_k Stabverbiegungen in dem vorhin als positiv festgelegten Sinn erzeugt.

[2]) Es ist leicht zu ersehen, wie die Werte M sich aus den Größen X zusammensetzen. Zu diesem Zwecke stellen wir zunächst die Momentenfläche eines Einzelrahmens infolge jeder der drei Einzelwirkungen X_a, X_b, X_c dar.

Diese Werte wären für die Größen M in die Gleichung für w_m einzusetzen; dann ergibt sich das elastische Gewicht als Funktion der überzähligen Kräfte X in folgender Form:

$$w_m = \frac{\lambda'_m}{6} \left[2\left(X_a - X_b + X_c\right) + X_a\right] - \frac{\lambda'_{m+1}}{6} \left[2\left(X_d - X_e + X_f\right) + X_d\right]$$

$$+ \frac{h'_m}{6} \left[2\left(X_a - X_b + X_c\right) - 2X_d + X_c - X_e\right] - \frac{h'_{m+1}}{6} \left[2\left(X_d - X_e + X_f\right)\right.$$

$$\left. - 2X_g + X_f - X_h\right].$$

Der Aufbau der Formel ist einfach und die Verteilung der Werte X an Hand der Fig. 78c leicht zu übersehen. Die Verwendung bei Rechnungen ist natürlich so zu denken, daß die Werte X zahlenmäßig gegeben sind. Näheres hierzu werden wir bei der Behandlung der Vierecksnetze finden.

e) Anhang: Zahlenbeispiele zur Erläuterung der Ausführungen über Biegungslinien.

α) **Beispiel für ein vollwandiges System.** Es sei gefragt nach der Biegungslinie eines einfachen Balkens, dessen Belastung aus Fig. 80 zu ersehen ist. Die zugehörige Momentenfläche ist ebenfalls in Fig. 80 gezeichnet.

Zunächst wurde angenommen, daß der Querschnitt überall konstant sei, und zwar sei der Querschnitt der in Fig. 80a dargestellte mit einem Widerstandsmoment von 6235 cm³ und einem Trägheitsmoment von $6235 \times 33{,}6 = 209\,496$ cm⁴.

In den Fig. 79a, 79b, 79c sind diese Momente und zugleich die für die Vorzeichen maßgebenden Stabverbiegungen angegeben. Die Figuren bedürfen wohl keiner weiteren Erläuterung. Man erkennt, daß z. B. am rechten Ende

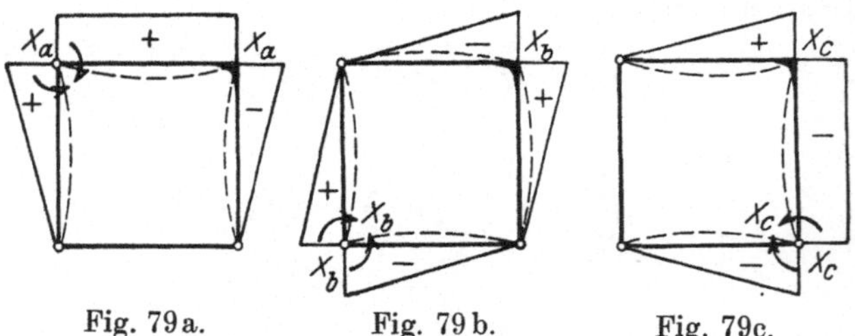

Fig. 79a.   Fig. 79b.   Fig. 79c.

des Obergurts bei gleichzeitiger Wirkung der drei Einspannungen X ein Gesamtmoment

$$M_b = X_a - X_b + X_c$$

wirken muß. Auf die Vertikalen wirken Einspannungen X der beiden angrenzenden Rahmen. Daher ergibt sich z. B. für das Moment M_d (Fig. 78c) am oberen Ende der Mittelvertikalen der Wert:

$$M'_d = - X_a + X_b - X_c \text{ vom linken Rahmen,}$$
$$M''_d = X_d \text{ vom rechten Rahmen;}$$

also im ganzen:

$$M_d = - X_a + X_b - X_c + X_d.$$

Entsprechend sind die übrigen Momente zusammengesetzt.

Alsdann gilt (s. Gl. (39b), S. 71):

$$EJw_m = \frac{s_m}{6}(2M_m + M_l) + \frac{s_n}{6}(2M_m + M_n).$$

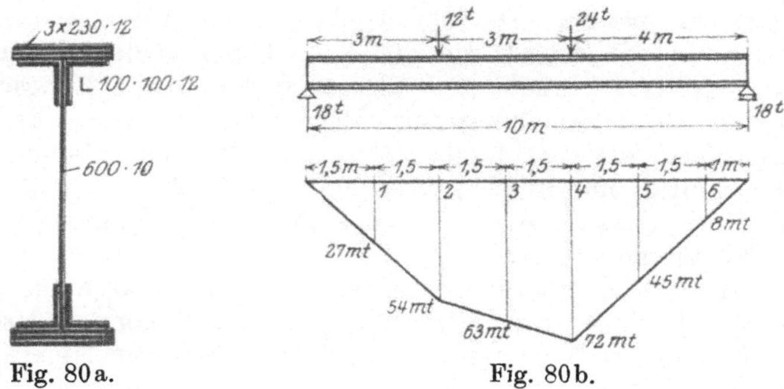

Fig. 80a.　　　　　　　　　　Fig. 80b.

Hiernach ergeben sich im einzelnen folgende Werte:

$$EJw_1 = \frac{1{,}5}{6}(2\cdot 27 + \ 0) + \frac{1{,}5}{6}(2\cdot 27 + 54) = 40{,}5$$

$$EJw_2 = \frac{1{,}5}{6}(2\cdot 54 + 27) + \frac{1{,}5}{6}(2\cdot 54 + 63) = 76{,}5$$

$$EJw_3 = \frac{1{,}5}{6}(2\cdot 63 + 54) + \frac{1{,}5}{6}(2\cdot 63 + 72) = 94{,}5$$

$$EJw_4 = \frac{1{,}5}{6}(2\cdot 72 + 63) + \frac{1{,}5}{6}(2\cdot 72 + 45) = 99{,}0$$

$$EJw_5 = \frac{1{,}5}{6}(2\cdot 45 + 72) + \frac{1{,}5}{6}(2\cdot 45 + 18) = 67{,}5$$

$$EJw_6 = \frac{1{,}5}{6}(2\cdot 18 + 45) + \frac{1{,}0}{6}(2\cdot 18 + \ 0) = 26{,}25$$

Nach Bestimmung der elastischen Gewichte kann das Seilpolygon rechnerisch oder zeichnerisch ermittelt werden. Die **zeichnerische Methode** ist in Fig. 81 durchgeführt. Hierbei ist die Beachtung der **Maßstäbe** von besonderer Wichtigkeit, weshalb zu dieser Frage einige nähere Angaben vorausgeschickt werden sollen.

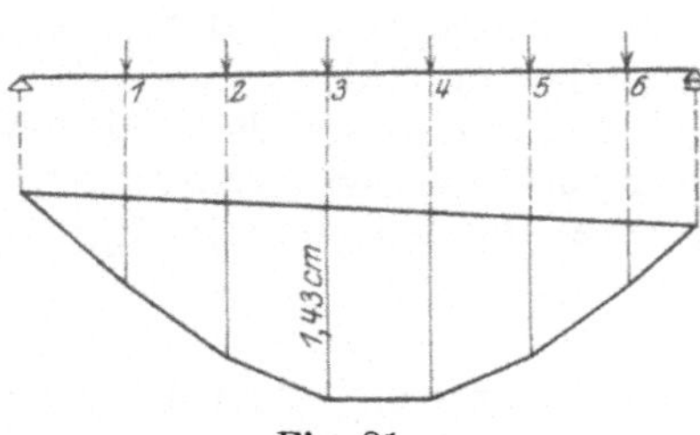

Fig. 81.

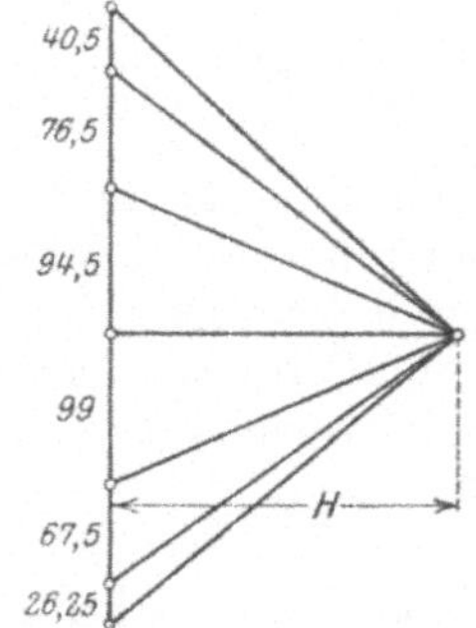

Fig. 81a.

Nach den allgemeinen Ausführungen in § 8 erhält man die Ordinaten der Biegungslinie in natürlicher Größe, wenn man zu den elastischen Gewichten w (s. Gl. 37 und 38) ein Seilpolygon mit der Polweite 1 zeichnet; letztere ist dabei gleichfalls im Maßstabe der w-Gewichte zu messen. Die w-Gewichte (s. Gl. 37) sind absolute Zahlen; sowohl die Zähler wie die Nenner der beiden Quotienten sind Längengrößen; dasselbe muß also auch von dem gleichwertigen Ausdruck in Gleichung (38) gelten. Darum ist auch dort die Wahl der Dimensionen der Einzelgrößen (Momente M, Elastizitätsmodul E usw.) gleichgültig; nur müssen diese bei allen Größen einheitlich genommen werden, also z. B. cm und t sowohl bei den Momenten wie beim Elastizitätsmodul usw.

Ist das System in n-fach verkleinertem Maßstab aufgetragen, so würden sich die von den Strahlen des Seilpolygons abgeschnittenen Ordinaten der Biegungslinie ebenfalls n-fach verkleinern; dies wird wieder behoben, wenn man die Polweite ebenfalls n-mal kleiner nimmt, also gleich $\frac{1}{n} \cdot 1$; dadurch erhält man also auch in der n-fach verkleinerten Zeichnung die Ordinaten in natürlicher Größe. Ganz entsprechend wird bei ν-facher Vergrößerung der w-Gewichte eine ν-fache Vergrößerung der Polweite den erforderlichen Ausgleich schaffen.

Hiernach ergibt sich in unserem Beispiel folgendes: Nehmen wir an, die w-Gewichte seien im Maßstab 5 Einheiten gleich 1 mm in einem Krafteck aufgetragen. Die Polweite hat statt 1 die Größe

$$EJ = 22\,000\,000 \cdot 209\,496 \,\frac{1}{10^8} = \sim 46000$$

(Einheiten sind t und m wie Längen und Kräfte in den w-Gewichten), da wir die EJ-fachen Werte der w-Gewichte verwandt haben. Wenn das System im Längenmaßstab $1:100$ gezeichnet ist, muß die Polweite ebenfalls in $\frac{1}{100}$ der vorher angegebenen Größe verwandt werden, d. h. es muß sein

$$H = \frac{46\,000}{100} = 460 \quad \text{(im Maßstab der } w\text{-Gewichte)},$$

d. h. $H = \frac{460}{5} = 92$ mm in der Zeichnung. Der Deutlichkeit halber wählen wir, um die Durchbiegungen im doppelten Maßstab, also im doppelten Wert der natürlichen Größe zu erhalten, eine nur halb so große Polweite, also $H = 46$ mm. In Fig. 81a sind die Kräfte ebenso wie die Polweite in halber Größe der vorgenannten Werte aufgetragen.

Hiernach ergibt sich die größte Durchbiegung in Fig. 81 zu $\frac{2{,}86}{2} = 1{,}43$ cm.

Bei der rechnerischen Ermittlung der Ordinaten sind zunächst die durch die w-Gewichte erzeugten Auflagerkräfte zu er-

mitteln. Im vorliegenden Falle ergibt sich für den Auflagerdruck A:

$$
\left.\begin{array}{r}
0,1 \cdot 26,25 = 2,625 \\
+\,0,25 \cdot 67,50 = +\,16,875 \\
+\,0,40 \cdot 99,0 = +\,39,600 \\
+\,0,55 \cdot 94,5 = +\,51,975 \\
+\,0,70 \cdot 76,5 = +\,53,550 \\
+\,0,85 \cdot 40,5 = +\,34,425
\end{array}\right\} \; A = 199,05
$$

$$\Sigma\,199,050$$

Die Rechnung geschieht dann in der bekannten Weise tabella-
risch nach der Formel: $M_m = M_{m-1} + Q_m \cdot \lambda$, wo Q_m die Querkraft
im Punkte m bedeutet.

m	Q_m	λ_m	$Q_m \cdot \lambda_m$	M_{m-1}	M_m	$\dfrac{M_m}{EJ} \cdot 100$
1	199,05	1,5	298,575	—	298,575	0,65
2	158,55	1,5	237,825	298,575	536,400	1,16
3	82,05	1,5	123,075	536,400	659,475	1,43
4	− 12,45	1,5	− 18,675	659,475	640,800	1,39
5	− 111,45	1,5	− 167,175	640,800	473,625	1,03
6	− 178,95	1,5	− 268,425	473,625	205,200	0,45
7	− 205,20	1,0	− 205,200	205,200	—	—

NB. Die Ergebnisse M_m sind zum Schluß durch EJ zu dividieren, da für w die EJ-fachen Werte eingesetzt wurden. Hierbei
würden sich die Durchbiegungen in m (Meter) ergeben, da Meter als
Einheit gewählt sind. Um sie nun in cm zu erhalten, hat man noch
mit 100 zu multiplizieren.

Durch Abgreifen der Ordinaten in Fig. 81 ist die Übereinstim-
mung der Ergebnisse der zeichnerischen und rechnerischen Bestimmung festzustellen.

Zur weiteren Prüfung mag hier noch die Berechnung einer
Ordinate mit Hilfe der Arbeitsgleichung folgen, und zwar soll die
Ordinate unter der Last von 24 t berechnet werden (Fig. 80). Es ist
(vgl. S. 48)

$$EJ[ik] = \int M_i M_k \, ds.$$

Mit M_i sind die Momente infolge der Last $P_i = 1$ im fraglichen
Punkte i bezeichnet; die Momente M_k enthält Fig. 80. In Fig. 82
sind beide Momentenflächen zusammengestellt; unter Benutzung der
Formeln aus § 7b ist die Integration durchgeführtl (vg. S. 58).

$$
\begin{aligned}
EJ\,[ik] ={}& \frac{3}{3} \cdot 54 \cdot 1,2 \\[4pt]
&+ \frac{3}{6}\,[2,4\,(2 \cdot 72 + 54) + 1,2\,(2 \cdot 54 + 72)] \\[4pt]
&+ \frac{4}{3} \cdot 72 \cdot 2,4 \\[4pt]
={}& 64,8 + 345,6 + 230,4 = 640,8.
\end{aligned}
$$

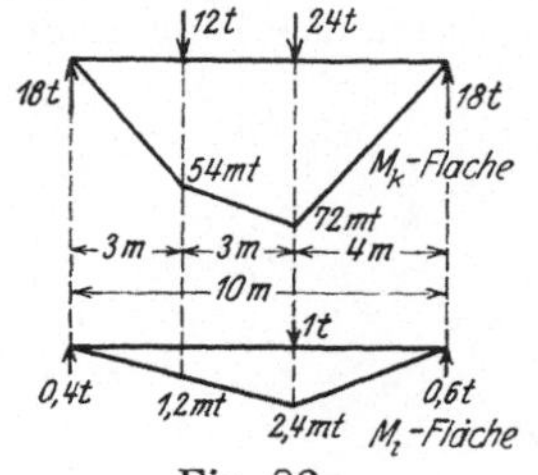

Fig. 82.

Es wird also

$$[ik] = \frac{640{,}8}{46\,000} = 0{,}0139 \text{ m} = 1{,}39 \text{ cm}.$$

Es soll nun noch für denselben Träger die Biegungslinie gezeichnet werden unter der Annahme, daß das Trägheitsmoment veränderlich ist. Es werde angenommen, daß die oberste Kopfplatte nur soweit durchgeführt ist, wie es zur Innehaltung der Spannungsgrenzen erforderlich ist. Sie reiche von $x = 3{,}75$ m bis $x = 7{,}0$ m (s. Fig. 83).

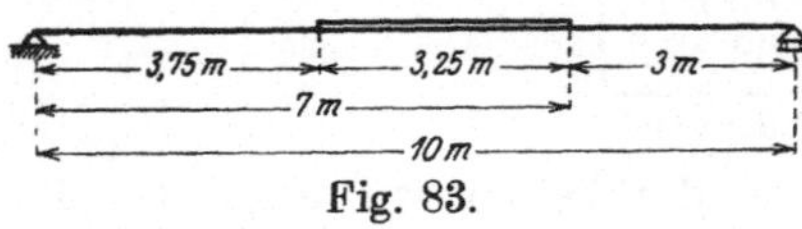

Fig. 83.

Das Trägheitsmoment in der Mitte ist nun $J_1 = 209\,496$ cm⁴, das Trägheitsmoment des Querschnitts mit 2 Kopfplatten

$$J_2 = 161\,384 \text{ cm}^4,$$

(s. Tabelle der „Hütte". $W = 4981$ cm³, $J = 4981 \cdot 32{,}4 = 161\,384$ cm⁴). Die elastischen Gewichte ergeben sich wieder nach Gl. (39b):

$$w_m = \frac{s_m}{6\,EJ_m}(2\,M_m + M_l) + \frac{s_n}{6\,EJ_n}(2\,M_m + M_n).$$

Multiplizieren wir beide Seiten der Gleichung mit einem konstanten Wert EJ', so ist:

$$EJ'w_m = \frac{s_m}{6}\frac{J'}{J_m}(2\,M_m + M_l) + \frac{s_n}{6}\frac{J'}{J_n}(2\,M_m + M_n).$$

Wir haben also die mit $\frac{J'}{J}$ multiplizierten Momentenflächen zu benutzen. Wählen wir den (an sich willkürlichen) Wert $J' = J_1$, so ergibt sich für den mittleren Teil $\frac{J'}{J} = 1$, für den übrigen Teil ist $\frac{J'}{J_2} = \frac{209\,496}{161\,384} = 1{,}298$. Die mit $\frac{J'}{J}$ multiplizierte Momentenfläche nimmt also die in Fig. 84 dargestellte Form an.

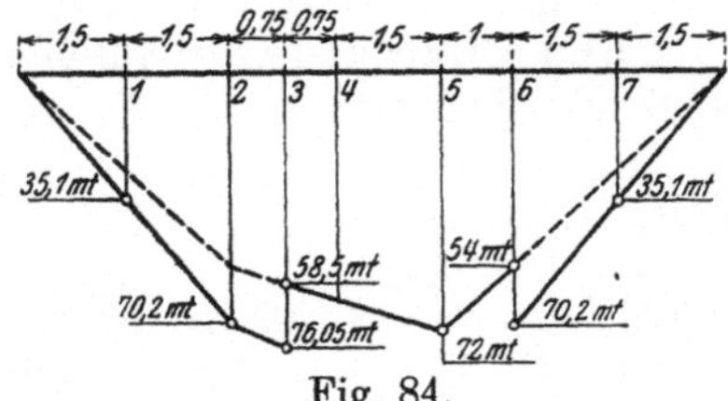

Fig. 84.

Nachdem die Aufteilung des Systems in einzelne Teile, der Momentenfläche entsprechend, erfolgt ist, ergeben sich die nachstehenden elastischen Gewichte:

$$EJ'w_1 = \frac{1{,}5}{6}(2 \cdot 35{,}1 + 0) + \frac{1{,}5}{6}(2 \cdot 35{,}1 + 70{,}2) = 52{,}65$$

$$EJ'w_2 = \frac{1{,}5}{6}(2 \cdot 70{,}2 + 35{,}1) + \frac{0{,}75}{6}(2 \cdot 70{,}2 + 76{,}05) = 70{,}93$$

$$EJ'w_3 = \frac{0{,}75}{6}(2 \cdot 76{,}05 + 70{,}2) + \frac{0{,}75}{6}(2 \cdot 58{,}5 + 63) = 50{,}3$$

$$EJ'w_4 = \frac{0,75}{6}(2\cdot 63 + 58,5) \;+\; \frac{1,5}{6}(2\cdot 63 + 72) \qquad = 72,56$$

$$EJ'w_5 = \frac{1,5}{6}(2\cdot 72 + 63) \;+\; \frac{1,0}{6}(2\cdot 72 + 54) \qquad = 84,75$$

$$EJ'w_6 = \frac{1,0}{6}(2\cdot 54 + 72) \;+\; \frac{1,5}{6}(2\cdot 70,2 + 35,1) = 73,87$$

$$EJ'w_7 = \frac{1,5}{6}(2\cdot 35,1 + 70,2) + \frac{1,5}{6}(2\cdot 35,1 + 0) \qquad = 52,65$$

Ermittelung des Auflagerdrucks A infolge der w-Gewichte:

$$
\begin{array}{lr}
0,15 \cdot 52,65 = & 7,89 \\
+\,0,30 \cdot 73,87 & +\,22,16 \\
+\,0,40 \cdot 84,75 & +\,33,90 \\
+\,0,55 \cdot 72,56 & +\,39,90 \\
+\,0,625 \cdot 50,30 & +\,31,45 \\
+\,0,70 \cdot 70,93 & +\,49,66 \\
+\,0,85 \cdot 52,65 & +\,44,86 \\
\hline
& \Sigma\,229,82 = A
\end{array}
$$

Tabellarische Berechnung des Biegungspolygons.

m	Q_m	λ_m	$Q_m \cdot \lambda_m$	M_{m-1}	M_m	$\dfrac{M_m}{EJ_1}\cdot 100$
1	229,82	1,5	344,6	—	344,6	0,75 cm
2	177,17	1,5	266,0	344,6	610,6	1,33
3	106,23	0,75	79,8	610,6	690,4	1,48
4	55,93	0,75	43,95	690,4	734,35	1,60
5	− 16,62	1,5	− 24,95	734,35	709,4	1,54
6	− 101,37	1,0	− 101,37	709,4	608,0	1,32
7	− 175,24	1,5	− 263,0	608,0	345,0	0,75
8	− 227,89	1,5	− 342,0	345,0	—	—

In Fig. 85 sind beide Biegungslinien miteinander verglichen. — Die größeren Ordinaten entsprechen dem Fall veränderlicher Trägheitsmomente.

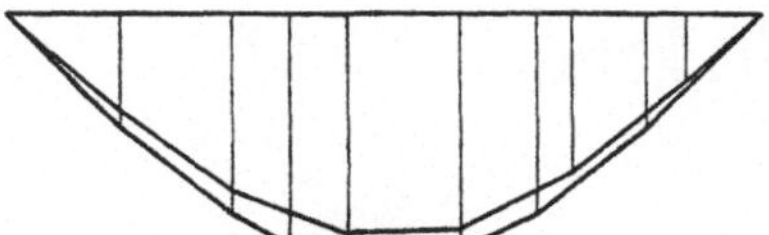

Fig. 85.

β) **Beispiel für ein Fachwerk.** Es sei die Biegungslinie des Untergurts des in Fig. 42 dargestellten Fachwerkträgers unter der dort angegebenen Belastung zu bestimmen (vgl. S. 53).

In Fig. 86 ist das System nochmals angegeben. Die Spannkräfte S_k sind an die einzelnen Stäbe angeschrieben. Die in Klammern beigefügten Zahlen geben die Werte $\dfrac{s}{F}$ an. Sämtliche Größen sind in t und cm angegeben. Alsdann sind die w-Gewichte bestimmt nach Gleichung (40) (vgl. S. 73):

$$E \cdot w = \sum S' S_k \frac{s}{F}.$$

Die Werte S' sind aus den Fig. 86a bis d zu entnehmen.

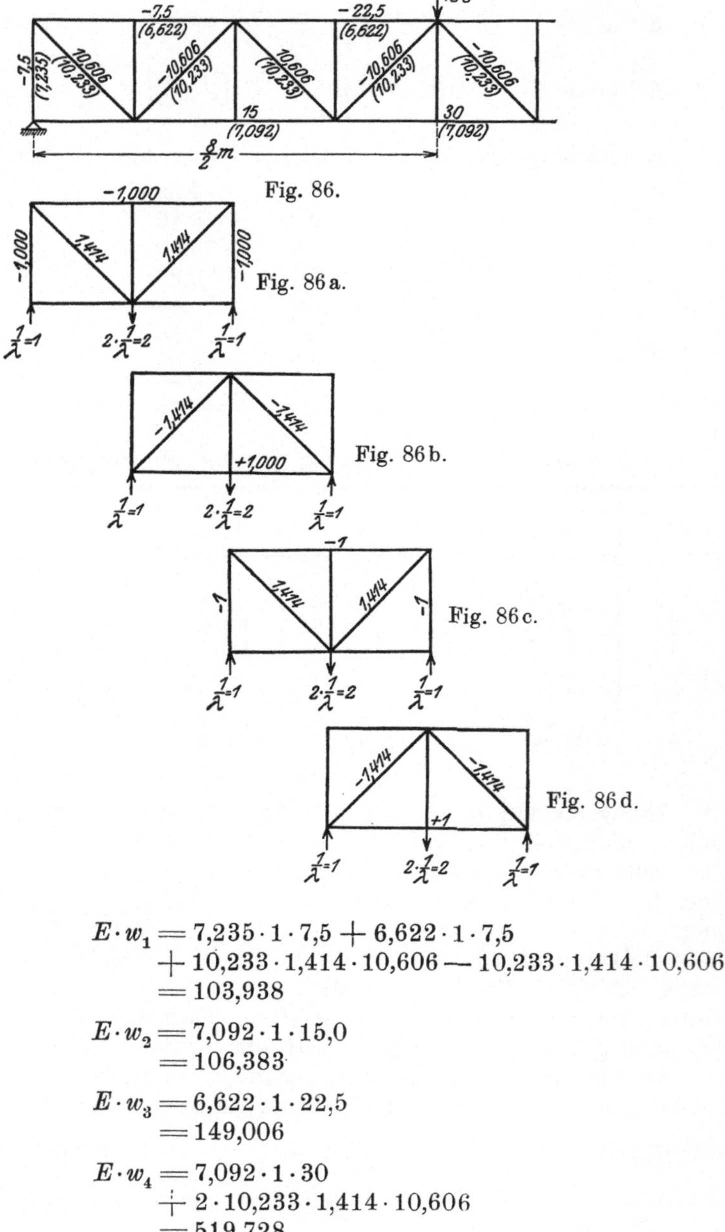

Fig. 86.

Fig. 86a.

Fig. 86b.

Fig. 86c.

Fig. 86d.

$$E \cdot w_1 = 7{,}235 \cdot 1 \cdot 7{,}5 + 6{,}622 \cdot 1 \cdot 7{,}5$$
$$+ 10{,}233 \cdot 1{,}414 \cdot 10{,}606 - 10{,}233 \cdot 1{,}414 \cdot 10{,}606$$
$$= 103{,}938$$

$$E \cdot w_2 = 7{,}092 \cdot 1 \cdot 15{,}0$$
$$= 106{,}383$$

$$E \cdot w_3 = 6{,}622 \cdot 1 \cdot 22{,}5$$
$$= 149{,}006$$

$$E \cdot w_4 = 7{,}092 \cdot 1 \cdot 30$$
$$+ 2 \cdot 10{,}233 \cdot 1{,}414 \cdot 10{,}606$$
$$= 519{,}728$$

Die weiteren elastischen Gewichte ergeben sich aus der Symmetrie. Infolge der w-Gewichte entsteht ein Auflagerdruck von

$$A = 103{,}938 + 106{,}383 + 149{,}006 + \tfrac{1}{2} \cdot 519{,}728 = 619{,}191.$$

Die weitere Rechnung erfolgt wiederum tabellarisch.

m	w_m	$\dfrac{Q_m \cdot \lambda_m}{\lambda = 1}$	M_{m-1}	M_m	$\dfrac{M_m}{2200\ \text{cm}}$
1	103,938	619,191	—	619,191	0,28
2	106,383	515,253	619,191	1134,445	0,52
3	149,006	408,870	1134,445	1543,315	0,70
4	519,728	259,864	1543,315	1803,179	0,82

Die Ordinate 0,82 cm im Knotenpunkte 4 stimmt mit dem auf S. 54 berechneten Werte überein.

Von einer graphischen Darstellung der Biegungslinie mag hier abgesehen werden.

Zeichnerische Methoden zur Ermittelung der Formänderungen.

§ 9. Verschiebungspläne[1]).

Die Arbeitsgleichung bietet ein Mittel, eine Komponente einer Verschiebung in bestimmter Richtung zu bestimmen. — Durch Aufzeichnen der Biegungslinien werden die vertikalen Verschiebungskomponenten (Durchbiegungen) der Systempunkte gefunden.

Manchmal ist es aber von Interesse, die vollständigen Verschiebungen von Punkten eines Tragwerks, etwa der Knotenpunkte eines Fachwerks, zu bestimmen, d. h. den eigentlichen „Verschiebungsplan" des Systems darzustellen. Die hierzu geeigneten Verfahren sollen im folgenden besprochen werden.

a) **Das Stabzugverfahren.** Es handle sich um die Verschiebungen des in Fig. 87 dargestellten Stabzuges, der einem voll-

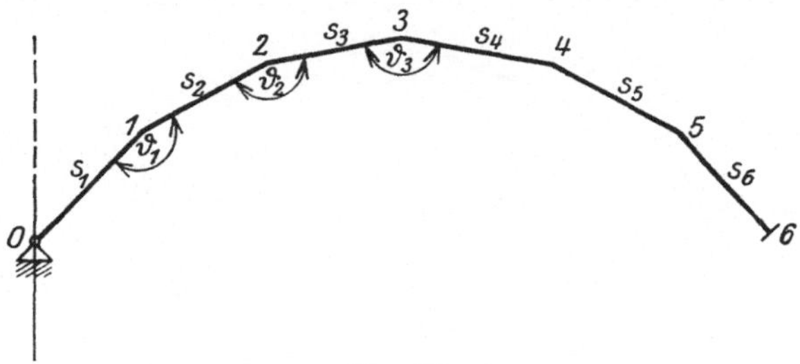

Fig. 87.

---

[1]) Die in diesem Paragraphen behandelten Aufgaben kommen nur dann in Frage, wenn man von allen oder einer größeren Anzahl von Systempunkten die vollständigen Verschiebungen sucht, ein Fall, der in der Baupraxis verhältnismäßig selten auftritt. — Nähere Angaben finden sich in der Graphischen Statik von Müller-Breslau, Bd. II.

wandigen System oder einem Fachwerk angehören kann. Die einzelnen Stäbe haben die Längen s_1, s_2,... und sind um die Winkel ϑ_1, ϑ_2,... gegeneinander geneigt (s. Fig. 87).

Für die Anwendbarkeit des hier in Frage stehenden Verfahrens ist folgendes vorausgesetzt:

Es müssen bekannt sein die Längenänderungen $\varDelta s$ der einzelnen Stäbe des Stabzuges sowie die Winkeländerungen $\varDelta \vartheta$; ferner muß von einem Stabe die Verschiebung eines Punktes und die Drehung gegen eine angenommene feste Richtung gegeben sein.

Diese Werte sind vorher durch Rechnung festzulegen. In unserem Falle ist bei O ein festes Lager angenommen, so daß die Verschiebung des Punktes O beim Stabe $s_1 = 0$ ist[1]). Die Drehung $\varDelta \vartheta_0$ des Stabes s_1 wird mit Hilfe der Arbeitsgleichung bestimmt:

$$\varDelta \vartheta_0 = \int M' \frac{M_k\, ds}{EJ} + \int N' \frac{N_k\, ds}{EF}\,.$$

M' und N' bedeuten die Momente und Normalkräfte infolge der Belastung 1 in Richtung der gesuchten Drehung, d. h. eines Kräftepaares 1 am Stabe s_1. Handelt es sich um ein Fachwerk, so gilt die Gleichung:

$$\varDelta \vartheta_0 = \sum S' \cdot \frac{S_k\, s}{EF}\,,$$

wo S' die Spannkräfte des Systems infolge jenes Kräftepaares 1 darstellen. Die Größen M_k, N_k und S_k entsprechen der Belastung P_k, für welche der Verschiebungsplan bestimmt werden soll. — Zur Berechnung der Winkeländerungen $\varDelta \vartheta$ dienen die Gleichungen (35) bzw. (36). Die Größen $\varDelta s$ erhält man aus den Normalkräften N_k bzw. Stabspannkräften S_k.

Nach Erledigung dieser Vorarbeiten ergeben sich die Verschiebungen der Systempunkte 1, 2, ... wie folgt.

In Fig. 88a sind die ersten Teilstrecken s_1, s_2, s_3 der Bogenachse in vergrößertem Maßstabe aufgetragen. Um die neue Lage I

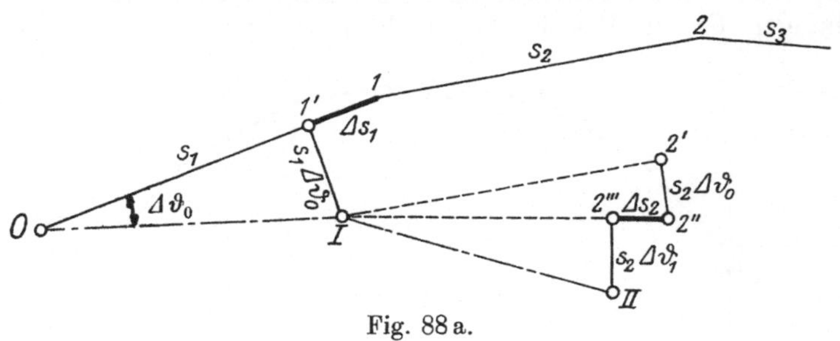

Fig. 88a.

des Endpunktes 1 des Stabes s_1 zu finden, ist zunächst die Längenänderung $\varDelta s_1$ von 1 aus aufgetragen, was den Punkt 1' ergibt. Senk-

---

[1]) Würde etwa ein Balken mit drei Rollenlagern vorliegen, so wäre auch die Verschiebung eines solchen Lagerpunktes vorerst zu berechnen.

recht zur Stabrichtung ist sodann die von der Stabdrehung, d. h. der Änderung $\varDelta\vartheta_0$ des Winkels ϑ_0 herrührende Verschiebung anzutragen. Diese hat den Wert $(s_1 + \varDelta s_1)\varDelta\vartheta_0$, wofür wir, da es sich um sehr kleine Verschiebungen $\varDelta s$ handelt, $s_1\varDelta\vartheta_0$ setzen und die Tangente statt des Bogens einzeichnen. Damit ergibt sich die Lage I des Punktes 1.

Wird nun zunächst angenommen, daß der Stab s_2 mit s_1 verbunden ist und deshalb die Lagenänderungen von s_1 mitmacht, selbst dagegen keine Form- und Lagenänderungen erleidet, so erhält man die durch die Verschiebung von 1 nach I bedingte Lagenänderung des Punktes 2 auf einfache Weise wie folgt. Man zeichne I 2′ parallel und gleich s_2, trage senkrecht zu I 2′ in 2′ den Einfluß der Verdrehung um $\varDelta\vartheta_0$, nämlich $2'\,2'' = s_2\,\varDelta\vartheta_0$ an. Dann gibt 2″ diejenige Lage von 2, die für den Punkt 2 lediglich aus der Lagenänderung des Punktes 1 folgt. Denn man erkennt, daß sowohl der Stab s_2 als auch der Winkel bei 1 (bzw. I) ihre ursprünglichen Größen beibehalten haben. — Hierzu kommt nun noch diejenige Verschiebung von 2, die aus der Längenänderung $\varDelta s_2$ und der Verdrehung $\varDelta\vartheta_1$ des Stabes s_2 sich ergibt. Wir tragen $2''\,2''' = \varDelta s_2$ von 2″ in der Stabrichtung auf und senkrecht zur Richtung von s_2 den Beitrag der Verdrehung, d. h. den Wert $2'''\,\mathrm{II} = s_2\,\varDelta\vartheta_1$. Damit ergibt sich die endgültige Lage II des Punktes 2. — Betrachten wir jetzt die Gesamtheit der Einzelwege, aus denen sich die Verschiebung 2 II des Punktes 2 zusammensetzt, so erkennt man folgendes. An die Verschiebung 1 I $(= 2\,2')$ des Punktes 1 ist in der Richtung des Stabes s_2 seine Längenänderung $\varDelta s_2$ und senkrecht dazu die Strecke

$$\varrho_2 = s_2\,(\varDelta\vartheta_0 + \varDelta\vartheta_1) = s_2\cdot\psi_1$$

angetragen. — Ebenso würde man die neue Lage III des Endpunktes 3 von s_3 finden, indem man an die vorhin gefundene Verschiebung 2 II in II zuerst $\varDelta s_3$ in Richtung von s_3 und senkrecht dazu

$$\varrho_3 = s_3\,(\varDelta\vartheta_0 + \varDelta\vartheta_1 + \varDelta\vartheta_2) = s_3\cdot\psi_2$$

anträgt, und so fort. — Man erkennt aus Fig. 88a, daß die Verschiebung von 2 durch den Linienzug $2 - 2' - 2''' - \mathrm{II}$ gegeben ist und außerhalb der Systemfigur gesondert dargestellt werden kann. Dabei wird man die Größe $s_2\varDelta\vartheta_0 + s_2\varDelta\vartheta_1 = s_2\psi_1$, die in Fig. 88a getrennt aufgetragen wurden, zusammenziehen.

Diese gesonderte Darstellung ist in Fig. 88b gegeben. — Von dem Ausgangspunkt O (Pol des Verschiebungsplanes) trägt man die Längenänderung $\varDelta s_1$ des Stabes s_1 auf und senkrecht dazu die infolge der Stabverdrehung auftretende Komponente der Verschiebung des Stabendpunktes 1. Diese hat den Wert

$$\varrho_1 = s_1\cdot\varDelta\vartheta_0,$$

d. h. Stablänge multipliziert mit der Winkeländerung. Auf diese

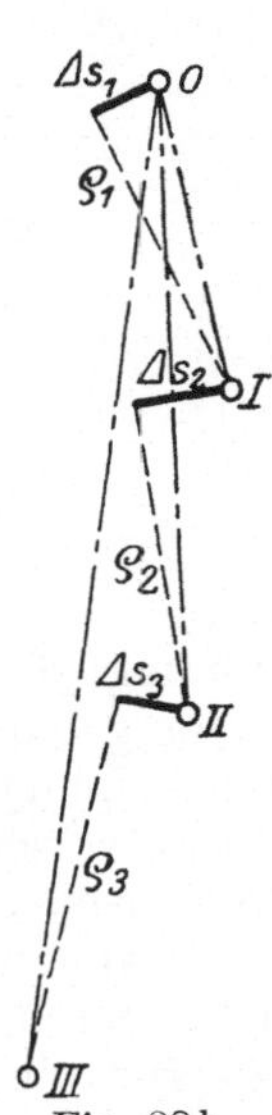

Fig. 88b.

Weise ergibt sich die Lage I des Endpunktes 1 von s_1; die Gesamtverschiebung von 1 ist durch den Strahl O I dargestellt. — In I wird alsdann $\varDelta s_2$ parallel zur Richtung s_2 und senkrecht dazu $\varrho_2 = s_2 \cdot \psi_1 = s_2(\varDelta \vartheta_0 + \varDelta \vartheta_1)$ aufgetragen, wodurch sich die Lage II des Punktes 2 ergibt. — Die Gesamtverschiebung von 2 ist durch die Strecke O II gegeben.

In dieser Weise ist fortzufahren. Aus $\varDelta s_2$ und $\varrho_3 = s_3 (\varDelta \vartheta_0 + \varDelta \vartheta_1 + \varDelta \vartheta_2) = s_3 \cdot \psi_2$ findet man III usw. Die Strahlen $O\,n'$ geben die gesuchten vollständigen Verschiebungen der einzelnen Punkte n.

Vereinfachung des Verfahrens für den Fall, daß die Biegungslinie bereits vorliegt. Im Vorigen waren außer den Längenänderungen $\varDelta s$ auch die zweiten Verschiebungskomponenten ϱ zu berechnen. Statt der letzteren können auch die vertikalen Verschiebungskomponenten benutzt werden, die aus der Biegungslinie zu entnehmen sind. Liegt daher die Biegungslinie vor, so ergibt sich der folgende Weg zur Darstellung der vollständigen Verschiebungen.

Vom Pol O aus (Fig. 89) wird die Längenänderung $\varDelta s_1$ in Richtung von s_1 aufgetragen. Senkrecht hierzu erfolgt die Ver-

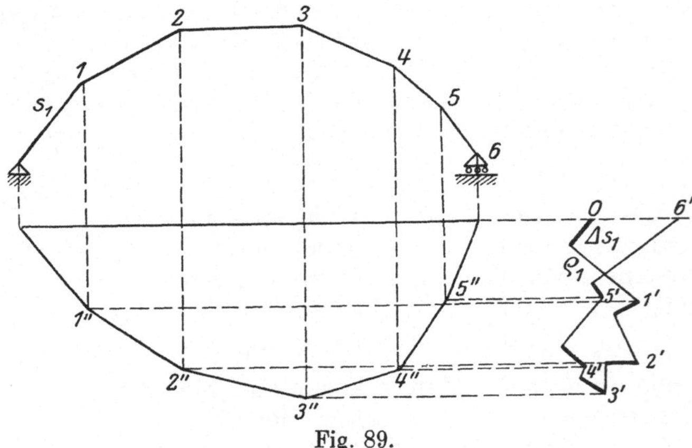

Fig. 89.

drehung des Stabes s_1; das Lot, welches den Einfluß dieser Verdrehung darstellt, ist nun bis zu der Horizontalen durch den Punkt $1''$ der Biegungslinie durchzuziehen. Denn die Vertikalkomponente der Gesamtverschiebung $O\,1'$ muß gleich der entsprechenden Ordinate der Biegungslinie sein. — Nachdem so $1'$ gefunden ist, wird $\varDelta s_2$ an $1'$ angetragen und der dazu senkrechte Strahl bis zur Horizontalen durch $2''$ verlängert, wodurch sich $2'$ ergibt. — Entsprechendes gilt für die folgenden Punkte; die Strahlen $O\,n'$ stellen wieder die vollständigen Verschiebungen dar.

b) Verschiebungsplan eines Fachwerks nach dem Williot'schen Verfahren. Zur Auffindung der Verschiebungen der Knotenpunkte eines Fachwerks dient ein Verfahren, welches auf der wiederholten Anwendung der folgenden Aufgabe beruht.

Ein Knotenpunkt c ist gegen zwei Punkte a und b, deren Verschiebungen bekannt sind, durch zwei Stäbe ac und bc festgelegt (Fig. 90). Um die Verschiebung von c' zu finden, beachte man, daß

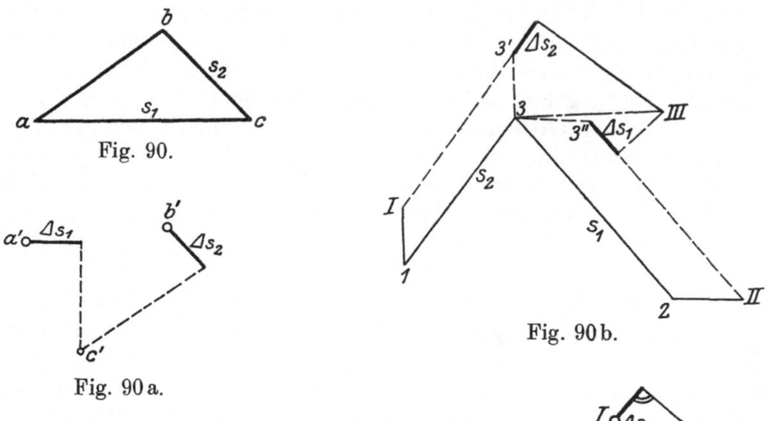

Fig. 90.

Fig. 90 a.

Fig. 90 b.

diese gegeben sein muß durch die Längenänderung $\varDelta s$ und die Lagenänderung (Verdrehung) $\varDelta\varphi$ der beiden Stäbe ac und bc (Fig. 90 a).

In Fig. 90 a sei der Punkt 3 durch zwei Stäbe s_1 und s_2 gegen die Punkte 1 und 2 festgelegt, die einem Fachwerk angehören mögen.

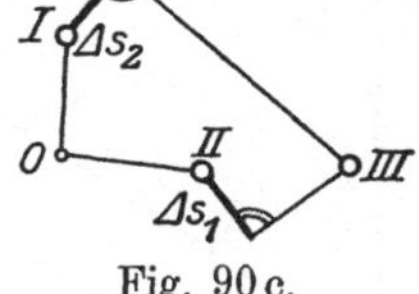

Fig. 90 c.

Die Verschiebungen 1 I und 2 II der Punkte 1 und 2 seien irgendwie vorher ermittelt, also bekannt. Auf Grund ähnlicher Erwägungen wie im Abschnitt a finden wir die Verschiebung 3 III wie folgt. — Nehmen wir wiederum zunächst an, die Stäbe s_2 und s_1 machten, ohne ihre Richtung und Länge zu ändern, die Verschiebungen von 1 bzw. 2 mit; dann würden sie in die in Fig. 90 a durch I 3′ und II 3″ gegebenen parallel verschobenen Lagen kommen; hierbei wäre ihre Verbindung in 3 zunächst als gelöst zu betrachten, so daß Punkt 3 als Punkt des Stabes s_1 nach 3″ und als Punkt des Stabes s_2 nach 3′ gelangen würde. — Nun ändern aber die beiden Stäbe ihre Länge und ihre Richtung; s_2 ändert sich um $\varDelta s_2$ und s_1 um $\varDelta s_1$ (hier ist $\varDelta s_1$ negativ angenommen), und diese Größen sind in 3′ bzw. 3″ in Richtung der Stäbe angetragen. Die Drehung der Stäbe s_1 und s_2 erfolgt senkrecht zur Stabachse und wird somit durch die beiden Lote zu den Stabrichtungen dargestellt; der Schnittpunkt III dieser Lote ergibt die neue Lage von 3, so daß 3 III die Verschiebung von 3 darstellt. Wir zeichnen wiederum den zur Bestimmung von III benutzten Linienzug außerhalb der Systemfigur gesondert heraus (Fig. 90 b). Im Verschiebungsplan (Pol O) sind die Verschiebungen O I und O II der Punkte 1 und 2 gegeben (I und II stellen zugleich auch die Lage 3′ bzw. 3″ des Punktes 3 dar, die wir in Fig. 90 a zur Ermittelung der Endlage III benutzten). An I wird in Richtung des Stabes s_2 die Längenänderung $\varDelta s_2$ und in II in Richtung des Stabes s_1 die Größe $\varDelta s_1$ angetragen. Die Lote in den beiden Endpunkten von $\varDelta s_1$ und $\varDelta s_2$ senkrecht zu den Stabrichtungen liefern die gesuchte Lage III des Punktes 3.

Zur Ermittelung des Verschiebungsplanes eines Fachwerks sind zunächst die Längenänderungen $\varDelta s$ der Stäbe zu berechnen. Weiterhin müssen, damit der vorstehende Lösungsweg angewendet werden kann, von einem ersten Stab, dem Ausgangsstab, die Verschiebungen der Endpunkte gegeben sein. Daher muß auch hier, wie bei der vorherigen Lösung (Abschnitt a), die Aufgabe damit beginnen, von einem ersten Stab die veränderte Lage, d. h. die neue Lage seiner Endpunkte, zu berechnen. Dies soll zugleich mit der Darstellung des Verfahrens an einigen Aufgaben erläutert werden.

Beispiele.

1. Wir beginnen mit einem besonders einfachen Fall, dem in Fig. 91 dargestellten Kragträger. Da das Lager bei a ein festes und bei b ein bewegliches ist, so ist die Lage von b' ohne weiteres durch die Längenänderung $\varDelta s_1$ gegeben; denn b kann sich gegen den Punkt a (zugleich Pol O), welcher unverschieblich ist, nur in Richtung von s_1 bewegen; die Drehung von ab ist also gleich Null. Hier ist somit die Ausgangsstrecke $a'b'$, welche die neue Lage der Endpunkte eines ersten Stabes darstellt, ohne weiteres gegeben. — Punkt c ist gegen a und b durch die Stäbe s_3 und s_2 festgelegt. Von a' aus ist also $\varDelta s_3$ und von b' aus $\varDelta s_2$ in Richtung von s_3 bzw. s_2 anzutragen. Die Lote auf beiden Richtungen ergeben c'. — Punkt d ist gegen a und c durch die Stäbe s_4 und s_5 festgelegt. Daher sind die Strecken $\varDelta s_4$ von a' und $\varDelta s_5$ von c' anzutragen. Die Lote auf beiden ergeben den Punkt d'. — Damit ist der Verschiebungsplan gegeben. Die vom Pol a' aus gemessenen Strahlen $a'c'$ und $a'd'$ ergeben die vollständigen Verschiebungen der Punkte c und d.

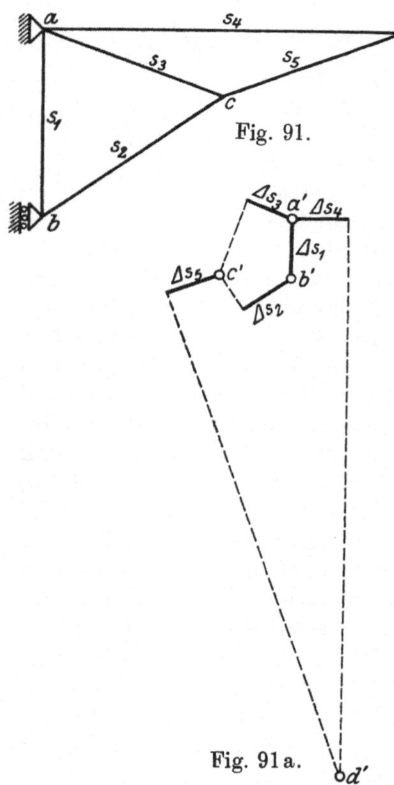

Bezüglich der Richtung, in der die Längenänderungen $\varDelta s$ anzutragen sind, gilt folgende Regel. Man trage $\varDelta s$ in der Richtung an, in welcher der gesuchte Punkt sich gegen den bereits bekannten anderen Endpunkt des Stabes s bewegt. Ist z. B.. wie in unserem Falle angenommen wurde, s_1 gezogen, so bewegt sich b von a fort nach unten. Daher ist $\varDelta s_1$ von a' aus nach unten aufgetragen. — Der Stab s_2 und ebenfalls s_3 ist gedrückt angenommen, so daß sich c auf a und b zu, d. h. nach links bewegt. Im Sinne dieser Bewegung sind die Strecken $\varDelta s_3$ von a' und $\varDelta s_2$ von b' aus aufgetragen. — Entsprechendes gilt für den Punkt d, wobei s_4 gezogen und s_5 gedrückt angenommen ist.

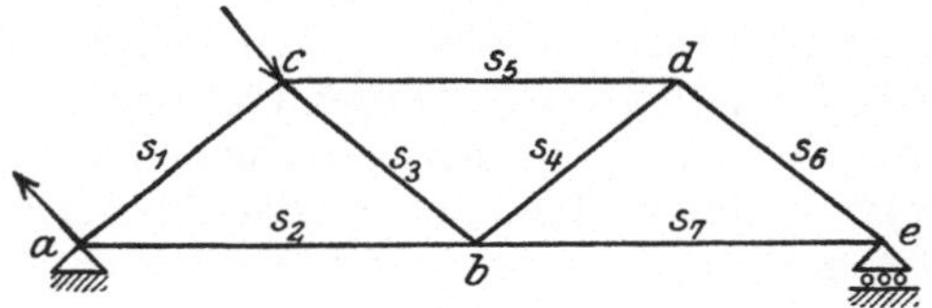

Fig. 92.

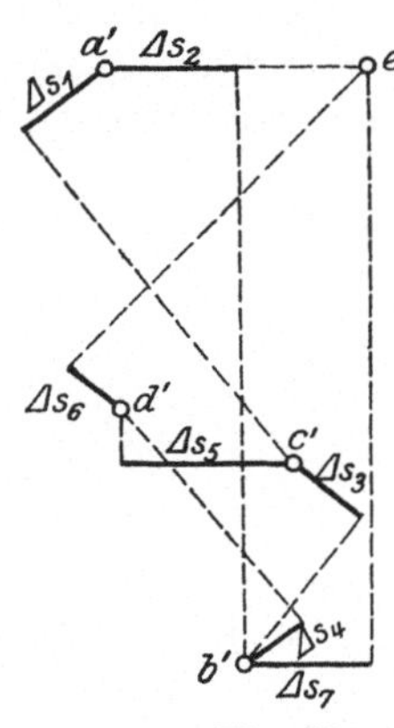

Fig. 92a.

2. Als Gegensatz zu diesem Beispiel des Kragträgers soll nunmehr der in Fig. 92 dargestellte einfache Balken auf zwei Stützen besprochen werden.

Erste Lösung: Hier liegt bei keinem der Stäbe die Richtung fest. Von den Stäben s_1 und s_2 ist die Verschiebung des Punktes a gegeben (gleich Null); somit wäre, da die Größen $\varDelta s$ als berechnet anzunehmen sind, die Verdrehung eines dieser Stäbe, etwa von s_1, vorerst noch zu bestimmen. Zu diesem Zweck wird bekanntlich der Stab s_1 mit dem Kräftepaar 1 belastet, d. h. in den Endpunkten a und c des Stabes wird je eine Kraft $\dfrac{1}{s_1}$ angebracht. Diese Belastung $(P_i = 1)$ liefert die Spannkräfte S'. Dann ergibt sich die Verdrehung $\varDelta \varphi_1$ aus der Arbeitsgleichung

$$\varDelta \varphi_1 = \sum S' \frac{S_k s}{E F}.$$

Ist in dieser Weise $\varDelta \varphi_1$ berechnet, so kann die Lage von c' angegeben werden, und zwar auf dem vorhin (unter a) angegebenen Wege. Man trägt vom Pol a' aus die Längenänderung $\varDelta s_1$ an und errichtet in deren Endpunkt ein Lot von der Länge

$$\varrho_1 = s_1 \cdot \varDelta \varphi_1.$$

Der Endpunkt des Lotes ist der Punkt c'. — Damit ist die Grundlage für die Anwendung der vorhin erläuterten Grundaufgabe gegeben; denn alle weiteren Knotenpunkte sind gegen bekannte Punkte durch je zwei Stäbe festgelegt.

Zweite Lösung: Soll es dagegen vermieden werden, durch Rechnung die Drehung eines Stabes (s_1) und damit die Verschiebung eines zweiten Punktes (hier c) festzulegen, so kann auch die verschobene Lage irgendeines Stabes, etwa des Stabes s_5, d. h. die Verschiebungen der Punkte c und d, zunächst willkürlich angenommen werden. Zeichnet man unter dieser Annahme den Verschiebungsplan, so wird dieser den Auflagerbedingungen nicht genügen; für den Punkt e wird sich, ebenso wie für den Punkt a, eine beliebig gerichtete Verschiebung ergeben, während e sich in Wirklichkeit nur horizontal und a überhaupt nicht verschieben kann. Daraus folgt, daß der erste Verschiebungsplan, der in Fig. 95 durch die Punkte a' bis e' gegeben ist, nachträglich korrigiert werden muß.

Zu diesem Zwecke denke man sich das als starr betrachtete System derart gedreht, daß die Auflagerbedingungen erfüllt werden, d. h. in unserem Falle, daß die Gesamtverschiebung für den Punkt a gleich Null und für e horizontal wird. Die Bewegung $i''O$, welche dabei ein einzelner Punkt i zum Pol hin macht, ist mit der Bewegung Oi'

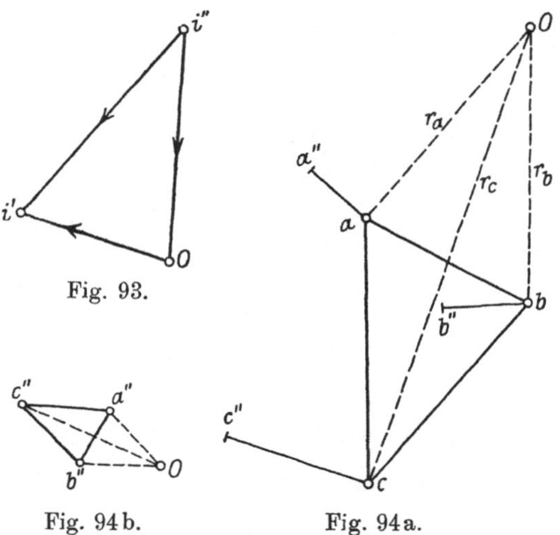

Fig. 93.

Fig. 94b.   Fig. 94a.

des ersten Verschiebungsplanes geometrisch zu einer resultierenden Verschiebung $i''i'$ zusammenzusetzen (s. Fig. 93). — Es fragt sich also nur noch, wie der Verschiebungsplan für die nachträgliche Drehung sich ergibt. — Dreht sich eine starre Scheibe, die in Fig. 94a als einfaches Dreieck angenommen ist, um einen beliebigen Pol O, so sind die Verschiebungen, die wir in gewohnter Weise als sehr klein annehmen, für die einzelnen Punkte a, b, c der Scheibe proportional der Entfernung r vom Pol und senkrecht zu den Polstrahlen Oa, Ob, Oc.

Trägt man diese Verschiebungen aa'', bb'', cc'' von einem Punkte O aus in der zugehörigen Richtung auf (Fig. 94b), so ist

$$Oa'' : Ob'' : Oc'' = r_a : r_b : r_c.$$

Da somit z. B. im Dreieck $Oa''b''$ die Seiten Oa'' und Ob'' proportional den Polstrahlen Oa und Ob des Dreiecks Oab sind, ferner die entsprechenden Seiten aufeinander senkrecht stehen und daher auch die eingeschlossenen Winkel gleich sind, so sind die Dreiecke einander ähnlich. Dies gilt von jedem Einzeldreieck wie von der gesamten Figur. Insbesondere ist auch die der gedrehten

Scheibe (hier abc) entsprechende Figur $(a''b''c'')$ der Systemfigur (abc) ähnlich, und ihre Seiten stehen senkrecht zu denen der Scheibe (abc). (Es ist z. B. in Fig. 94 $a''c'' \perp ac$, $b''c'' \perp bc$, $a''b'' \perp ab$).

Sind demnach zwei Punkte der Fig. 94b, etwa a'' und b'', auf Grund irgendwelcher Bedingungen gegeben, so kann die gesamte Ähnlichkeitsfigur gezeichnet werden.

Beachtet man diese Eigenschaften, so ergibt sich für die Kombination der beiden eingangs erwähnten Verschiebungspläne der folgende Weg. Als Beispiel diene wieder das in Fig. 92 benutzte Fachwerk. Der erste Verschiebungsplan sei unter der Annahme gezeichnet, daß von dem Stabe s_5, dessen veränderte Lage willkürlich sein sollte, der eine Endpunkt d festliegt und c sich gegen d in der Stabrichtung um die Längenänderung $\varDelta s_5$ verschiebt. Von dieser Annahme ausgehend, seien die Punkte c', a', b', e' gefunden (Fig. 95). Mit diesen Verschiebungen sind diejenigen zusammenzusetzen, die durch eine Drehung des Systems entstehen, so daß die endgültigen Gesamtverschiebungen $a''a'$, $b''b'$, ..., $e''e'$ sich ergeben. Von diesen muß die erste, nämlich $a''a'$, gleich Null sein, da a sich nicht verschiebt, die letzte $e''e'$ muß horizontal sein, da e sich auf der Horizontalen bewegt. Der Punkt e'' muß also auf der Horizontalen durch e' liegen, und der Punkt a'' muß mit a' zusammenfallen. Der zweite geometrische Ort für e'' ergibt sich aber daraus, daß $a''e''$ senkrecht zu ae (Systemfigur) liegen muß. Damit ist e'' gegeben, und es bleibt nur noch über $a''e''$ die dem System ähnliche Figur einzuzeichnen. Deren Lage ist dadurch gegeben, daß die einzelnen Seiten senkrecht zu den entsprechenden Seiten der Systemfigur stehen müssen. — Damit sind die gesuchten Gesamtverschiebungen gefunden; sie sind durch die Strecken $b''b'$, ..., $e''e'$ dargestellt[1]).

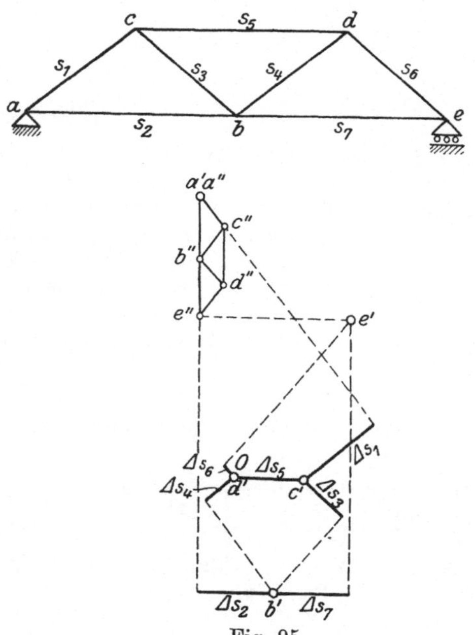

Fig. 95.

---

[1]) Es sei noch darauf hingewiesen, daß die vertikalen Komponenten der durch den Verschiebungsplan gefundenen Verschiebungen mit den Ordinaten der Biegungslinie des Systems übereinstimmen müssen.

Zur weiteren Erläuterung der Ausführungen über Formänderungen und Biegungslinien ist in dem hier folgenden **Anhang** ein Zahlenbeispiel ausführlich behandelt.

c) Anhang: Zahlenbeispiel.

Es sollen die Formänderungen des in Fig. 96 dargestellten Fachwerkträgers unter der angegebenen Belastung untersucht werden. Die Ermittelung

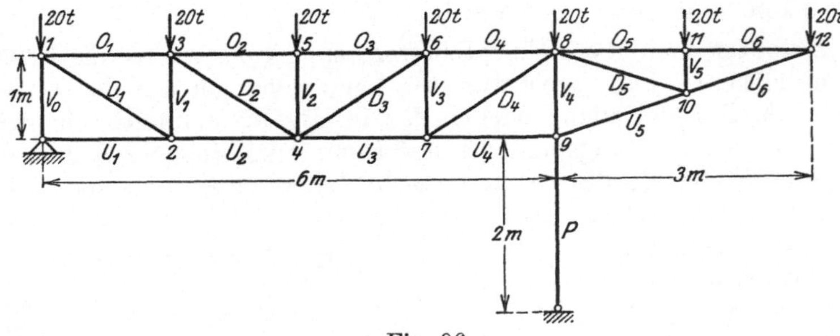

Fig. 96.

der Stabspannkräfte hat das in der folgenden Tabelle angegebene Resultat geliefert. Die Tabelle enthält auch die Stablängen und die Querschnitte; bestimmte Profile sind hierfür nicht angenommen.

I. Zuerst sollen einige **Verschiebungen** bestimmt werden, und zwar:

    1. die Senkung des Punktes 4,

    2. die horizontale Verschiebung des Punktes 12,

    3. die Drehung der Geraden V_4.

Hierfür wird die Arbeitsgleichung benutzt:

$$E \cdot [ik] = \sum S' \frac{S_k s}{F} \, .$$

Die Belastungen 1 in Richtung der gesuchten Verschiebungen sind in

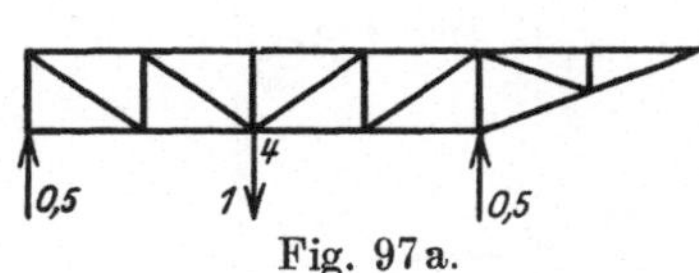

Fig. 97 a.

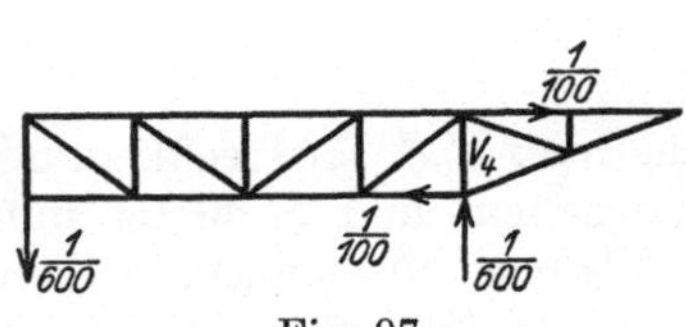

Fig. 97 c.

den Fig. 97 a—c dargestellt. Sie erzeugen die in der Tabelle angegebenen Spannkräfte S', S'' und S'''. Die Bildung der Summenausdrücke ist dann in der Tabelle durchgeführt.

Mit den aus der Tabelle entnommenen Summenwerten ergeben sich folgende Verschiebungen, wobei der Elastizitätsmodul zu 2000 t/cm² angenommen ist:

    1. Senkung von Punkt 4 ist $\dfrac{932,85}{2000} = 0,466$ cm,

    2. Horizontalverschiebung von Punkt 12 ist $\dfrac{395,99}{2000} = 0,198$ cm,

    3. Drehung von V_4 (in Bogenmaß) ist $\dfrac{2,735}{2000} = 0,00137$.

Einheiten in t und cm.

Stab	Spannkraft S_k in t	Querschnitt F in cm²	Stablänge s in cm	$\dfrac{S_k \cdot s}{F} = E \cdot \varDelta s$	S' in t	$ES' \varDelta s$	S'' in t	$ES'' \varDelta s$	S''' in t	$ES''' \varDelta s$
O_1	$-\ 22,5$	25	150	$-\ 135,0$	$-\ 0,75$	$+\ 101,25$	$+\ 0,25$	$-\ 33,75$	$+\ 0,0025$	$-\ 0,337$
O_2	$-\ 15,0$	18	150	$-\ 125,0$	$-\ 1,5$	$+\ 187,50$	$+\ 0,5$	$-\ 62,5$	$+\ 0,005$	$-\ 0,625$
O_3	$-\ 15,0$	18	150	$-\ 125,0$	$-\ 1,5$	$+\ 187,50$	$+\ 0,5$	$-\ 62,5$	$+\ 0,005$	$-\ 0,625$
O_4	$+\ 22,5$	25	150	$+\ 135,0$	$-\ 0,75$	$-\ 101,25$	$+\ 0,75$	$+\ 101,25$	$+\ 0,0075$	$+\ 1,012$
O_5	$+\ 60,0$	70	150	$+\ 128,57$	$-$	$-$	$+\ 1,0$	$+\ 128,57$	$-$	$-$
O_6	$+\ 60,0$	70	150	$+\ 128,57$	$-$	$-$	$+\ 1,0$	$+\ 128,57$	$-$	$-$
U_1	$-$	25	150	$-$	$-$	$-$	$+\ 1,0$	$-$	$-$	$-$
U_2	$+\ 22,5$	25	150	$+\ 135,0$	$+\ 0,75$	$+\ 101,25$	$+\ 0,75$	$+\ 101,25$	$-\ 0,0025$	$-\ 0,337$
U_3	$-\ 22,5$	25	150	$-\ 135,0$	$+\ 0,75$	$-\ 101,25$	$+\ 0,25$	$-\ 33,75$	$-\ 0,0075$	$+\ 1,012$
U_4	$-\ 90,0$	100	150	$-\ 135,0$	$-$	$-$	$-$	$-$	$-\ 0,0010$	$+\ 1,350$
U_5	$-\ 94,86$	100	158,1	$-\ 149,97$	$-$	$-$	$-$	$-$	$-$	$-$
U_6	$-\ 63,24$	70	158,1	$-\ 142,83$	$-$	$-$	$-$	$-$	$-$	$-$
V_0	$-\ 35,0$	40	100	$-\ 87,5$	$-\ 0,5$	$+\ 43,75$	$+\ 0,167$	$-\ 14,583$	$+\ 0,0017$	$-\ 0,146$
V_1	$-\ 15,0$	18	100	$-\ 83,33$	$-\ 0,5$	$+\ 41,67$	$+\ 0,167$	$-\ 13,889$	$+\ 0,0017$	$-\ 0,139$
V_2	$-\ 20,0$	25	100	$-\ 80,0$	$-$	$-$	$-$	$-$	$-$	$-$
V_3	$-\ 45,0$	50	100	$-\ 90,0$	$-\ 0,5$	$+\ 45,0$	$-\ 0,167$	$+\ 15,0$	$-\ 0,0017$	$+\ 0,150$
V_4	$-\ 75,0$	80	100	$-\ 93,75$	$-\ 0,5$	$+\ 46,87$	$-\ 0,167$	$+\ 15,625$	$-\ 0,0017$	$+\ 0,156$
V_5	$-\ 20,0$	25	50	$-\ 40,0$	$-$	$-$	$-$	$-$	$-$	$-$
D_1	$+\ 27,045$	30	180,3	$+\ 162,54$	$+\ 0,901$	$+\ 146,53$	$-\ 0,3$	$-\ 48,762$	$-\ 0,003$	$-\ 0,488$
D_2	$-\ 9,015$	10	180,3	$-\ 162,54$	$+\ 0,901$	$-\ 146,53$	$-\ 0,3$	$+\ 48,762$	$-\ 0,003$	$+\ 0,488$
D_3	$+\ 45,075$	50	180,3	$+\ 162,54$	$+\ 0,901$	$-\ 146,53$	$+\ 0,3$	$+\ 48,762$	$+\ 0,003$	$+\ 0,488$
D_4	$+\ 81,135$	90	180,3	$+\ 162,54$	$+\ 0,901$	$-\ 146,53$	$+\ 0,3$	$+\ 48,762$	$+\ 0,003$	$+\ 0,488$
D_5	$+\ 31,62$	35	158,1	$+\ 142,83$	$-$	$-$	$-$	$-$	$-$	$-$
Pendel P	$-\ 105$	120	200	$-\ 175,0$	$-\ 0,5$	$+\ 87,5$	$-\ 0,167$	$+\ 29,167$	$-\ 0,0017$	$+\ 0,292$
						$\varSigma = +\ 932,85$		$\varSigma = +\ 395,984$		$\varSigma = +\ 2,739$

II. Weiterhin soll nunmehr die Biegungslinie des Untergurts für die gegebene Belastung festgestellt werden. Hierzu bedarf es der Bestimmung der elastischen Gewichte.

Diese sollen zuerst bestimmt werden nach der Formel (Gl. 40):

$$E \cdot w_m = \sum S' \cdot \frac{S_k s}{F} = \Sigma S' \varDelta s E.$$

In Fig. 98 ist die Systemfigur dargestellt, und an die einzelnen Stäbe sind die Werte $E \cdot \varDelta s$ sowie die Spannungen σ (in t/cm²) angeschrieben. Die Werte S' sind aus den Fig. 99a—e zu entnehmen.

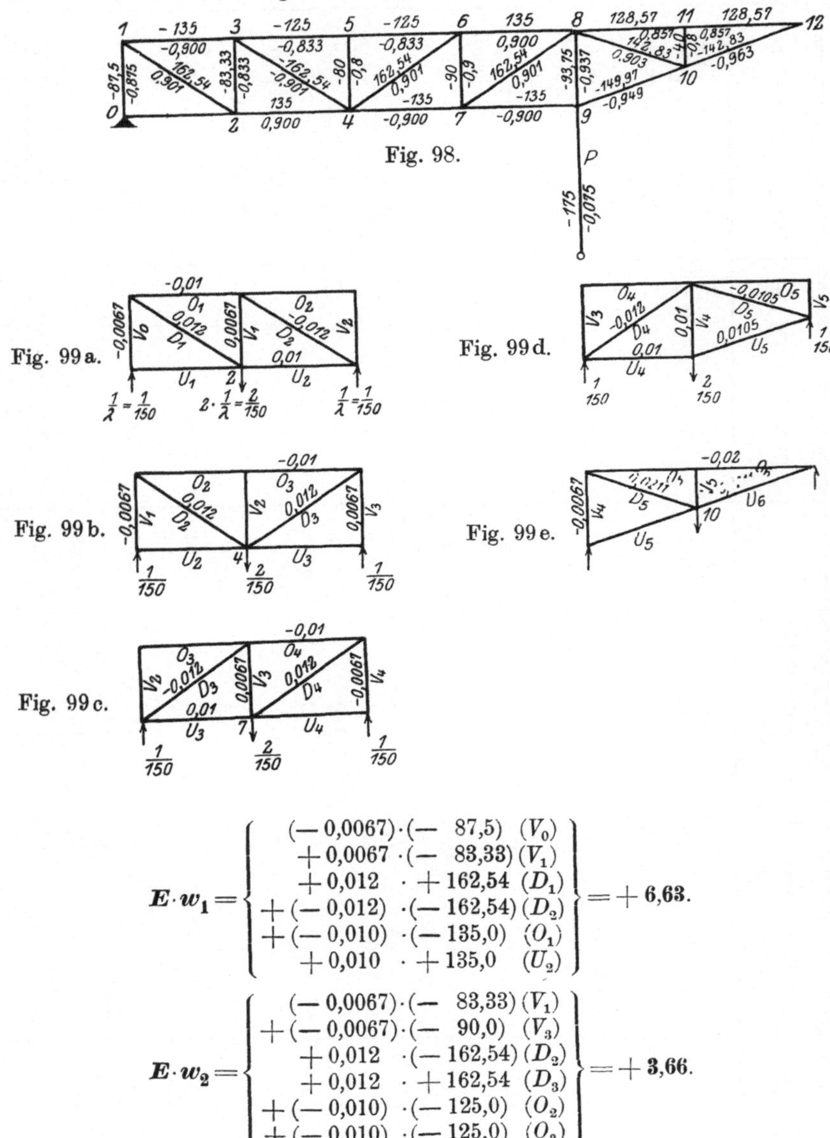

Fig. 98.

Fig. 99 a.

Fig. 99 b.

Fig. 99 c.

Fig. 99 d.

Fig. 99 e.

$$E \cdot w_1 = \begin{cases} (-0,0067) \cdot (-\ 87,5)\ (V_0) \\ +0,0067 \cdot (-\ 83,33)\,(V_1) \\ +0,012\ \ \cdot +162,54\ (D_1) \\ +(-0,012)\ \cdot (-162,54)\,(D_2) \\ +(-0,010)\ \cdot (-135,0)\ (O_1) \\ +0,010\ \ \cdot +135,0\ \ (U_2) \end{cases} = +\ 6,63.$$

$$E \cdot w_2 = \begin{cases} (-0,0067) \cdot (-\ 83,33)\,(V_1) \\ +(-0,0067) \cdot (-\ 90,0)\ \ (V_3) \\ +0,012\ \ \cdot (-162,54)\,(D_2) \\ +0,012\ \ \cdot +162,54\ (D_3) \\ +(-0,010)\ \cdot (-125,0)\ (O_2) \\ +(-0,010)\ \cdot (-125,0)\ (O_3) \end{cases} = +\ 3,66.$$

$$E \cdot w_3 = \left\{ \begin{array}{l} + 0{,}0067 \cdot (- 90{,}0) \ (V_3) \\ + (- 0{,}0067) \cdot (- 93{,}75) \ (V_4) \\ + (- 0{,}012) \cdot + 162{,}54 \ (D_3) \\ + 0{,}012 \cdot + 162{,}54 \ (D_4) \\ + 0{,}010 \cdot (- 135{,}0) \ (U_3) \\ + (- 0{,}010) \cdot + 135{,}0 \ (O_4) \end{array} \right\} = - 2{,}68.$$

$$E \cdot w_4 = \left\{ \begin{array}{l} + 0{,}010 \cdot (- 93{,}75) \ (V_4) \\ + (- 0{,}012) \cdot + 162{,}54 \ (D_4) \\ + (- 0{,}0105) \cdot + 142{,}83 \ (D_5) \\ + 0{,}0100 \cdot (- 135{,}0) \ (U_4) \\ + 0{,}0105 \cdot (- 149{,}97) \ (U_5) \end{array} \right\} = - 7{,}31.$$

$$E \cdot w_5 = \left\{ \begin{array}{l} (- 0{,}0067) \cdot (- 93{,}75) \ (V_4) \\ + 0{,}0211 \cdot + 142{,}83 \ (D_5) \\ + (- 0{,}0200) \cdot + 128{,}57 \ (O_5) \\ + (- 0{,}0200) \cdot + 128{,}57 \ (O_6) \\ + 0{,}0211 \cdot (- 142{,}83) \ (U_6) \end{array} \right\} = - 4{,}52.$$

Außerdem gilt für die Bestimmung der elastischen Gewichte die Gl. (39)

$$E \cdot w_m = E \cdot \varDelta \vartheta_m - \sigma_m \cdot \operatorname{tg} \varphi_m + \sigma_n \cdot \operatorname{tg} \varphi_n.$$

Es handelt sich um die Biegungslinie des in Fig. 100 durch stärkere Linien gekennzeichneten Stabzuges, d. h. des Untergurts. Die Winkeländerungen $\varDelta \vartheta$ sind umgekehrt gleich den Winkeländerungen $\varDelta \vartheta'$, so daß auch gilt:

$$E \cdot w_m = - E \cdot \varDelta \vartheta_m' - \sigma_m \cdot \operatorname{tg} \varphi_m + \sigma_n \cdot \operatorname{tg} \varphi_n.$$

Die Winkel ϑ' setzen sich aus einzelnen Winkeln des Fachwerks zuzusammen; die Winkeländerung von $\varDelta \vartheta_1$ ist zum Beispiel (s. Fig. 100):

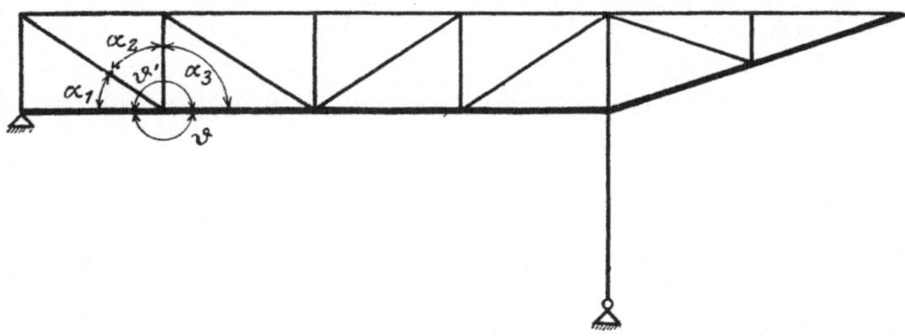

Fig. 100.

$$E \cdot \varDelta \vartheta_1 = - E \cdot \varDelta \vartheta_1' = - E (\varDelta \alpha_1 + \varDelta \alpha_2 + \varDelta \alpha_3).$$

Die Winkeländerungen $\varDelta \alpha$ sind nach Gl. (36) zu bestimmen. Somit ist die Entstehung der Ansätze für die elastischen Gewichte (s. folgende Seite) aus den angegebenen Formeln zu erklären.

NB. In den folgenden Zahlenrechnungen sind neben den einzelnen Zeilen diejenigen Stäbe $(O. U, D, V)$ angegeben, deren Spannungen in diesen Zeilen vorkommen.

$$\operatorname{cotg} \alpha_1 = \frac{1{,}5}{1},$$

$$\operatorname{cotg} \alpha_2 = \frac{1}{1{,}5},$$

$$\operatorname{cotg} \alpha_3 = 0.$$

$$E\cdot w_1 = -\begin{cases} +\dfrac{1}{1,5}(-0,875-0,901)+0\ldots \\[2mm] +\ 0\ \ldots \qquad\qquad +\dfrac{1,5}{1}(-0,9-0,901) \\[2mm] +\dfrac{1,5}{1}(-0,901-0,9)+\dfrac{1}{1,5}[-0,901-(-0,833)] \end{cases} \left.\begin{matrix} V_0 D_1 \\[2mm] D_1 O_1 \\[2mm] V_1 D_2,\ D_2 U_2 \end{matrix}\right.$$

$$= -\left[-\frac{1,776}{1,5}-1,5\cdot1,801-1,5\cdot1,801-\frac{0,068}{1,5}\right] = +\,\mathbf{6,63}.$$

$$E\cdot w_2 = -\begin{cases} +\dfrac{1}{1,5}[-0,833-(-0,901)]\ +0\ldots \\[2mm] +0\ldots \qquad\qquad +\dfrac{1,5}{1}[-0,833-(-0,901)] \\[2mm] +\dfrac{1,5}{1}(-0,833-0,901)\quad +0\ldots \\[2mm] +0\ldots \qquad\qquad +\dfrac{1}{1,5}(-0,9-0,901) \end{cases} \left.\begin{matrix} V_1 D_2 \\[2mm] O_2 D_2 \\[2mm] O_3 D_3 \\[2mm] V_3 V_3 \end{matrix}\right.$$

$$= -\left[\frac{0,068}{1,5}+1,5\cdot0,068-1,5\cdot1,734-\frac{1,801}{1,5}\right] = +\,\mathbf{3,66}.$$

$$E\cdot w_3 = -\begin{cases} +\dfrac{1}{1,5}[+0,901-(-0,9)]+\dfrac{1,5}{1}[+0,901-(-0,9)] \\[2mm] +\dfrac{1,5}{1}(+0,9-0,901)\quad +0\ldots \\[2mm] +0\ldots \qquad\qquad +\dfrac{1}{1,5}(-0,937-0,901) \end{cases} \left.\begin{matrix} D_3 V_3\ D_3 U_3 \\[2mm] U_4 D_4 \\[2mm] V_4 D_4 \end{matrix}\right.$$

$$= -\left[\frac{1,801}{1,5}+1,5\cdot1,801-\frac{1,838}{1,5}\right] = -\,\mathbf{2,68}.$$

$$E\cdot w_4 = -\begin{cases} +\dfrac{1}{1,5}[+0,901-(-0,937)]+\dfrac{1,5}{1}[+0,901-(-0,9)] \\[2mm] +\dfrac{4}{3}[+0,903-(-0,944)]+\dfrac{1}{3}[+0,903-(-0,944)] \\[2mm] -\dfrac{1}{3}(-0,944) \end{cases} \left.\begin{matrix} D_4 V_4\ D_4 U_4 \\[2mm] D_5 U_5\ D_5 V_4 \\[2mm] U_5 \end{matrix}\right.$$

$$= -\left[\frac{1,838}{1,5}+1,5\cdot1,801+\frac{1,847\cdot4}{3}+\frac{1,840}{3}+0,315\right] = -\,\mathbf{7,32}.$$

$$E\cdot w_5 = -\begin{cases} +\dfrac{1}{3}(-0,937-0,903)\quad +\dfrac{1}{3}[-0,937-(-0,944)] \\[2mm] +0\ldots \qquad\qquad +3\,(+0,857-0,903) \\[2mm] +3\,[+0,857-(-0,903)]+0\ldots \\[2mm] +\dfrac{1}{3}(-0,944)-\dfrac{1}{3}(-0,903) \end{cases} \left.\begin{matrix} V_4 D_5\ V_4 U_5 \\[2mm] O_5 D_5 \\[2mm] O_6 U_6 \\[2mm] U_5 U_6 \end{matrix}\right.$$

$$= -\left[-\frac{1,840}{3}+\frac{0,007}{3}-3\cdot0,046+3\cdot1,760-\frac{1}{3}\cdot0,041\right] = -\,\mathbf{4,52}.$$

Es ergeben sich also auf Grund beider Berechnungsarten dieselben Werte. Mit den errechneten elastischen Gewichten soll nun zunächst die rechnerische Ermittelung der Biegungslinie durchgeführt werden.

Zu diesem Zwecke denken wir uns einen einfachen Balken von der ganzen Trägerlänge mit den elastischen Gewichten belastet und ermitteln zuerst die Auflagerkräfte (s. Fig. 101).

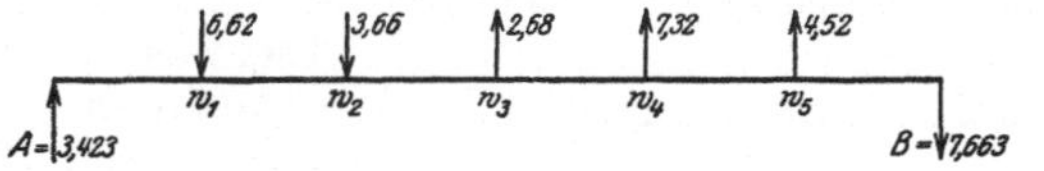

Fig. 101.

$$A = \frac{5}{6}\,w_1 + \frac{4}{6}\,w_2 + \frac{3}{6}\,w_3 + \frac{2}{6}\,w_4 + \frac{1}{6}\,w_5 = 3,423\,.$$

$$B = A + \Sigma\,w = 7,663\,.$$

Die weitere Berechnung geschieht in der üblichen Weise tabellarisch.

m	Q_m	λ_m	$Q_m \cdot \lambda_m$	M_{m-1}	M_m	$\dfrac{M_m}{2000}$
1	$+\,3,423$	150	$+\ 513,45$	—	$+\ 513,45$	$+\,0,2567$
2	$-\,3,197$	150	$-\ 479,55$	$+\ 513,45$	$+\ 33,90$	$+\,0,0169$
3	$-\,6,857$	150	$-\ 1028,55$	$+\ 33,90$	$-\ 994,65$	$-\,0,4973$
4	$-\,4,177$	150	$-\ 626,55$	$-\ 994,65$	$-\ 1621,20$	$-\,0,8106$
5	$+\,3,143$	150	$+\ 471,45$	$-\ 1621,20$	$-\ 1149,75$	$-\,0,5749$
6	$+\,7,663$	150	$+\ 1149,45$	$-\ 1149,75$	—	—

Werden die Ordinaten aufgetragen, so ergibt sich das Polygon 0—1—2—3—4—5—6—0 (Ordinaten $[m\,k']$; vgl. die allgemeinen Ausführungen in § 8a). Dies Polygon stellt noch nicht die Biegungslinie dar; die richtige Schlußlinie ergibt sich vielmehr aus der Überlegung, daß der Punkt O keine Verschiebung erfährt und daß der Knotenpunkt 9 am Kopf der Pendelsäule sich um ein bekanntes Maß senkt, nämlich um die Verkürzung der Pendelsäule. Diese ist aber (s. Fig. 98) gleich $\dfrac{175}{2000} = 0,0875$ cm. So ergibt sich die Schlußlinie $A\,B$. Die Drehung der Schlußlinie aus der Lage $O—O$ in die Lage $A—B$ ist durch die Ordinate 0,0875 im Punkte 4 gegeben. Dieser Wert ist bereits die endgültige Verschiebung des Punktes 9, und somit sind die gesuchten Durchbiegungen zwischen $A—B$ und dem Polygon 0—1—2—3—4—5—6 zu messen (vgl. die oberen Zahlen in Fig. 102).

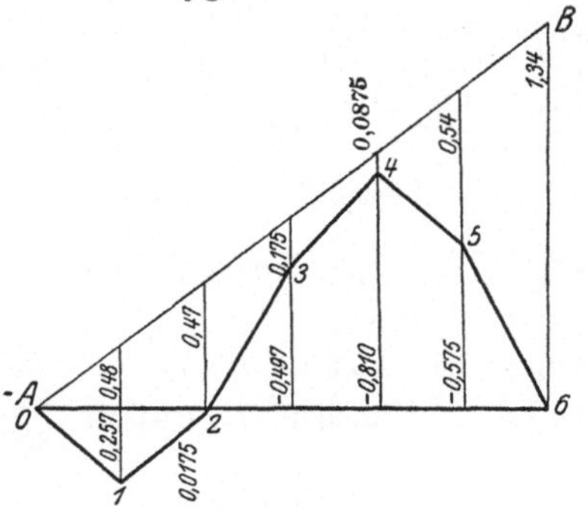

In Fig. 103 ist die graphische Ermittlung der Biegungslinie dargestellt. (Vergl. das Zahlenbeispiel S. 84 ff. nebst den Angaben über die Maßstäbe.) Die Polweite H muß, wenn die Ordinaten im richtigen Maßstabe erhalten werden sollen, statt 1 den Wert $1 \cdot E$ haben, weil mit den E-fachen w-Gewichten gerechnet wird. Wenn im Längenmaßstab 1:100 gezeichnet ist, muß die Polweite $H = \dfrac{E}{200}$ sein, oder $H = \dfrac{E}{5 \cdot 200}$, wenn man die

Fig. 102.

Ordinaten im Maßstabe 5 : 1 erhalten will. Wenn dieser Maßstab, wie in Fig. 102, so auch in Fig. 103 gewählt werden soll, muß die Polweite den Wert haben: $H = \dfrac{2000}{1000} = 4$ (Einheiten). Hier sind die Werte in halber Größe aufgetragen. —

Die Festlegung der Schlußlinie geschieht hier genau so wie bei der rechnerischen Ermittlung des Polygons.

III. Die Biegungslinie liefert bekanntlich nur Verschiebungskomponenten. Zur Bestimmung der vollständigen Verschiebungen dienen die Verschiebungspläne. Das genauere Verfahren hierfür ist das sogenannte Stabzugverfahren (S. 91 ff.). Es möge ein Stabzug, der sämtliche Knotenpunkte enthält, in das Fachwerk eingelegt werden nach Maßgabe von Fig. 104. Die Winkeländerungen dieses Stabzuges werden errechnet; es handelt sich hier stets um die an der unteren

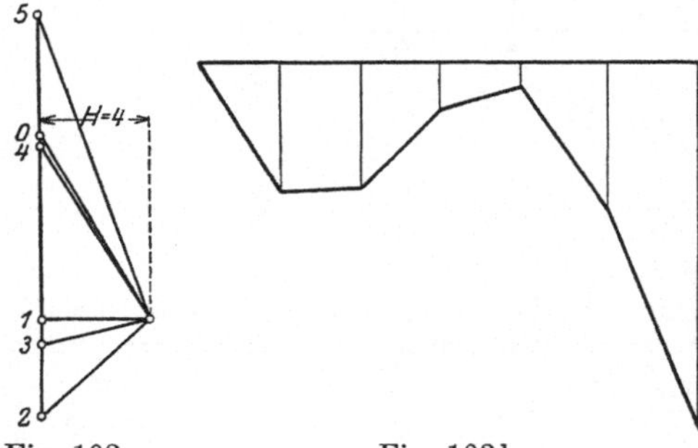

Fig. 103 a.　　　　　　Fig. 103 b.

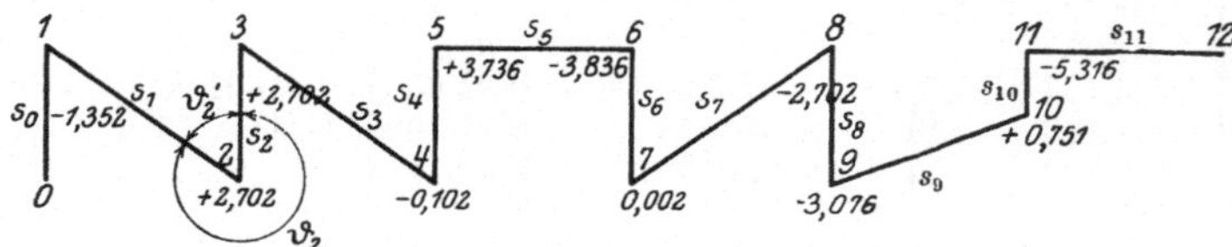

Fig. 104.

Seite des Stabzuges gelegenen Winkel. Die Winkeländerungen sind in Fig. 104 eingeschrieben. Die Gleichungen für ihre Berechnung sind im folgenden angegeben; zu beachten ist, daß sich einzelne Winkel aus zwei anderen Winkeln zusammensetzen und ferner bei den Knotenpunkten des Untergutes, z. B. 2, die Winkeländerung $\Delta\vartheta_2 = - \Delta\vartheta_2'$ ist (s. Fig. 104). Die Berechnung der Winkeländerungen erfolgt nach Gl. (36), die Spannungen σ sind in Fig. 98 angegeben.

Winkeländerungen $\Delta\vartheta$	Stab[1]
$\Delta\vartheta_1 = 1{,}5\,[0 - 0{,}901] = -1{,}352$	$U_1\,D_1$
$\Delta\vartheta_2 = -1{,}5\,[-0{,}9 - 0{,}901] = +2{,}702$	$O_1\,D_1$
$\Delta\vartheta_3 = 1{,}5\,[0{,}9 - (-0{,}901)] = +2{,}702$	$U_2\,D_2$
$\Delta\vartheta_4 = -1{,}5\,[-0{,}833 - (-0{,}901)] = -0{,}102$	$O_2\,D_2$
$\Delta\vartheta_5 = \dfrac{1}{1{,}5}\,[+0{,}901 - (-0{,}8)] + 1{,}5\,[(+0{,}901 - (-0{,}833)] = +3{,}736$	$D_3\,V_2\,D_3\,O_3$
$\Delta\vartheta_6 = \dfrac{1}{1{,}5}\,(-0{,}8 - 0{,}901) + 1{,}5\,(-0{,}9 - 0{,}901) = -3{,}836$	$V_2\,D_3\,U_3\,D_3$
$\Delta\vartheta_7 = 1{,}5\,(0{,}9 - 0{,}901) = 0{,}002$	$O_4\,D_4$
$\Delta\vartheta_8 = 1{,}5\,(-0{,}9 - 0{,}901) = -2{,}702$	$U_4\,D_4$
$\Delta\vartheta_9 = -\dfrac{4}{3}\,[+0{,}903 - (-0{,}944)] - \dfrac{1}{3}\,[+0{,}903 - (-0{,}937)] = -3{,}076$	$D_5\,U_5\,D_5\,V_4$
$\Delta\vartheta_{10} = -\dfrac{1}{3}\,[-0{,}937 - 0{,}903] - \dfrac{1}{3}\,[-0{,}937 - (-0{,}944)]$	$V_4\,D_5\,V_4\,U_5$
$\qquad -3\,(0{,}857 - 0{,}903) = +0{,}751$	$O_5\,D_5$
$\Delta\vartheta_{11} = 3\,(-0{,}903 - 0{,}857) + \dfrac{1}{3}\,[-0{,}903 - (-0{,}8)] = -5{,}316$	$U_6\,O_6$

---

[1]) Diese Kolonne gibt die Systemstäbe an, deren Spannungen σ in die nebenstehenden Werte $\Delta\vartheta$ eingehen (vgl. Fig. 96).

Nunmehr ist noch von einem Ausgangsstabe die Drehung gegen eine feste Gerade zu bestimmen. Es ist nicht nötig, daß hierzu gerade der erste Stab benutzt wird. Hier werde vielmehr der Stab $\overline{89}$ (s_8) (s. Fig. 104), dessen Drehung bereits berechnet vorliegt, als Ausgangsstab gewählt.

Die E-fache Drehung von s_8 ist berechnet zu 2,735 im Sinne des Uhrzeigers (s. S. 100). Der Stab s_9 dreht sich in derselben Richtung um 3,076 ($= \varDelta\vartheta_9$) gegen s_8, also um den Winkel $\psi_9 = 2,735 + 3,076 = 5,811$ gegen eine feste Gerade. Weiter folgt

$$\psi_{10} = 5,811 - 0,751 = 5,060$$
$$\text{und} \quad \psi_{11} = 5,060 + 5,316 = 10,376 \,.$$

Für die Lote ergibt sich daher:

$$\begin{aligned}
\varrho_9 &= \psi_8 \cdot s_8 = 2,735 \cdot 100 = 273,5\\
\varrho_{10} &= \psi_9 \cdot s_9 = 5,811 \cdot 158,1 = 918,1\\
\varrho_{11} &= \psi_{10} \cdot s_{10} = 5,060 \cdot 50 = 253\\
\varrho_{12} &= \psi_{11} \cdot s_{11} = 10,376 \cdot 150 = 1556
\end{aligned}$$

NB. Alle Verdrehungen sind multipliziert mit dem Elastizitätmodul E. Die Einheit, d. h. der Maßstab, ist also die gleiche für die Lote ϱ wie für die Längenänderungen $\varDelta s$; $\left(E \cdot \varDelta s = \dfrac{Ss}{F}\right)$; letztere finden wir in der Tabelle S. 101.

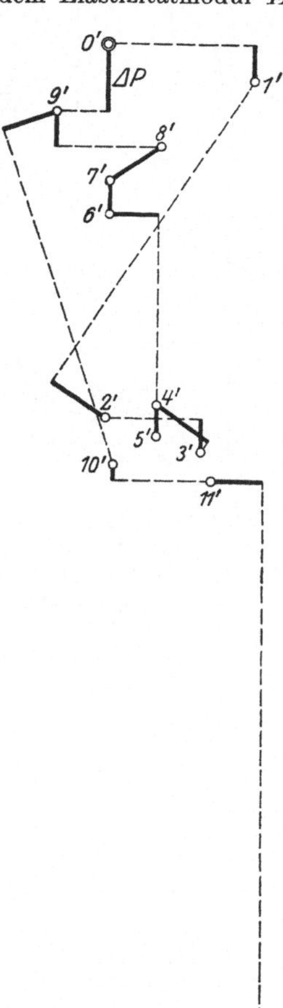

Analog ergeben sich, unter Beachtung des Drehungssinnes, rückwärts die Winkel ψ und Lote ϱ für die Stäbe s_0 bis s_7; es bedarf weiter keiner Erläuterung zu der folgenden Rechnung.

$$\begin{aligned}
\psi_7 &= 2,735 - 2,702 = +0,033\,,\\
s_7 &= 180,3\,, \quad \varrho_7 = + 5,9\,,\\
\psi_6 &= 0,033 - 0,002 = +0,031\,,\\
s_6 &= 100\,, \quad \varrho_6 = + 3,1\,,\\
\psi_5 &= 0,031 - 3,836 = -3,805\,,\\
s_5 &= 150\,, \quad \varrho_5 = -573\,,\\
\psi_4 &= -3,805 + 3,736 = -0,069\,,\\
s_4 &= 100\,, \quad \varrho_4 = - 6,9\,,\\
\psi_3 &= -0,069 - 0,102 = -0,171\,,\\
s_3 &= 180,3\,, \quad \varrho_3 = - 30,8\,,\\
\psi_2 &= -0,171 + 2,702 = +2,531\,,\\
s_2 &= 100\,, \quad \varrho_2 = +253\,,\\
\psi_1 &= +2,531 + 2,702 = +5,233\,,\\
s_1 &= 180,3\,, \quad \varrho_1 = +943,5\,,\\
\psi_0 &= +5,233 - 1,352 = +3,881\,,\\
s_0 &= 100\,, \quad \varrho_0 = +388,1\,.
\end{aligned}$$

Mit diesen Werten $\varDelta s$ und ϱ kann der Verschiebungsplan nach Maßgabe der allgemeinen Darlegungen auf S. 92 ff. gezeichnet werden. In Fig. 105 ist die Konstruktion durchgeführt. Die sehr kleinen Werte ϱ_4, ϱ_6, ϱ_7 sind hierbei gleich Null gesetzt. Der Maßstab sei derartig, daß einem Werte $\varrho = 225$ eine Strecke von 1 cm entspricht. In Wirklichkeit entspricht einem Werte $\varrho = 225$ eine Strecke von $\dfrac{225}{E} = \dfrac{225}{2000} = 0,1125$ cm. Die Verschiebungen sind also im Maßstabe 1 : 0,1125 im Verschiebungsplan dargestellt, d. h. man erhält die wirklichen Verschiebungen, wenn man

Fig. 105.

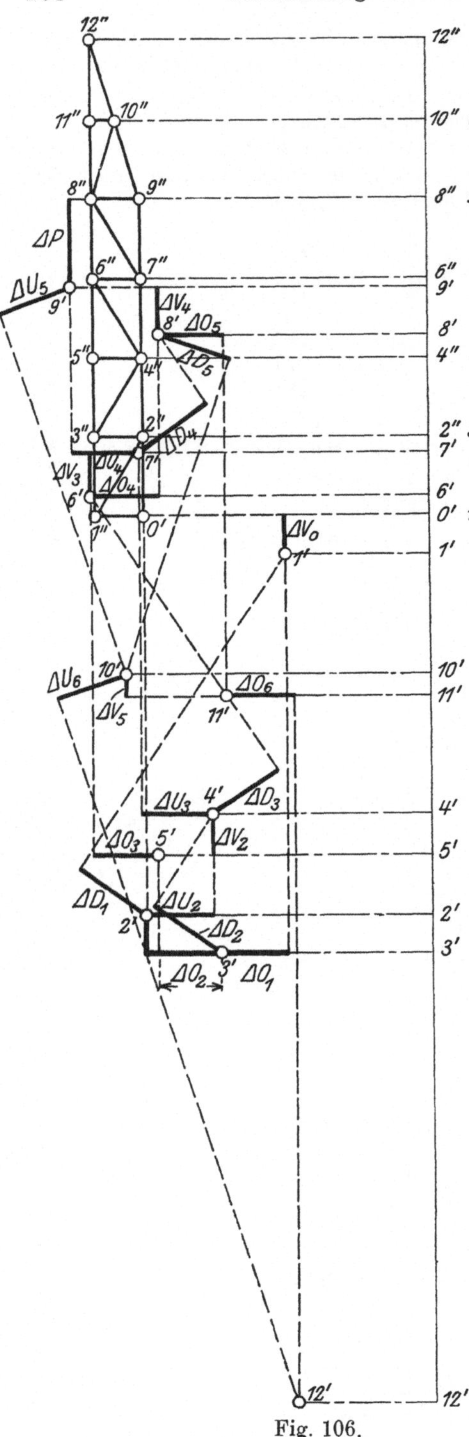

Fig. 106.

dieWerte der Zeichnung mit 0,1125 multipliziert. Zur Erläuterung des Verschiebungsplanes in Fig. 105 sei noch folgendes bemerkt.

Man kann von dem Punkt 9′ ausgehen und der Reihe nach die Verschiebungen der Punkte links (8′, 7′, 6′, ..., 0′) wie rechts (10′, 11′, 12′) von der Geraden 8—9 des Stabzuges (Fig. 104) bestimmen. Man erhält so den Punkt O, der sich nicht verschiebt (Pol des Verschiebungsplanes), und damit auch die (durch die senkrechte und horizontale Komponente dargestellte) Verschiebung des Punktes 9 (Fig. 105).

Hierbei ist zu beachten, daß von der Drehung des Stabes s_8 gegen die ursprüngliche Richtung, d. h. gegen die Vertikale, ausgegangen und als positive Drehung diejenige im Sinne des Uhrzeigers gewählt wurde. Die Werte ψ stellen also die Gesamtdrehungen der einzelnen Stäbe gegen die Vertikale dar, und aus ihrem Vorzeichen ergibt sich die Richtung, in der die Werte $\varrho = s \cdot \psi$ aufzutragen sind. So ist z. B. ψ_8 und damit auch ϱ_8 positiv, also ϱ_8 nach rechts aufzutragen; ϱ_{10} ist ebenfalls positiv, und das ergibt die aus Fig. 105 ersichtliche Richtung des (auf $\varDelta U_5$ errichteten) Lotes nach rechts unten und damit den Punkt 10′. Um 11′ zu erhalten, ist der positive Wert ϱ_{11} nach rechts einzuzeichnen. Dagegen bewegt sich z. B. der Punkt 3, da ϱ_3 negativ ist, nach links unten (sehr kleine Verschiebung). Der Wert ϱ_2 ist aber wiederum (von 3′ aus) nach links anzutragen, da einem positiven ϱ_2 eine Drehung im Sinne des Uhrzeigers entspricht Damit darf die Frage nach der Richtung der Lote ϱ wohl als genügend klargestellt angesehen werden.

Man hätte natürlich auch von dem unverschieblichen Fußpunkt der Pendelstütze als Pol ausgehen und die horizontale und vertikale Verschiebung von 9 durch Rechnung bestimmen können. Von 9 aus konnten dann alle weiteren Punkte in üblicher Weise bestimmt werden.

Schließlich ist noch in Fig. 106 der Verschiebungsplan nach dem Williotschen Verfahren gezeichnet. Hierbei ist die Lage des Stabes 23 willkürlich angenommen, d. h. Punkt $2'$ und die Richtung, und es ergibt sich ein Plan, der die Auflagerbedingungen nicht erfüllt. Der zweite Verschiebungsplan (ähnliche Systemfigur) ergibt sich dann aus der Bedingung, daß Punkt O überhaupt keine Verschiebung erfährt, und daß die vertikale Verschiebung gleich der Verkürzung der Pendelsäule ist.

Daraus folgt ohne weiteres, wie die ähnliche Systemfigur liegen muß.

Der Maßstab ist 1 : 0,075. Denn die Werte $E \cdot \varDelta s$ sind im Maßstabe 150 $= 1\,\mathrm{cm}$ aufgetragen. Also ist $\varDelta s = 1\,\mathrm{cm}$ in der Zeichnung gleich $150 : E$ $= 150 : 2000 = 0,075\,\mathrm{cm}$. Die wirklichen Verschiebungen der Punkte i sind gleich $i''i'$ (s. S. 98).

In Fig. 106 ist auch noch gezeigt, wie aus dem Verschiebungsplan die Biegungslinie gewonnen wird. Man hat nur nötig, die Vertikalkomponenten der Verschiebungen seitlich zu projizieren[1]).

III. Auflösung der Elastizitätsgleichungen.

Die im vorigen Abschnitt dargestellte Berechnung der Verschiebungen des Grundsystems, d. h. der Koeffizienten der Elastizitätsgleichungen, bildet den ersten Teil der Behandlung einer jeden Aufgabe. Sind die Koeffizienten bestimmt, so bleibt im zweiten Teile die Lösung der Gleichungen, d. h. die Ermittelung der überzähligen Größen, zu erledigen. Um diesen Teil der Aufgabe handelt es sich im folgenden.

Die Auflösung von ν linearen Gleichungen mit ν Unbekannten ist an und für sich einfach. Indessen bietet die zahlenmäßige Durchführung der Aufgaben doch gewisse praktische Schwierigkeiten, die es nötig machen, zwischen verschiedenen möglichen Wegen zu wählen. Wir benötigen für den praktischen Gebrauch einen Rechnungsgang, der sich bei jeder Art und jedem Umfang der Aufgabe nach allgemeinen Regeln schnell und einfach durchführen läßt, bei dem eine mit der Rechnung fortschreitende Kontrolle möglich ist und die Einflüsse der unvermeidlichen Ungenauigkeiten der Rechnung sich möglichst wenig geltend machen. Gerade die Frage der Fehlereinflüsse ist von großer praktischer Bedeutung und muß beim Vergleich verschiedener Lösungswege an erster Stelle in Betracht gezogen werden. Es wird sich zeigen, daß ein an sich einfaches und naheliegendes Verfahren, nämlich die bekannte Rechnung mit Determinanten, welche bei rein mathematischer Behandlung der Aufgabe meist zuerst angeführt wird, sich für einigermaßen verwickelte Aufgaben nicht als zweckmäßig erweist. Als empfehlenswerte Lösung soll ein allgemeines Verfahren angegeben werden, welches an die in anderen Wissensgebieten verwandte, von Gauß gelehrte Eliminations-

---

[1]) Zu dem bisher behandelten Kapitel über elastische Formänderungen vergleiche man die eingehenden Literaturverzeichnisse in den Lehrbüchern von Müller-Breslau und Mehrtens (s. Vorwort).

methode anknüpft. Diese Lösung ist übersichtlich und für alle Aufgaben, auch die verwickeltesten, gleich einfach anzuwenden; zudem gestattet sie eine mit der Rechnung fortschreitende Kontrolle.

Gauß hat die nach ihm benannte Eliminationsmethode veröffentlicht in der Abhandlung: „Disquisitio de elementis ellipticis Palladis..." („Untersuchung über die elliptischen Bahnen der Pallas..."). Diese Arbeit überreichte er am 25. November 1810 der Göttinger Akademie der Wissenschaften. Seitdem ist dieses Verfahren mit seinen zweckmäßigen Bezeichnungen in der Astronomie und Vermessungskunde allgemein angewandt worden und wegen seiner Vorzüge bis heute in Gebrauch geblieben. Man findet z. B. eine nähere Darstellung in dem bekannten „Handbuch der Vermessungskunde" von Jordan (I. Band, Ausgleichungsrechnung nach der Methode der kleinsten Quadrate).

A. Das allgemeine Verfahren.

Darstellung der Unbekannten X als Quotienten zweier Determinanten ν-ten Grades.

§ 10. Allgemeine Darstellung der Ausdrücke für die Unbekannten X.

Die Ausführungen zu diesem Verfahren sollen auf die einfachsten Fälle der zwei- und dreifach statisch unbestimmten Systeme beschränkt werden; denn bei einer mehr als dreifachen Unbestimmtheit werden wir diesen Weg nicht einschlagen. Der Gang dieser bekannten Lösung wird hauptsächlich deshalb hier nochmals angegeben, weil er vielfach für einfache Aufgaben in Gebrauch ist.

a) Aufgaben mit zwei Unbekannten. Die Elastizitätsgleichungen lauten:

$$X_a \cdot [aa] + X_b \cdot [ab] = -[am];$$
$$X_a \cdot [ba] + X_b \cdot [bb] = -[bm].$$

Um X_a zu bestimmen und X_b zum Verschwinden zu bringen multiplizieren wir die erste Gleichung mit $[bb]$, die zweite mit $-[ab]$ und addieren beide. Man erhält:

$$X_a = -\frac{[am] \cdot [bb] - [bm] \cdot [ab]}{[aa] \cdot [bb] - [ba] \cdot [ab]}.$$

Ebenso findet man X_b, indem man die erste Gleichung mit $-[ba]$, die zweite mit $[aa]$ multipliziert und beide addiert:

$$X_b = -\frac{[bm] \cdot [aa] - [am] \cdot [ba]}{[aa] \cdot [bb] - [ba] \cdot [ab]}.$$

Die Ausdrücke im Zähler und Nenner heißen Determinanten, und zwar sind es hier Determinanten zweiten Grades. Man schreibt unter Verwendung der bekannten symbolischen Bezeichnung der Determinanten die Ausdrücke auch wie folgt:

$$X_a = -\frac{\begin{vmatrix} [am] & [ab] \\ [bm] & [bb] \end{vmatrix}}{\begin{vmatrix} [aa] & [ab] \\ [ba] & [bb] \end{vmatrix}}; \quad X_b = -\frac{\begin{vmatrix} [aa] & [am] \\ [ba] & [bm] \end{vmatrix}}{\begin{vmatrix} [aa] & [ab] \\ [ba] & [bb] \end{vmatrix}}.$$

Die Nennerdeterminante ist für beide Werte X die gleiche; sie enthält die Koeffizienten in gleicher Anordnung, wie sie in den gegebenen Gleichungen stehen.

Man unterscheidet (horizontale) Zeilen und (vertikale) Kolonnen der Determinante; bekanntlich können die Zeilen mit den Kolonnen vertauscht werden, ohne daß der Wert der Determinante sich ändert.

Die Zählerdeterminanten entstehen dadurch, daß in der Nennerdeterminante eine Vertikalkolonne ersetzt wird durch die Absolutglieder der Gleichungen, und zwar treten diese Absolutglieder bei X_a an die Stelle der Koeffizienten von X_a, bei X_b an die Stelle der Koeffizienten von X_b. Soviel ist zunächst bezüglich der **Anordnung** der Determinanten zu sagen.

Was ihre **Auswertung** anbelangt, so erfolgt diese in dem einfachen Falle der Determinanten zweiten Grades durch kreuzweise Multiplikation der Diagonalglieder, wobei das zweite Produkt das negative Vorzeichen erhält. Über die Auswertung von Determinanten höheren Grades soll im folgenden Abschnitt das Notwendigste gesagt werden.

b) Aufgaben mit drei und mehr Unbekannten. Die Elastizitätsgleichungen für den Fall dreier Unbekannten lauten:

$$X_a \cdot [aa] + X_b \cdot [ab] + X_c \cdot [ac] = -[am]$$
$$X_a \cdot [ba] + X_b \cdot [bb] + X_c \cdot [bc] = -[bm]$$
$$X_a \cdot [ca] + X_b \cdot [cb] + X_c \cdot [cc] = -[cm]$$

Bei mehr als drei Unbekannten wären die Reihen auf der linken Seite der Gleichungen entsprechend fortzusetzen. Auf die einfache Umformung der Gleichungen, welche zu den Werten der Unbekannten führt, soll hier nicht näher eingegangen werden. Es möge genügen, die Ausdrücke für die einzelnen Größen X im Hinblick auf die Ergebnisse des vorigen Abschnittes anzugeben.

Die Unbekannten X ergeben sich als Quotienten von Determinanten ν-ten Grades, wobei in den Zählerdeterminanten die einzelnen Kolonnen der Nennerdeterminante durch die Absolutglieder ersetzt werden, ganz entsprechend dem vorhin unter a) besprochenen Fall. Bei Aufgaben mit drei Unbekannten entstehen folgende Ausdrücke:

$$X_a = -\frac{\begin{vmatrix} [am] & [ab] & [ac] \\ [bm] & [bb] & [bc] \\ [cm] & [cb] & [cc] \end{vmatrix}}{\begin{vmatrix} [aa] & [ab] & [ac] \\ [ba] & [bb] & [bc] \\ [ca] & [cb] & [cc] \end{vmatrix}} = -\frac{\Delta_a}{\Delta}.$$

Da die Nennerdeterminante $\varDelta$ bei allen X die gleiche ist, so erhält man:

$$X_b = -\frac{1}{\varDelta}\begin{vmatrix}[aa] & [am] & [ac]\\ [ba] & [bm] & [bc]\\ [ca] & [cm] & [cc]\end{vmatrix} = -\frac{\varDelta_b}{\varDelta}$$

und

$$X_c = -\frac{1}{\varDelta}\begin{vmatrix}[aa] & [ab] & [am]\\ [ba] & [bb] & [bm]\\ [ca] & [cb] & [cm]\end{vmatrix} = -\frac{\varDelta_c}{\varDelta}.$$

Die Anordnung der Determinanten entspricht also genau derjenigen beim Fall zweier Gleichungen.

Bezüglich der **Auswertung der Determinanten** sollen hier einige allgemeinere Gesichtspunkte angegeben werden.

Jeder Einzelkoeffizient einer Determinante ν-ten Grades hat eine sogenannte **Unterdeterminante** $(\nu-1)$-ten Grades. Hierunter versteht man diejenige Determinante $(\nu-1)$-ten Grades, welche übrig bleibt, wenn man die Zeile und die Kolonne, welcher der betreffende Koeffizient angehört, wegstreicht. Ist z. B. nach der Unterdeterminante des Gliedes $[ac]$ in der ersten Zeile der Zählerdeterminante $\varDelta_a$ gefragt, so ist die erste Zeile und die dritte Kolonne zu streichen, und es bleibt die Unterdeterminante $\varDelta_{ac}$ zweiten Grades:

$$\varDelta_{ac} = \begin{vmatrix}[bm] & [bb]\\ [cm] & [cb]\end{vmatrix}.$$

Zur Bestimmung der Unterdeterminante $\varDelta_{bb}$ des Gliedes $[bb]$ der Nennerdeterminante wäre die zweite Zeile und die zweite Kolonne fortzustreichen, und man erhält:

$$\varDelta_{bb} = \begin{vmatrix}[aa] & [ac]\\ [ca] & [cc]\end{vmatrix}.$$

Hierbei ist indessen jede Unterdeterminante mit einem bestimmten **Vorzeichen** zu versehen. Um dies angeben zu können, beachte man die folgende einfache Regel. Man numeriert, wie nachstehend angegeben, die Zeilen und Kolonnen:

$$\begin{array}{c|ccc} & 1 & 2 & 3\\ \hline 1 & [aa] & [ab] & [ac]\\ 2 & [ba] & [bb] & [bc]\\ 3 & [ca] & [cb] & [cc]\end{array}$$

Gehört das Glied, dessen Unterdeterminante gesucht wird, der i-ten Zeile und der k-ten Kolonne an, so ist das Vorzeichen der Unterdeterminante positiv, wenn $(i+k)$ eine gerade, dagegen negativ, wenn $(i+k)$ eine ungerade Zahl ergibt.

$\varDelta_{ac}$ würde also das positive Vorzeichen erhalten, weil $[ac]$ der 3-ten Kolonne und der 1-ten Zeile angehört und $3+1=4$ eine gerade Zahl ist. Dasselbe gilt für $\varDelta_{bb}$ $(2+2=4)$. Dagegen würde die zu $[ab]$ gehörige Unterdeterminante das negative Vorzeichen haben, da $[ab]$ der ersten Zeile und der zweiten Kolonne angehört $(2+1=3=$ ungerade$)$.

Nach diesen einleitenden Erklärungen kann die Auswertung einer Determinante angegeben werden. Jede Determinante v-ten Grades stellt sich nämlich dar als ein Aggregat von v-Produkten; den ersten Faktor dieser Produkte bilden die einzelnen Glieder irgendeiner Reihe (oder Kolonne), während als zweite Faktoren die zu den betreffenden Gliedern dieser Reihe gehörigen Unterdeterminanten einzusetzen sind. Welche Reihe dieser Darstellung zugrunde liegt, ist gleichgültig. Bei den Zählerdeterminanten wird man zweckmäßig die Reihe der Absolutglieder, multipliziert mit ihren Unterdeterminanten, anschreiben.

Hiernach erhält man z. B. im Falle dreier Unbekannten für

$$X_b = -\frac{\varDelta_b}{\varDelta}$$ den folgenden Wert

$$X_b = -\frac{-[am]\cdot\begin{vmatrix}[ba] & [bc]\\ [ca] & [cc]\end{vmatrix}+[bm]\cdot\begin{vmatrix}[aa] & [ac]\\ [ca] & [cc]\end{vmatrix}-[cm]\cdot\begin{vmatrix}[aa] & [ac]\\ [ba] & [bc]\end{vmatrix}}{[aa]\cdot\begin{vmatrix}[bb] & [bc]\\ [cb] & [cc]\end{vmatrix}-[ba]\cdot\begin{vmatrix}[ab] & [ac]\\ [cb] & [cc]\end{vmatrix}+[ca]\cdot\begin{vmatrix}[ab] & [ac]\\ [bb] & [bc]\end{vmatrix}}.$$

Man beachte die Vorzeichen; die Zählerdeterminante ist nach den Gliedern der zweiten Kolonne (Absolutglieder), die Nennerdeterminante nach den Gliedern der ersten Kolonne aufgelöst.

In diesen Ausdruck könnte man für die Unterdeterminanten 2. Grades die früher angegebenen Aggregate einsetzen. — Durch diese Art der Auflösung der Zählerdeterminanten erhält man die Absolutglieder, d. h. die von der äußeren Belastung abhängigen Werte, als Faktoren der Unterdeterminanten $(v-1)$-ter Ordnung. Diese Form des Ausdrucks ist ihrer Übersichtlichkeit wegen sowie auch für die praktische Verwendung zweckmäßig, wie sich im folgenden noch näher zeigen wird.

Bei Systemen von v-facher statischer Unbestimmtheit gelten die gleichen Regeln. Bezeichnet man wie bisher die Nennerdeterminante mit $\varDelta$, die Zählerdeterminante einer Unbekannten X_i mit $\varDelta_i$, so stellt sich X_i in der folgenden Form dar:

$$X_i = -\frac{\varDelta_i}{\varDelta} = -\frac{1}{\varDelta}\{[am]\cdot\varDelta_{ai}+[bm]\cdot\varDelta_{bi}+\ldots+[nm]\cdot\varDelta_{ni}\} \qquad (41)$$

Hierbei bedeutet allgemein $\varDelta_{ki}$ die Unterdeterminante des Gliedes $[km]$, d. h. jene Determinante $(v-1)$-ter Ordnung, welche von der Determinante der gegebenen Gleichungen übrig bleibt, wenn man die Zeile und Kolonne des Gliedes $[km]$ wegstreicht, wobei das Vorzeichen der Unterdeterminante nach der vorhin angegebenen Regel festzustellen ist. In $\varDelta_{ki}$ gibt der erste Index k die Zeile, der zweite i die Kolonne an, der das Glied $[im]$ angehört. Denn bei Bestimmung von X_i ist die Reihe oder Kolonne der Koeffizienten von X_i, also $[ai]$, $[bi]$, $\ldots$, $[ni]$ zu ersetzen durch die Absolutglieder $[am]$, $[bm]$, $\ldots$, $[nm]$.

Diese wenigen Angaben über die Rechnung nach dem allgemeinen Verfahren für die einfachsten Fälle mögen für die hier vorliegenden Zwecke genügen.

§ 11. Die verschiedenen Arten der Anwendung der Ausdrücke für die Unbekannten X.

a) Untersuchung des Einflusses ruhender Belastung. Die Ergebnisse des vorigen Paragraphen ermöglichen ohne weiteres die Angabe der Werte X, wenn alle Koeffizienten, sowie auch die Absolutglieder der Elastizitätsgleichungen berechnet vorliegen. Nun sei schon hier darauf hingewiesen, daß wir — bei jeder Art der Lösung der Gleichungen — die von der äußeren Belastung unabhängigen Koeffizienten stets zuerst berechnen, sowohl bei ruhender wie bei beweglicher Belastung. — Bei der Untersuchung des Einflusses ruhender Belastung werden auch die Absolutglieder, also die von der äußeren Belastung abhängigen Werte, berechnet. In diesem Falle sind also alle Größen, die in den Determinanten vorkommen, gegeben, und die Bestimmung der Werte X kann nach den im vorigen Abschnitt angegebenen Gleichungen und Regeln erfolgen. Zu den Aufgaben mit ruhender Belastung ist demnach nichts weiteres zu sagen.

b) Untersuchung des Einflusses beweglicher Belastung. Einflußlinien der Unbekannten X. Handelt es sich, wie bei den Aufgaben des Brückenbaues, um die Untersuchung beweglicher Belastung, so legt man der Rechnung eine wandernde Last 1 zugrunde und ermittelt die Einflußlinien der zu berechnenden statischen Größen S. Jede Größe S setzt sich aus den ν Unbekannten X zusammen, gemäß der Gleichung

$$S = S_0 + S_a \cdot X_a + S_b \cdot X_b + \cdots + S_n \cdot X_n.$$

Die Werte S_a, S_b, ..., S_n sind Konstante und von der äußeren Belastung unabhängig. Nur S_0 und die Werte X ändern sich mit der Belastung, so daß deren Einflußlinien zu ermitteln sind.

Zunächst handelt es sich also um die Einflußlinien der Unbekannten X. Hierzu bedarf es einer geeigneten Deutung des durch die Gleichung (41) gegebenen Ausdrucks für eine Unbekannte X_i. Es ist:

$$X_i = -\frac{1}{\varDelta}\left\{[am] \cdot \varDelta_{ai} + [bm] \cdot \varDelta_{bi} + \cdots + [nm] \cdot \varDelta_{ni}\right\}.$$

Alle Werte $\varDelta$ sind konstante Größen, die nur abhängig sind von den Koeffizienten auf der linken Seite der Elastizitätsgleichungen, die nicht mit der äußeren Belastung wechseln. Diese Koeffizienten sollen, wie vorhin hervorgehoben wurde, berechnet vorliegen. Desgleichen seien alle Determinanten $\varDelta$ aus diesen Koeffizienten zahlenmäßig berechnet angenommen.

α) **Erste Art der Bestimmung der X-Linien. Zusammensetzung von Biegungslinien.** Die Werte $[am]$, $[bm]$, ..., $[nm]$, für die man nach dem Maxwell'schen Satz auch $[ma]$, $[mb]$, ..., $[mn]$

schreiben kann, stellen Verschiebungen des Punktes m (Angriffspunkt von P_m) infolge der Belastungszustände $X_a = 1$, $X_b = 1$, $\ldots$, $X_n = 1$ dar (vgl. § 3 b). Der Punkt m ist je nach der Laststellung verschieden. Die Verschiebungen sämtlicher Punkte m, in denen die wandernde Last 1 angreifen kann, werden für alle genannten Belastungen X gewonnen, wenn die ν Biegungslinien für die einzelnen Zustände $X = 1$ gezeichnet werden (§ 8 c). Alsdann findet man eine Ordinate der X_i-Linie an einer bestimmten Stelle m, indem man die für diesen Punkt m gefundenen Ordinaten der ν-Biegungslinien nach Gl. (41) mit den Unterdeterminanten Δ_{ai}, Δ_{bi}, $\ldots$, Δ_{ni} multipliziert und addiert. Die Gesamtsumme ist durch die Nennerdeterminante Δ zu dividieren. In dieser Weise ist für eine Reihe von Systempunkten m zu verfahren, so daß eine genügende Anzahl von Ordinaten der X_i-Linie bestimmt wird; durch Verbindung der Endpunkte dieser Ordinaten kann alsdann die X_i-Linie gezeichnet werden. Hiernach ergibt sich die folgende Regel zur Bestimmung der X-Linien durch Zusammensetzung der Biegungslinien für die einzelnen Belastungszustände $X = 1$.

Aus den vorher ermittelten, von der äußeren Belastung unabhängigen Koeffizienten der Elastizitätsgleichungen berechnet man zunächst die Unterdeterminanten Δ_{ai}, Δ_{bi}, $\ldots$, Δ_{ni}, sowie die Nennerdeterminante Δ. — Alsdann werden — rechnerisch oder zeichnerisch — die ν Biegungslinien des Grundsystems für die Zustände $X_a = 1$, $X_b = 1$, $\ldots$, $X_n = 1$ ermittelt (nach den Angaben in § 8). Für einzelne Systempunkte m, zu denen man die Ordinaten der X-Linie ermitteln will, setzt man nach Gl. (41) die mit den entsprechenden Unterdeterminanten Δ_{ki} multiplizierten Ordinaten der Biegungslinien zusammen und dividiert diese Summe durch die Nennerdeterminante Δ. Die Verbindungslinie der Endpunkte der so gefundenen Einzelordinaten liefert die gesuchte X_i-Linie. (Vgl. das folgende Zahlenbeispiel.)

Zahlenbeispiel. Es handele sich um die Untersuchung des in Fig. 107 dargestellten Trägers auf 5 Stützen für bewegliche Belastung ($P_m = 1$ t).

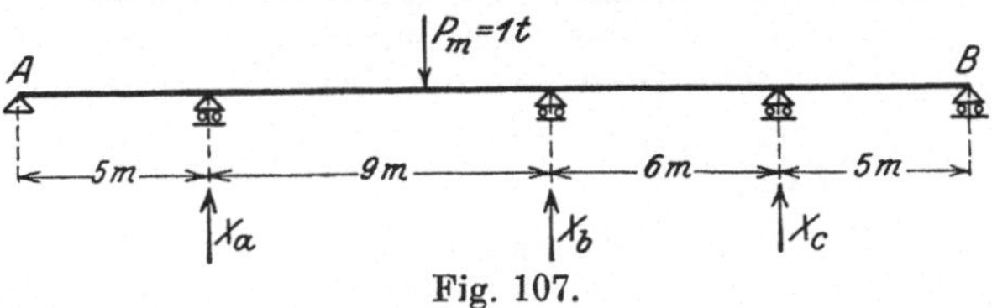

Fig. 107.

Die Elastizitätsgleichungen haben die in § 10 b angegebene allgemeine Form. Die Berechnung der Koeffizienten hat die im folgenden Gleichungssystem angegebenen Werte geliefert[1]). (Einheit t und m; alle Verschiebungen sind multipliziert mit 0,3. Die Konstante EJ ist fortgelassen.)

---

[1]) Diese Koeffizienten $[ik]$ sind berechnet nach der Gleichung (s. Gl. 28):
$$EJ \cdot [ik] = \int M_i M_k \, ds,$$
wozu die M_a-, M_b-, M_c-Flächen (Momentenflächen für X_a, X_b, $X_c = 1$) genügen. Bei der Auswertung der Integrale sind die in § 7 b angegebenen geschlossenen Ausdrücke mit Vorteil zu verwenden.

8*

$$40 \cdot X_a \quad + 52{,}69 \cdot X_b \quad + 28{,}75 \cdot X_c = - [am]$$
$$52{,}69 \cdot X_a + 94{,}864 \cdot X_b + 56{,}56 \cdot X_c = - [bm]$$
$$28{,}75 \cdot X_a + 56{,}56 \cdot X_b \quad + 40 \cdot X_c \quad = - [cm].$$

Die Gleichung zur Berechnung von X_a — nur diese soll hier besprochen werden — lautet wie folgt

$$X_a = - \frac{\Delta_a}{\Delta} = - \frac{\begin{vmatrix} [am] & [ab] & [ac] \\ [bm] & [bb] & [bc] \\ [cm] & [cb] & [cc] \end{vmatrix}}{\begin{vmatrix} [aa] & [ab] & [ac] \\ [ba] & [bb] & [bc] \\ [ca] & [cb] & [cc] \end{vmatrix}}.$$

Die Auflösung der Determinanten ergibt (vgl. § 10):

$$X_a = - \frac{[am] \cdot ([bb] \, [cc] - [bc] \cdot [cb]) - [bm] \cdot ([ab] \cdot [cc] - [ac] \cdot [cb])}{aa | \cdot ([bb \cdot cc] - bc \; cb_j) - ba \, (ab \; cc - ac \; cb])}$$
$$+ \frac{[cm] \cdot ([ab] \cdot [bc] - [ac] \cdot [bb])}{+ [ca] \cdot ([ab] \cdot [bc] - [ac] \cdot [bb])}.$$

Die hier vorkommenden Unterdeterminanten ergeben folgende Zahlenwerte:

$$\Delta_{aa} = 3794{,}56 - 3199{,}0336 = 595{,}5264$$
$$\Delta_{ba} = 2107{,}6 \; - 1626{,}1 \quad = 481{,}5$$
$$\Delta_{ca} = 2980{,}1464 - 2727{,}34 = 252{,}8064.$$

Mit diesen Werten findet man für die Nennerdeterminante:

$$\Delta = 5719.$$

Somit lautet die Gleichung für X_a, wenn man die Unterdeterminanten durch Δ dividiert:

$$X_a = - 0{,}10413 \cdot [am] + 0{,}08419 \cdot [bm] - 0{,}04420 \cdot [cm].$$

Wir ermitteln nunmehr die Biegungslinien des Grundsystems, d. h. des einfachen Balkens AB, für die Belastungszustände $X_a = 1$, $X_b = 1$, $X_c = 1$ (Werte $[am]$, $[bm]$, $[cm]$). Diese sind in Fig. 108 dargestellt. —

[Die Ermittlung der Biegungslinien erfolgt nach den in § 8 angegebenen Regeln. Da es sich um ein vollwandiges System handelt, werden die Momentenflächen für die fraglichen Belastungen $X = 1$, für welche die Biegungslinien konstruiert werden sollen, gezeichnet. Die elastischen Gewichte w, die in den einzelnen Teilpunkten m der Balkenachse aufzubringen sind, erhält man aus den Ordinaten der Momentenfläche nach der Gleichung (39 b)

$$w_m = \frac{s_m}{6 E J_m} (2 M_m + M_l) + \frac{s_n}{6 E J_n} (2 M_m + M_n).$$

Der Faktor EJ ist als Konstante ,ebenso wie bei allen sonstigen Verschiebungen fortgelassen, da er sich im Zähler und Nenner der Werte X heraushebt. — Die Ordinaten der Biegungslinien sind nach der Gleichung:

$$[im] = M_m$$

berechnet (s. § 8 a), indem die Momentenflächen des mit den Gewichten w belasteten Balkens ermittelt werden. Entsprechend den von der äußeren Belastung unabhängigen Verschiebungen sind auch diese Ordinaten mit 0,3 zu multiplizieren.] —

Um aus diesen Biegungslinien die X_a-Linie zu finden, berechnen wir für die Teilpunkte m des Balkens die Werte X_a nach der vorhin für X_a angegebenen Gleichung. Dies soll hier nur für einen einzigen Teilpunkt m, im Abstande 10 m vom linken Auflager, angegeben werden (s. Fig. 108, 109).

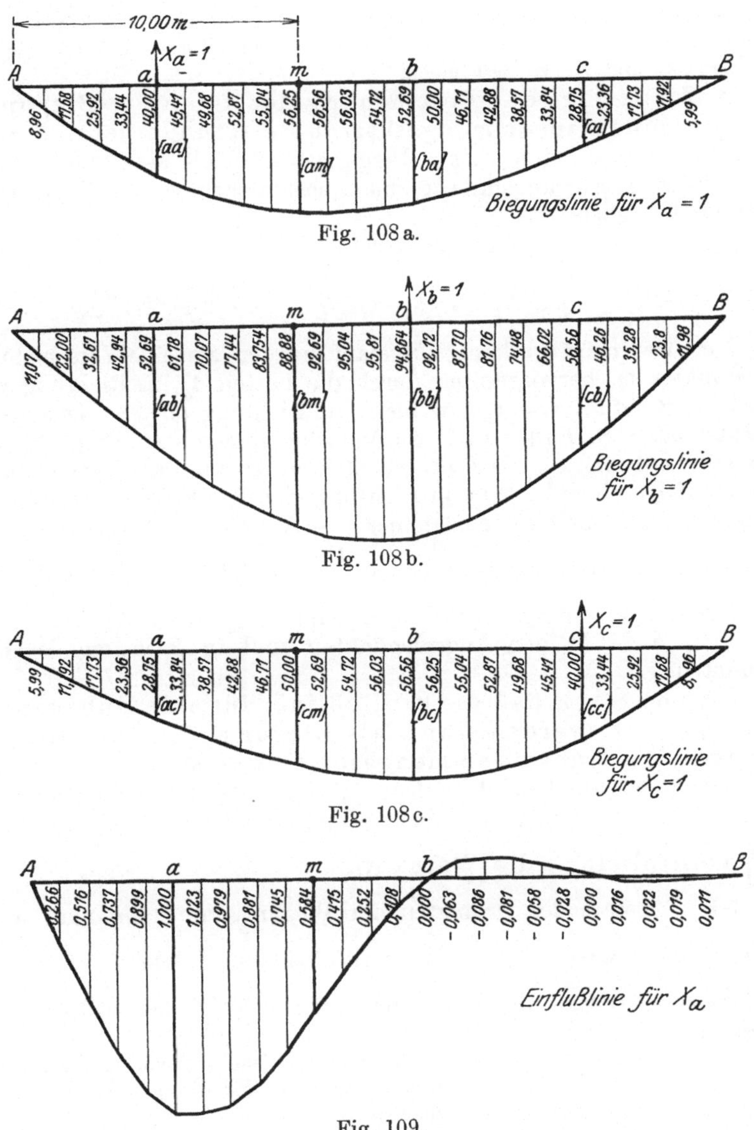

Fig. 108 a.

Fig. 108 b.

Fig. 108 c.

Fig. 109.

Für m sind die folgenden Werte der Ordinaten der Biegungslinien gefunden:

$$[am] = -56{,}25; \quad [bm] = -88{,}88; \quad [cm] = -50{,}00.$$

Somit erhält man nach der vorhin angegebenen Gleichung für X_a:

$$X_a = 0{,}10413 \cdot 56{,}25 - 0{,}08419 \cdot 88{,}88 + 0{,}0442 \cdot 50{,}00 = 0{,}584.$$

Dies wäre die gesuchte Ordinate X_a in dem genannten Punkte m.

In genau der gleichen Weise sind für die übrigen Teilpunkte die Ordinaten X_a zu berechnen. Die Verbindung ihrer Endpunkte ergibt die in Fig. 109

dargestellte X_a-Linie; bei exakter Rechnung müssen sich in den Stützpunkten die Ordinaten 0 bzw. 1 ergeben. — In eben dieser Weise sind die übrigen X-Linien (X_b und X_c) zu bestimmen.

β) **Zweite Art der Bestimmung der X-Linien. Biegungslinien zu einem zusammengesetzten Belastungszustand.** Statt durch Zusammensetzung der ν Biegungslinien läßt sich eine X-Linie auch direkt als Biegungslinie zu einem zusammengesetzten Belastungszustand darstellen.

Nach Gl. (41) hat X_i den Wert:

$$X_i = -\frac{1}{\varDelta}\left([am]\cdot\varDelta_{ai} + [bm]\cdot\varDelta_{bi} + \ldots + [nm]\cdot\varDelta_{ni}\right)$$

Der Klammerwert kann aufgefaßt werden als eine Verschiebung des Punktes m, hervorgerufen durch die Lasten $\varDelta_{ai}$ in Richtung von X_a, $\varDelta_{bi}$ in Richtung von X_b usw. bis $\varDelta_{ni}$ in Richtung von X_n. (Denn man beachte, daß z. B. $[bm]=[mb]$ die Verschiebung von m infolge $X_b=1$ darstellt, daß somit $[bm]\cdot\varDelta_{bi}$ aufgefaßt werden kann als Verschiebung von m infolge einer Last $\varDelta_{bi}$ in Richtung von X_b. Entsprechendes gilt für die übrigen Glieder der Klammer.) — Auf diese Weise läßt sich X_i deuten als die mit der Konstanten $\dfrac{1}{\varDelta}$ multiplizierte Verschiebung des Punktes m infolge der Lastengruppe $\varDelta_{ai}$ in a, $\varDelta_{bi}$ in b, $\ldots$, $\varDelta_{ni}$ in n, d. h. in den Angriffspunkten und in Richtung der Unbekannten.

Daraus folgt, daß die Einflußlinie für eine Unbekannte X_i dargestellt werden kann als Biegungslinie des Grundsystems für eine zusammengesetzte Belastung durch die Unterdeterminanten $\varDelta_{ai}$, $\varDelta_{bi}$, $\ldots$, $\varDelta_{ni}$ in den Punkten a, b, $\ldots$, n. Die Ordinaten dieser Biegungslinie ergeben, mit $-\dfrac{1}{\varDelta}$ multipliziert, die Werte X_i.

NB. Anstatt der Ordinaten der Biegungslinie kann man auch die erwähnten Lasten mit $-\dfrac{1}{\varDelta}$ multiplizieren. Dann liefert die Biegungslinie direkt die Einflußlinie für X_i (vgl. das nachstehende Zahlenbeispiel).

Zahlenbeispiel. Will man auf diesem Wege die vorhin berechnete X_a-Linie des Trägers auf 5 Stützen bestimmen, so sind die bereits errechneten Werte (vgl. das vorstehende Zahlenbeispiel)

$$-\frac{\varDelta_{aa}}{\varDelta} = -0{,}10413; \quad -\frac{\varDelta_{ba}}{\varDelta} = +0{,}08419; \quad -\frac{\varDelta_{ca}}{\varDelta} = -0{,}0442$$

als Lasten aufzubringen, denn die Gleichung für X_a lautet:

Anmerkung. Handelte es sich um ein Fachwerksystem, so bestände der einzige Unterschied darin, daß die Einzelverschiebungen und die elastischen Gewichte w nach Gl. (40) aus den Spannkräften S zu berechnen wären. — Bei der Verwendung der Biegungslinien für die Belastungen $X=1$ würde in dieser Gleichung S_k die Werte S_a, S_b bzw. S_c annehmen; im anderen Falle würden die Werte S_k für den zusammengesetzten Belastungszustand (Fig. 110) gelten.

$$X_a = -\,0{,}10413\cdot[am] + 0{,}08419\cdot[bm] - 0{,}0442\cdot[cm].$$

Man erhält die in Fig. 110 dargestellte Lastengruppe mit der zugehörigen Momentenfläche. Die hierzu konstruierte Biegungslinie gibt die X_a-Linie.

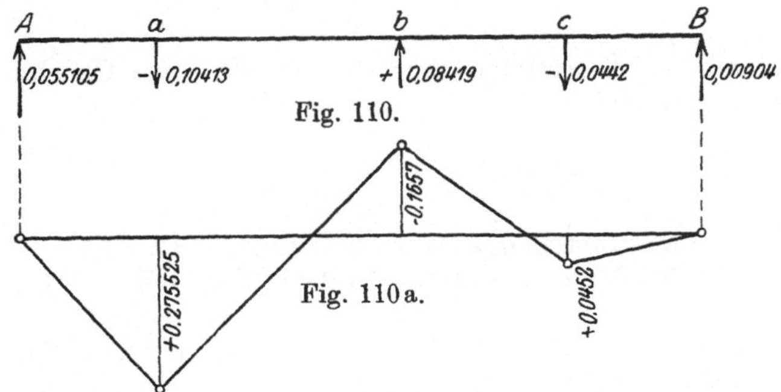

Fig. 110.

Fig. 110a.

Ganz entsprechend der vorhin gegebenen Erläuterung sind in diesem Falle die elastischen Gewichte nach der nämlichen Gleichung (39 b) zu berechnen. Die dort auftretenden Momente M gelten jetzt für den in Fig. 110 dargestellten zusammengesetzten Belastungszustand, dessen Momentenfläche in Fig. 110a angegeben ist. Jetzt erhält man ohne weiteres

$$X_a = M_w,$$

d. h. X_a ist gleich dem Moment des mit den elastischen Gewichten w belasteten Balkens AB.

B. Eliminationsverfahren mit den überzähligen X als Unbekannten. [Erste Methode][1]).

§ 12. Allgemeine Darstellung der Unbekannten X eines ϱ-fach statisch unbestimmten Systems (Tabelle I).

a) Das zweifach statisch unbestimmte System. Um den Gedankengang dieses Verfahrens zu erläutern, betrachten wir zunächst den einfachsten Fall der Aufgabe, nämlich das zweifach statisch unbestimmte System.

Die Elastizitätsgleichungen lauten:

$$\begin{aligned} X_a\cdot[aa] + X_b\cdot[ab] &= -\,[am];\\ X_a\cdot[ba] + X_b\cdot[bb] &= -\,[bm]. \end{aligned}$$

Um die zweite Unbekannte X_b zu berechnen, wird die erste Gleichung mit $-\dfrac{[ab]}{[aa]}$ multipliziert und zur zweiten addiert; hierbei fällt X_a heraus, da $[ab] = [ba]$. Man erhält:

---

[1]) Eine zweite Darstellung der Unbekannten X ist im späteren Abschnitt D gegeben. Dort sind die Werte X direkt als Aggregate der Verschiebungen $[am]$, $[bm]$,...,$[rm]$ des Grundsystems dargestellt.

$$X_b = - \frac{[bm] - \dfrac{[ab]}{[aa]} \cdot [am]}{[bb] - \dfrac{[ab]}{[aa]} \cdot [ba]} .$$

Wird der so berechnete Wert X_b in die erste Gleichung eingesetzt, so ergibt sich für X_a:

$$X_a = - \frac{[am]}{[aa]} - \frac{[ab]}{[aa]} \cdot X_b ,$$

wobei für X_b der vorstehende Wert einzusetzen ist.

Die vorstehende rechnerische Entwicklung läßt eine einfache statische Deutung zu.

Der Zähler von X_b kann als eine Verschiebung des Punktes m, d. h. des Angriffspunktes der äußeren Last P_m, gedeutet werden; $[bm]$ stellt die Verschiebung von m infolge $X_b = 1$ und $- \dfrac{[ab]}{[aa]} \cdot [am]$ die Verschiebung von m infolge der Last $X_a = - \dfrac{[ab]}{[aa]}$ dar; denn $[am]$ gilt für $X_a = 1$. Diese Lastengruppe $X_b = 1$ und $X_a = - \dfrac{[ab]}{[aa]}$ ist in Fig. 111 dargestellt. Man erkennt, daß eine Beziehung zwischen den beiden Lasten besteht, und zwar ist $- \dfrac{[ab]}{[aa]}$ die im Punkte a des einfach statisch unbestimmten Systems durch $X_b = 1$ hervorgerufene Wirkung X_a (Fig. 111 a). Dies folgt aus der für das ein-

Fig. 111.

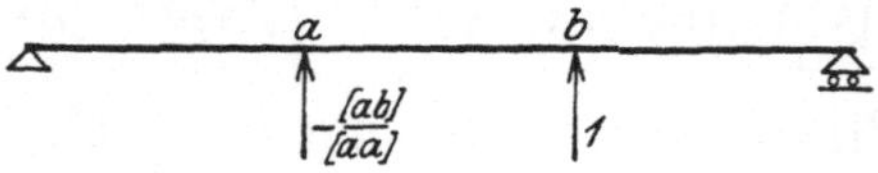

Fig. 111 a.

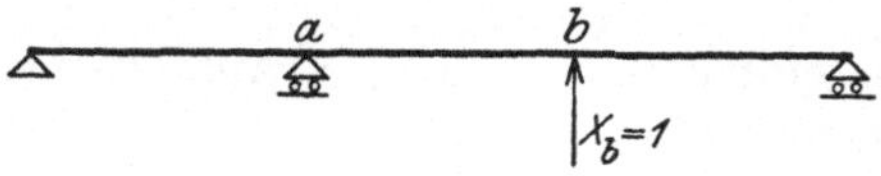

fach statisch unbestimmte System gültigen Elastizitätsbedingung

$$X_a \cdot [aa] = - [am]$$

oder:

$$X_a = - \frac{[am]}{[aa]} .$$

Wählt man nämlich als äußere Belastung P_m die Last $X_b = 1$ (Fig. 111), so tritt b statt m in $[am]$ ein, und man erhält:

$$X_a = - \frac{[ab]}{[aa]} .$$

Wenn aber somit die in Frage stehende Lastengrugpe (s. Fig. 111) zu ersetzen ist durch die Einzellast $X_b = 1$ am einfach statisch unbestimmten System, so kann die Verschiebung von m infolge dieser Lastengruppe gedeutet werden als Verschiebung von m infolge eben dieser Last $X_b = 1$ am einfach statisch unbestimmten System. Deshalb bezeichnen wir diese Verschiebung, d. h. den Zählerwert von X_b, mit $[mb.1]$, d. h. Verschiebung von m infolge $X_b = 1$ am einfach statisch unbestimmten System. (Vgl. zu der Bezeichnung S. 21.)

Zu beachten ist, daß die Last $X_b = 1$ nicht mehr am Grundsystem, sondern am einfach statisch unbestimmten System wirkt. Dieses System soll der Unterscheidung halber als Hauptsystem[1]) bezeichnet werden. Der Grad der Unbestimmtheit des Hauptsystems wird durch einen Zahlenindex (hier 1) angegeben; dieser ist durch einen Punkt von den Buchstaben, die den Ort (hier m) und die Ursache (hier $X_b = 1$) der Verschiebungen kennzeichnen, getrennt. (Vgl. S. 21.)

Ganz entsprechend stellt der Nennerwert von X_b, nämlich $[bb] - \dfrac{[ab]}{[aa]} \cdot [ba]$, die Verschiebung des Punktes b des Grundsystems infolge der genannten Lastengruppe dar, nämlich infolge 1 in X_b und $- \dfrac{[ab]}{[aa]}$ in X_a. Dieser Wert ist somit aufzufassen als die Verschiebung von b infolge der Last $X_b = 1$ am einfach statisch unbestimmten Hauptsystem und demnach mit $[bb.1]$ zu bezeichnen. Also erhalten wir für X_b die Form:

$$X_b = - \frac{[bm.1]}{[bb.1]}.$$

Diese Gleichung entspricht derjenigen für X_a beim einfach statisch unbestimmten System:

$$X_a = - \frac{[am]}{[aa]};$$

die Unbekannte X_b erscheint ebenfalls hier in der Form eines Quotienten zweier Verschiebungen. —

Nachdem auf diese Weise die Unbekannte X_b berechnet ist und damit als bekannt angesehen werden kann, bleibt nur mehr eine Unbekannte, nämlich X_a, zu bestimmen, d. h. es ist ein einfach statisch unbestimmtes System unter dem Einfluß der nunmehr bekannten Last X_b und der gegebenen äußeren Last P_m zu berechnen. Die Frage lautet also: Wie groß wird die Unbekannte X_a des einfach statisch unbestimmten Systems infolge der beiden Lasten

$$P_m \text{ in } m$$

und

$$- \frac{[bm.1]}{[bb.1]} \text{ in } b \text{ (in Richtung von } X_b)?$$

---

[1]) „Hauptsystem" im Gegensatz zum statisch bestimmten „Grundsystem".

Die Unbekannte X_a infolge P_m hat den Wert

$$X_a = -\frac{[am]}{[aa]}.$$

Infolge $X_b = 1$ wird:

$$X_a = -\frac{[ab]}{[aa]},$$

also infolge der Last $X_b = -\dfrac{[bm.1]}{[bb.1]}$ wird:

$$X_a = -\frac{[ab]}{[aa]} \cdot X_b \quad \text{oder} \quad X_a = -\frac{[ab]}{[aa]} \cdot \left(-\frac{[bm.1]}{[bb.1]}\right).$$

Also wird insgesamt

$$X_a = -\frac{[am]}{[aa]} - \frac{[ab]}{[aa]}\left(-\frac{[bm.1]}{[bb.1]}\right);$$

d. h. wir erhalten den bereits vorher angegebenen Ausdruck.

Damit ist eine einfache und anschauliche Deutung der vorhin auf rechnerischem Wege gefundenen Ausdrücke gegeben. Wir wenden nunmehr unter Umgehung der rechnerischen Lösung den vorstehenden Gedankengang auf das dreifach unbestimmte System an, um alsdann den allgemeinen Weg ohne weiteres folgern zu können.

b) Das dreifach statisch unbestimmte System. Beim dreifach statisch unbestimmten System handelt es sich um die drei Unbekannten X_a X_b, X_c, von denen wir die letzte X_c (wie vorhin X_b) zuerst bestimmen. Zu diesem Zwecke betrachten wir X_c als einzige Unbekannte am zweifach statisch unbestimmten Hauptsystem (Fig. 112 a).

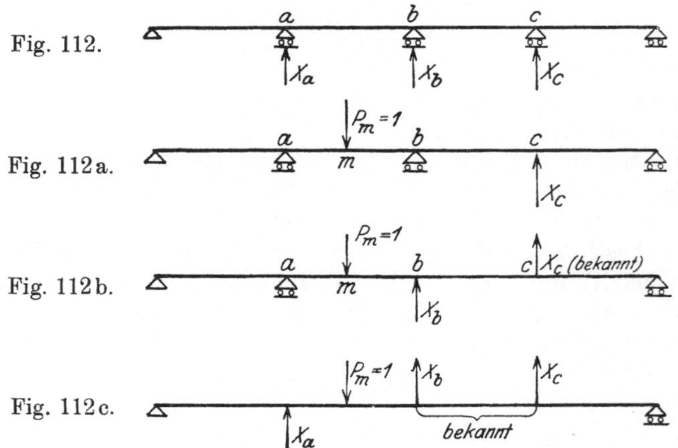

Alsdann ergibt sich X_c, ebenso wie vorhin X_b, als Quotient zweier Einzelverschiebungen dieses (zweifach statisch unbestimmten)

Hauptsystems, und zwar jetzt als Quotient der beiden Verschiebungen des Punktes c infolge P_m und infolge $X_c = 1$.

Man erhält:

$$X_c = - \frac{[cm \cdot 2]}{[cc \cdot 2]}\,{}^1).$$

Nunmehr kann X_c als bekannt gelten und somit X_b aus den gegebenen Lasten P_m und X_c bestimmt werden. X_b wird als einzige Unbekannte am einfach unbestimmten Hauptsystem infolge der beiden bekannten Lasten P_m und X_c angesehen (s. Fig. 112b). X_b ergibt sich für jede Last als Quotient von Verschiebungen des einfach statisch unbestimmten Hauptsystems. Also wird:

$$X_b = - \frac{[bm \cdot 1]}{[bb \cdot 1]} - \frac{[bc \cdot 1]}{[bb \cdot 1]} \cdot X_c.$$

Das erste Glied stellt den Einfluß der äußeren Last P_m, das zweite denjenigen der vorhin berechneten Kraft X_c dar. Wäre nämlich $X_c = 1$, so würde dadurch der Wert

$$X_b = - \frac{[bc \cdot 1]}{[bb \cdot 1]}$$

hervorgerufen; denn es ist dies nur ein Sonderfall der allgemeinen Gleichung

$$X_b = - \frac{[bm \cdot 1]}{[bb \cdot 1]},$$

indem statt m (gültig für $P_m = 1$) jetzt c, entsprechend $X_c = 1$, eintritt. Die Last X_c ruft dann naturgemäß den X_c-fachen Wert hervor, also

$$- \frac{[bc \cdot 1]}{[bb \cdot 1]} \cdot X_c.$$

Hierzu tritt der Einfluß der äußeren Last P_m, nämlich $- \dfrac{[bm \cdot 1]}{[bb \cdot 1]}$, und es entsteht insgesamt der oben angegebene Wert von X_b. —

Da jetzt außer X_c auch X_b als bekannt angesehen werden kann, so bleibt als letzte und einzige Unbekannte X_a, die sich nach den Regeln für das einfach unbestimmte System berechnet (Fig. 112c). Man erhält auf Grund der gleichen Überlegungen als Gesamteinfluß der gegebenen äußeren Last P_m und der als bekannt anzusehenden Lasten X_b und X_c den Wert:

${}^1)$ Man könnte auch schreiben: $[cm \cdot 3] = 0$ (Elastizitätsbedingung), d. h. die Verschiebung von c infolge P_m am dreifach unbestimmten System $= 0$. Es ist:

$$[cm \cdot 3] = [cm \cdot 2] + [cc \cdot 2] \cdot X_c = 0,$$

d. h. gleich dem Einfluß von P_m u n d X_c auf das zweifach unbestimmte System (Fig. 112a). Hieraus ergibt sich der obige Wert für X_c.

$$X_a = -\frac{[am]}{[aa]} - \frac{[ab]}{[aa]} \cdot X_b - \frac{[ac]}{[aa]} \cdot X_c.$$

Für X_b und X_c wären die vorhin angebenen Ausdrücke einzusetzen. Die Ergebnisse sind in der folgenden Tabelle übersichtlich zusammengestellt.

X_a	X_b	X_c
$-\dfrac{[am]}{[aa]}$	$-\dfrac{[bm.1]}{[bb.1]}$	$-\dfrac{[cm.2]}{[cc.2]}$
$-\dfrac{[ab]}{[aa]} \cdot X_b$		
$-\dfrac{[ac]}{[aa]} \cdot X_c$	$-\dfrac{[bc.1]}{[bb.1]} \cdot X_c$	

Die Summe der Glieder einer Vertikalkolonne gibt die betreffende Last X. In der obersten Horizonalreihe stehen die Quotienten, die den Einfluß der äußeren Belastung P_m auf die jeweiligen Unbekannten X darstellen. — Handelt es sich nur um zwei Unbekannte X_a und X_b, so erhält man auch diese aus vorstehender Tabelle, wenn man die Glieder mit dem Buchstaben c, also die dritte Zeile und Kolonne fortläßt. Dies erkennt man ohne weiteres, wenn man die früher beim zweifach unbestimmten System gefundenen Werte X_a und X_b der beiden Unbekannten mit denen der Tabelle vergleicht.

c) Das ϱ-fach statisch unbestimmte System[1]**.** Schon vorher (im Abschnitt b) zeigte sich, daß die Unbekannten des dreifach statisch unbestimmten Systems durch Fortsetzung der Reihen und Kolonnen in der Tabelle für das zweifach unbestimmte System gefunden werden konnten; umgekehrt ergaben sich die Werte X_a und X_b des zweifach unbestimmten Systems aus der vorstehenden Tabelle für das dreifach unbestimmte System durch Fortstreichen der letzten Reihe und Kolonne.

Beim ϱ-fach unbestimmten System sind die ϱ Unbekannten X_a, X_b, X_c, ... bis X_r zu bestimmen. Die vorherigen Überlegungen führen zu der folgenden übersichtlichen Darstellung der Lasten X (Tabelle I), die durch einfache Fortführung der Reihen vorstehender Tabelle gefunden wird. Die Summe der Glieder einer Vertikalreihe i ergibt die betreffende Last X_i; diese stellt sich dar als Funktion der folgenden Lasten X_k, X_l, ... bis X_r und des in der obersten Zeile stehenden Einflusses der äußeren Lasten P_m. Die letzte Unbekannte X_r ergibt sich als Quotient zweier Verschiebungen des $(\varrho - 1)$-fach statisch unbesimmten Hauptsystems.

---

[1]) Hier ist für den Grad der statischen Unbestimmtheit der Buchstabe ϱ statt wie früher n oder ν gewählt worden; dies erschien für die folgenden tabellarischen Zusammenstellungen zweckmäßiger, da der Buchstabe m, der n vorangeht, bereits zur Kennzeichnung der äußeren Belastung verwandt wurde.

Tabelle I.

Darstellung der Unbekannten X des ϱ-fach statisch unbestimmten Systems.

X_a	X_b	X_c			X_p	X_q	X_r
$-\dfrac{[am]}{[aa]}$	$-\dfrac{[bm.1]}{[bb.1]}$	$-\dfrac{[cm.2]}{[cc.2]}$	$\ldots$	$\ldots$	$-\dfrac{[pm.\varrho-3]}{[pp.\varrho-3]}$	$-\dfrac{[qm.\varrho-2]}{[qq.\varrho-2]}$	$-\dfrac{[rm.\varrho-1]}{[rr.\varrho-1]}$
$-\dfrac{[ab]}{[aa]}\cdot X_b$							
$-\dfrac{[ac]}{[aa]}\cdot X_c$	$-\dfrac{[bc\,1]}{[bb.1]}\cdot X_c$						
$-\dfrac{[ad]}{[aa]}\cdot X_d$	$-\dfrac{[bd.1]}{[bb.1]}\cdot X_d$	$-\dfrac{[cd.2]}{[cc.2]}\cdot X_d$					
$\cdot$	$\cdot$	$\cdot$					
$\cdot$	$\cdot$	$\cdot$					
$-\dfrac{[ap]}{[aa]}\cdot X_p$	$-\dfrac{[bp.1]}{[bb.1]}\cdot X_p$	$-\dfrac{[cp.2]}{[cc.2]}\cdot X_p$	$\ldots$	$\ldots$			
$-\dfrac{[aq]}{[aa]}\cdot X_q$	$-\dfrac{[bq.1]}{[bb.1]}\cdot X_q$	$-\dfrac{[cq.2]}{[cc.2]}\cdot X_q$	$\ldots$	$\ldots$	$-\dfrac{[pq.\varrho-3]}{[pp.\varrho-3]}\cdot X_q$		
$-\dfrac{[ar]}{[aa]}\cdot X_r$	$-\dfrac{[br.1]}{[bb.1]}\cdot X_r$	$-\dfrac{[cr.2]}{[cc.2]}\cdot X_r$	$\ldots$	$\ldots$	$-\dfrac{[pr.\varrho-3]}{[pp.\varrho-3]}\cdot X_r$	$-\dfrac{[qr.\varrho-2]}{[qq.\varrho-2]}\cdot X_r$	

Verwendung der Tabelle. Sind ν Unbekannte X vorhanden (ν-fache statische Unbestimmtheit), so kommen ν Vertikalkolonnen und ν Horizontalreihen der Tabelle in Frage; die übrigen $(\varrho - \nu)$ bleiben außer Betracht. Bei den ν Horizontalreihen ist als oberste stets die in der Tabelle obenstehende Reihe anzuschreiben, welche den Index m (Einfluß der äußeren Belastung P_m) enthält.

Außer dieser ersten Reihe kommen dann noch die folgenden $\nu - 1$ unteren Reihen in Frage. So zum Beispiel wären beim vierfach unbestimmten System $(\nu = 4)$ die vier Unbekannten X_a, X_b, X_c, X_d durch die nebenstehende Zusammenstellung gegeben. Hierbei kämen aus der Tabelle I nur die vier ersten Reihen und Kolonnen in Frage.

X_a	X_b	X_c	X_d
$-\dfrac{[am]}{[aa]}$	$-\dfrac{[bm.1]}{[bb.1]}$	$-\dfrac{[cm.2]}{[cc.2]}$	$-\dfrac{[dm.3]}{[dd.3]}$
$-\dfrac{[ab]}{[aa]}\cdot X_b$			
$-\dfrac{[ac]}{[aa]}\cdot X_c$	$-\dfrac{[bc.1]}{[bb.1]}\cdot X_c$		
$-\dfrac{[ad]}{[aa]}\cdot X_d$	$-\dfrac{[bd.1]}{[bb.1]}\cdot X_d$	$-\dfrac{[cd.2]}{[cc.2]}\cdot X_d$	

Man erkennt also, daß die Tabelle I alle Unbekannten X für jedes beliebig hochgradig unbestimmte System angibt. — Die Koeffizienten der Größen X sind von der äußeren Belastung unabhängige feste Werte, die als „Festwerte"[1]) bezeichnet werden sollen. Es bleibt jetzt nach Darstellung der allgemeinen Ausdrücke für die Unbekannten X nur noch die Frage zu erledigen, wie sich die (zahlenmäßige) Ausrechnung gestaltet, insbesondere wie die Koeffizienten der Werte X in der Tabelle I zu bestimmen sind.

§ 13. Berechnung der Unbekannten X (nach Tabelle I) bei ruhender Belastung, Temperaturänderungen und Widerlagerverschiebungen.

a) Berechnung der Verschiebungen der einzelnen Hauptsysteme. Die Darstellungen des vorigen Paragraphen lassen erkennen, daß eine Unbekannte X_i unter Verwendung der Werte der folgenden Unbekannten X_k bis X_r berechnet wird; daher müssen die auf X_i folgenden Unbekannten X_k bis X_r vorher ermittelt werden. Die Ausrechnung würde also mit X_r zu beginnen haben, und dieser Wert wäre in die Gleichung für X_q, der Wert von X_r und X_q in die Gleichung für X_p einzusetzen usf., indem man rückwärts fortschreitet bis X_a. Die zuerst zu berechnende letzte Unbekannte X_r stellt sich dar als Quotient

---

[1]) Der Begriff „Festwert" gewinnt eine besondere Bedeutung bei einzelnen Aufgaben, z. B. beim kontinuierlichen Träger (Festpunkte) — (s. III. Band).

zweier Verschiebungen des $(\varrho - 1)$-fach unbestimmten Systems, die somit zuvor zu bestimmen wären.

Anmerkung. Jede Vertikalkolonne der Tabelle 1, d. h. jeder Wert X, enthält Quotienten von Verschiebungen der einzelnen Hauptsysteme (Festwerte), und zwar wächst der Grad der Unbestimmtheit dieser Hauptsysteme von 0 auf $\varrho - 1$, wenn ϱ Unbekannte vorhanden sind. Dabei ist jeder Unbekannten ein bestimmter Grad der Unbestimmtheit des Hauptsystems zugeordnet. Wie die Tabelle I zeigt, enthalten die Vertikalkolonnen:

für X_a nur Verschiebungen infolge $X_a = 1$ am 0 fach statisch unbestimmten Hauptsystem (Grundsystem)
für X_b nur Verschiebungen infolge $X_b = 1$ am 1 fach st. u. H.
" X_c " " " $X_c = 1$ " 2 " " " "
" X_d " " " $X_d = 1$ " 3 " " " "
usw.

Den Buchstaben a, b, c, . . ., r ist also in Tabelle I ein bestimmter Zahlenindex zugeordnet. Die Beziehungen sind durch die folgende Zusammenstellung gegeben.

Tabelle II.

Beziehungen zwischen Buchstaben (Index der Unbekannten) und Zahlenindex (Grad der Unbestimmtheit des Hauptsystems) in den Vertikalkolonnen der Tabelle der Unbekannten (Tabelle I).

Index der Unbekannten	a	b	c	d	e	f	g	h	i	k	l	...
Grad der Unbestimmtheit d. Hauptsystems .	0	1	2	3	4	5	6	7	8	9	10	...

Man weiß also damit ohne weiteres, daß z. B. bei der Unbekannten X_h nur Verschiebungen infolge $X_h = 1$ und zwar des 7 fach statisch unbestimmten Hauptsystems in Frage kommen; der Nennerwert der in Frage kommenden Quotienten der Verschiebungen (s. Tabelle I) kann nur $[hh.7]$ sein.

(NB. Dies gilt natürlich nur, soweit nicht die vorher berechneten, nachfolgenden Unbekannten X_i bis X_r, die als Faktoren der Festwerte auftreten, in Betracht gezogen werden; denn diese sind aus Verschiebungen von Hauptsystemen berechnet, die einen höheren Grad der Unbestimmtheit aufweisen.)

Die Festlegung dieser Beziehungen zwischen Buchstaben und Zahlenindex ist für die folgenden Darstellungen von Wichtigkeit.

Wir fragen also zunächst nach der Art der Berechnung der Verschiebungen der einzelnen Hauptsysteme, da diese Werte zur Bestimmung der Größen X bekannt sein müssen. — Hierzu betrachten wir etwa den in der Einleitung zu § 12 gefundenen Ausdruck für die Unbekannte X_b des 2 fach statisch unbestimmten Systems:

$$X_b = -\frac{[b\,m.1]}{[b\,b.1]} = -\frac{[bm] - \dfrac{[ab]}{[aa]} \cdot [am]}{[bb] - \dfrac{[ab]}{[aa]} \cdot [ba]}.$$

Die Werte $[b\,m.1]$ und $[b\,b.1]$ stellen sich hiernach als Differenz zweier Verschiebungen dar; die erste, also der Minuend, hat die gleichen Buchstaben $[bm]$ bzw. $[bb]$ wie $[b\,m.1]$ bzw. $[b\,b.1]$, aber den nächst niedrigeren Zahlenindex (0 statt 1), die zweite

Verschiebung ist mit einem Festwert multipliziert. Im Nenner dieses Festwertes entsprechen die Buchstaben (a) dem durch den Zahlenindex der Verschiebungen (0) gekennzeichneten Hauptsystem (siehe Tabelle II).

Um nun auf Grund der vorstehenden Angaben die in Frage stehenden Differenzen nach einer einfachen Regel anschreiben zu können, ist insbesondere zu beachten, daß die Ausdrücke, rein algebraisch betrachtet, zu 0 werden. Denn es wird:

$$bm - \frac{ab}{aa} \cdot am = bm - bm = 0,$$

$$bb - \frac{ab}{aa} \cdot ba = bb - bb = 0,$$

indem sich im zweiten Gliede jedesmal die beiden Größen a in Zähler und Nenner fortheben.

Ganz dieselben Gesichtspunkte gelten für alle Verschiebungen eines beliebig hochgradig statisch unbestimmten Hauptsystems. Diese einfachen Beziehungen gestatten, diese Größen ohne weitere Überlegungen einzuschreiben.

Zur Erläuterung der Regel mögen einige Werte, die in der Tabelle I vorkommen, hier angegeben werden. Man schreibe zum Beispiel:

$$[bd.1] = [bd] - \frac{\cdots\cdots}{[aa]} \cdots$$

Das erste Glied hat die gleichen Buchstaben wie der Wert $[bd.1]$ und den nächst niedrigen Zahlenindex 0; der Nenner des Festwertes kann nur $[aa]$ sein, da nur Verschiebungen des Grundsystems (Index 0) auftreten. Der Zähler des Festwertes und der nebenstehende Faktor müssen nun so gewählt werden, daß der Gesamtwert, algebraisch betrachtet, zu 0 wird. Dies ist nur zu erreichen durch die Größen $[ab]$ und $[ad]$; dabei ist es gleichgültig, welche von beiden zum Zähler des Festwertes gemacht wird. Man erhält also:

$$[bd.1] = [bd] - \frac{[ab]}{[aa]} \cdot [ad].$$

Es handle sich zweitens um den Wert $[cd.2]$. Man schreibe:

$$[cd.2] = [cd.1] - \frac{\cdots\cdots\cdots}{[bb.1]} \cdots$$

Der Nenner kann nur $[bb.1]$ sein, da die Verschiebungen den Index 1 haben. Um den Gesamtwert algebraisch zu 0 zu machen, ist demnach zu schreiben:

$$[cd.2] = [cd.1] - \frac{[bc.1]}{[bb.1]} \cdot [bd.1],$$

denn die beiden noch einzusetzenden Verschiebungen ($[bc.1]$ und $[bd.1]$) müssen außer den beiden Buchstaben b des Nenners $[bb.1]$

noch die beiden Buchstaben c und d des ersten Gliedes $[cd.1]$ enthalten, damit algebraisch der Wert 0 herauskommt.

Schließlich soll noch eine Verschiebung des 8fach statisch unbestimmten Systems, etwa $[km.8]$, gesucht werden. Man schreibe:

$$[km.8] = [km.7] - \frac{\cdots\cdots}{[hh.7]}\cdots$$

Der Nenner $[hh.7]$ ergibt sich gemäß der Tabelle II, da nur die Verschiebungen des 7fach unbestimmten Systems eingehen. Damit der Gesamtwert algebraisch zu 0 wird, ist zu schreiben:

$$[km.8] = [km.7] - \frac{[hk.7]}{[hh.7]} \cdot [hm.7].$$

In dieser Weise lassen sich alle in der Tabelle I bei der Bestimmung der Unbekannten X auftretenden Werte ohne weiteres anschreiben.

[NB. Daß die vorhin rein mechanisch aufgestellten Ausdrücke sich auch auf Grund einer statischen Deutung ergeben, ist selbstverständlich. So z. B. ergibt sich $[cd.2]$ als Verschiebung des Punktes c infolge der Last $X_d = 1$ am 2fach unbestimmten System. Die Verschiebung von c am 2fach unbestimmten System infolge $X_d = 1$ (Fig. 113a) kann auch aufgefaßt werden als Verschiebung von c am

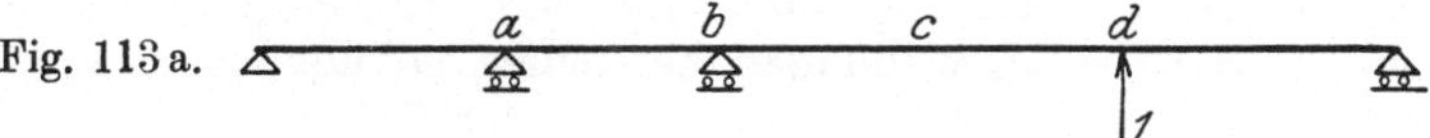

Fig. 113a.

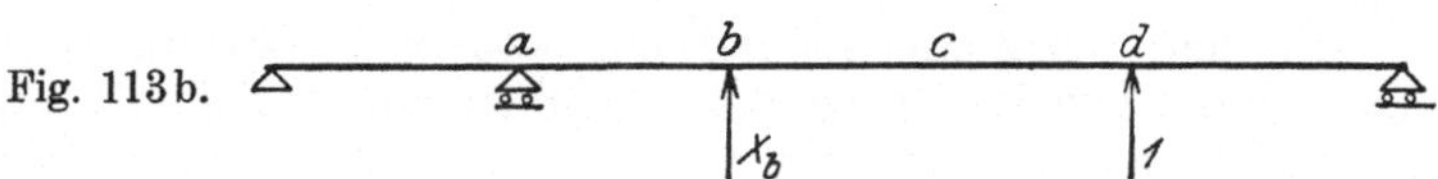

Fig. 113b.

1fach unbestimmten System, hervorgerufen durch die Last $X_d = 1$ und die in b durch $X_d = 1$ hervorgerufene Last X_b (Fig. 113b). Diese letztere Last ist aber gleich $-\dfrac{[bd.1]}{[bb.1]}$. Daher wird:

$$[cd.2] = [cd.1] - \frac{[bd.1]}{[bb.1]} \cdot [cb.1].$$

Dieser Ausdruck ist identisch mit dem vorhin angeschriebenen Wert, da wegen des Maxwellschen Satzes $[cb.1] = [bc.1]$ ist. Würde man $[cd.2] = [dc.2]$ als Verschiebung von d auffassen, so erhielte man den Wert genau in der vorhin angeschriebenen Form.] —

Aus den vorstehenden Ausführungen ergibt sich, daß sich jede Verschiebung eines Hauptsystems von ν-facher Unbestimmtheit aus den Verschiebungen des Systems vom nächst niedrigeren Grade statischer Unbestimmtheit in einfacher Weise darstellen läßt. Wir werden somit bei den Verschiebungen des 1fach unbestimmten Systems beginnen und allmählich zu den folgenden Werten fortschreiten.

Damit ergibt sich die folgende Regel zur Berechnung der Koeffizienten der Tabelle I, d. h. der Verschiebungen der einzelnen Hauptsysteme:

Aus den zuerst errechneten Verschiebungen des Grundsystems, deren Ermittlung stets zu Beginn der Lösung vorzunehmen ist, bilde man die Quotienten (Festwerte) der ersten Vertikalreihe der Tabelle I. Hierauf berechne man die Verschiebungen des 1fach statisch unbestimmten Hauptsystems, die sich nach den obigen Angaben aus den Verschiebungen des Grundsystems und den vorerwähnten Festwerten zusammensetzen. Aus diesen Verschiebungen (Index 1) ergeben sich die Quotienten (Festwerte) der zweiten Vertikalreihe der Tabelle. — Hierauf bestimme man die Verschiebungen des 2fach unbestimmten Hauptsystems (dritte Reihe), wobei die vorberechneten Verschiebungen des 1fach unbestimmten Systems und die zuletzt gefundenen Festwerte der zweiten Reihe einzusetzen sind. In dieser Weise ist fortzufahren bis zum Ende der Tabelle. (Vgl. das folgende Zahlenbeispiel.)

b) Berechnung der Unbekannten X bei ruhender Belastung. Nach den Angaben des vorigen Abschnittes a) sind die Festwerte der Tabelle I zahlenmäßig auszuwerten; dies ist bei jeder Aufgabe zuerst zu erledigen. Handelt es sich nun um die Untersuchung des Einflusses ruhender Belastung und sind die Absolutglieder $[am]$, $[bm]$, $[cm]$, ... der Grundgleichungen berechnet. so können auch die Quotienten in der obersten Horizontalreihe der Tabelle I ermittelt werden. Alsdann ist alles, was für die Berechnung der Unbekannten notwendig ist, gegeben; denn jede Unbekannte X ist durch Summierung der Glieder einer Vertikalkolonne nach Tabelle I zu bestimmen. Mit der Rechnung ist bei der letzten Unbekannten X_r zu beginnen, und rückwärts nach den Angaben der Tabelle I fortschreitend, findet man die weiteren Werte X bis hinauf zu X_a. (Vgl. die Angaben in § 11.)

c) Berechnung der Unbekannten X bei Temperaturänderungen und Widerlagerverschiebungen. Der Einfluß der Temperatur oder der Widerlagerverschiebungen berechnet sich in gleicher Weise nach Tabelle I wie derjenige einer äußeren Belastung. Denn die Grundgleichungen (Abschn. I), sind dieselben, nur treten an die Stelle der Absolutglieder $[am]$, $[bm]$, $[cm]$ ... die Werte $[at]$, $[bt]$, $[ct]$ ... bzw. $[a\overline{w}]$, $[b\overline{w}]$, $[c\overline{w}]$, ... Die Tabelle I behält also ihre Form, nur ist der Buchstabe m in den Gliedern der obersten Horizontalreihe durch den Buchstaben t (Temperaturänderungen) bzw. $\overline{w}$ (Widerlagerverschiebungen) zu ersetzen.

Zahlenbeispiel zur Berechnung der Unbekannten X und der Formänderungen.

α) Zur Erläuterung soll der in Fig. 107 dargestellte Träger für eine bestimmte ruhende Belastung berechnet werden. Die Belastung sei eine Einzellast 1 t im Abstande 10 m vom linken Endauflager. Hierfür sind zunächst die Verschiebungen $[am]$, $[bm]$, $[cm]$ zu berechnen. Im vorliegenden

Falle können diese direkt aus den in Fig. 108 dargestellten Biegungslinien entnommen werden. Man findet $[am] = -56{,}25$, $[bm] = -88{,}88$, $[cm] = -50{,}00$. Damit ergibt sich die folgende Tabelle der 0,30fachen Werte der Verschiebungen des Grundsystems.

	a	b	c	m	Festwerte
a	40,00	52,69	28,75	$-56{,}25$	—
b	52,69	94,864	56,56	$-88{,}88$	$-\dfrac{[ab]}{[aa]} = -1{,}317$
c	28,75	56,56	40,00	$-50{,}00$	$-\dfrac{[ac]}{[aa]} = -0{,}719$

Aus diesen Verschiebungen und den daraus zu bildenden Festwerten ergeben sich die Verschiebungen und Festwerte des 1-fach statisch unbestimmten Hauptsystems wie folgt:

$$[bb.1] = 94{,}864 - 1{,}317 \cdot 52{,}69 = 25{,}458,$$
$$[bc.1] = 56{,}56 \;\; - 1{,}317 \cdot 28{,}75 = 18{,}689,$$
$$[bm.1] = -88{,}88 \;\; + 1{,}317 \cdot 56{,}25 = -14{,}799,$$
$$[cc.1] = 40{,}00 \;\; - 0{,}719 \cdot 28{,}75 = 19{,}336,$$
$$[cm.1] = -50{,}00 \;\; + 0{,}719 \cdot 56{,}25 = -9{,}556.$$

Der Übersicht halber werden auch diese Verschiebungen mit den sich aus ihnen ergebenden Festwerten tabellarisch zusammengestellt.

Tabelle der Verschiebungen des 1fach unbestimmten Hauptsystems.

	a	b	c	m	Festwert
a	—	—	—	—	—
b	—	25,458	18,689	$-14{,}799$	—
c	—	18,689	19,336	$-9{,}556$	$-\dfrac{[bc.1]}{[bb.1]} = -0{,}734$

Als Verschiebungen des 2fach statisch unbestimmten Hauptsystems kommen nur zwei Werte in Betracht, nämlich

$$[cc.2] = 19{,}336 - 0{,}734 \cdot 18{,}689 = 5{,}616,$$
$$[cm.2] = -9{,}556 - 0{,}734 \cdot (-14{,}799) = 1{,}306.$$

Damit sind alle Größen zur Bildung der Tabelle I gegeben. Die folgende Berechnung der drei ersten Zeilen der Tabelle I bedarf daher keiner Erläuterung. Die Ergebnisse X_a, X_b, X_c in der untersten Zeile sind durch Addition der Werte in den Vertikalkolonnen gefunden.

X_a	X_b	X_c
$-\dfrac{-56{,}25}{40} = +1{,}406$	$-\dfrac{-14{,}799}{25{,}458} = +0{,}581$	$-\dfrac{1{,}306}{5{,}616} = -0{,}233$
$-1{,}317 \cdot 0{,}752 = -0{,}990$	—	—
$-0{,}719 \cdot (-0{,}233) = +0{,}168$	$-0{,}734 \cdot (-0{,}233) = +0{,}171$	—
$X_a = +0{,}584$	$X_b = +0{,}752$	$X_c = -0{,}233$

β) **Das gleiche System ist für die in Fig. 114 dargestellten Widerlagerverschiebungen zu berechnen.**

Die in Richtung der (nach oben) positiven Auflagerdrücke eintretenden Verschiebungen haben die folgenden Werte:

Verschiebung des Punktes l' (linkes Lager) . . . . . $+2$ cm,

„   „   „ a . . . . $[aw.3] = -3$ cm,

„   „   „ b . . . . $[bw.3] =\ \ 0$

„   „   „ c . . . . $[cw.3] = -2$ cm,

„   „   „ l'' (rechtes Lager) . . . $= +1$ cm.

Für die Absolutglieder $[a\bar{w}]$, $[b\bar{w}]$, $[c\bar{w}]$ der Grundgleichungen gilt allgemein der Ausdruck

$$[i\bar{w}] = [iw] - [iw.3].$$

Hier stellt $[iw.3]$ den gegebenen Wert der Verschiebung des Widerlagers i des 3fach unbestimmten Systems dar, also die in der Fig. 114 angegebenen

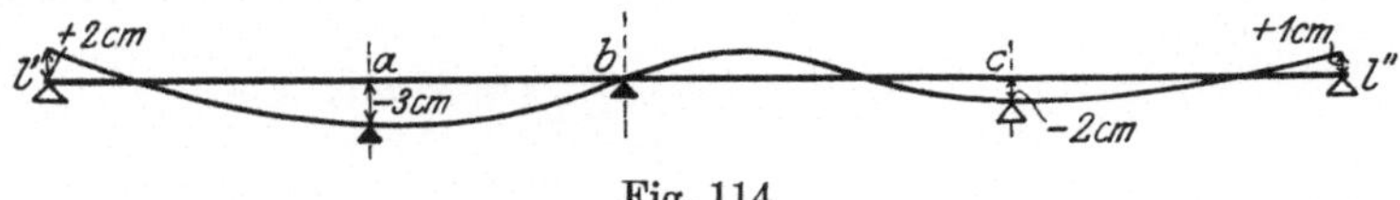

Fig. 114.

Verschiebungen. Dagegen bedeutet $[iw]$ die Verschiebung von i infolge der Widerlagerverschiebungen des Grundsystems. Nach Gl. (31) gilt für $[iw]$ der Ausdruck (s. S. 50).

$$[iw] = -\,\Sigma L_i \cdot [lw.3];$$

L_i sind die Auflagerdrücke infolge $X_i = 1$ am Grundsystem, $[lw.3]$ die gegebenen Verschiebungen der Angriffspunkte l dieser Auflagerkräfte.

Hiernach erhält man in unserem Falle

$$[aw] = -\,\Sigma L_a \cdot [lw.3] = -\left(-\frac{20}{25}\cdot 2 - \frac{5}{25}\cdot 1\right) = +1,\!80,$$

$$[bw] = -\,\Sigma L_b \cdot [lw.3] = -\left(-\frac{11}{25}\cdot 2 - \frac{14}{25}\cdot 1\right) = +1,\!44,$$

$$[cw] = -\,\Sigma L_c \cdot [lw.3] = -\left(-\frac{5}{25}\cdot 2 - \frac{20}{25}\cdot 1\right) = +1,\!20.$$

Somit ergibt sich

$$[a\bar{w}] = [aw] - [aw.3] = +1,\!80 - (-3) = +4,\!80,$$
$$[b\bar{w}] = [bw] - [bw.3] = +1,\!44 - 0\ \ \ \ \ = +1,\!44,$$
$$[c\bar{w}] = [cw] - [cw.3] = +1,\!20 - (-2) = +3,\!20.$$

Die **Lösung der Grundgleichungen** liefert hiernach folgende Ergebnisse:

$$[b\bar{w}.1] = [b\bar{w}] - \frac{[ab]}{[aa]}\cdot[a\bar{w}] = 1,\!44 - 1,\!317\cdot 4,\!80 = -4,\!8816,$$

$$[c\bar{w}.1] = [c\bar{w}] - \frac{[ac]}{[aa]}\cdot[a\bar{w}] = 3,\!20 - 0,\!719\cdot 4,\!80 = -0,\!2512,$$

$$[c\bar{w}.2] = [c\bar{w}.1] - \frac{[bc.1]}{[bb.1]}\cdot[b\bar{w}.1] = -0,\!2512 - 0,\!734\cdot(-4,\!8816) = +3,\!33.$$

Für die **Unbekannten infolge der Widerlagerverschiebungen** erhält man also, wenn man, wie früher die Nennerwerte, so auch jetzt die Zähler mit EJ multipliziert,

$$X_c = -\frac{[c\bar{w}.2]}{[cc.2]} = -\frac{3,\!33}{5,\!616} = \mathbf{-0,\!593\cdot EJ,}$$

$$X_b = - \frac{[b\bar{w}.1]}{[bb.1]} - \frac{[bc.1]}{[bb\,1]}\cdot X_c = + \frac{4{,}8816}{25{,}458} + 0{,}734\cdot 0{,}593 = + \mathbf{0{,}628}\cdot \boldsymbol{EJ},$$

$$X_a = - \frac{[a\bar{w}]}{[aa]} - \frac{[ab]}{[aa]}\cdot X_b - \frac{[ac]}{[aa]}\cdot X_c = - \frac{4{,}80}{40} - 1{,}317\cdot 0{,}628 +$$
$$+ 0{,}719\cdot 0{,}593 = - \mathbf{0{,}521}\cdot \boldsymbol{EJ}.$$

NB. Man beachte, daß die Nennergrößen die 0,30fachen Werte der eigentlichen Verschiebungen darstellen. Daher sind die vorstehenden Ergebnisse X noch mit 0,30 zu multiplizieren.

Ein zweiter Weg zur Bestimmung der Unbekannten ergibt sich, indem man in den vorstehenden Ausdrücken die Werte $[b\bar{w}.1]$ und $[c\bar{w}.2]$ als Summenausdrücke nach Gl. (31) berechnet.

Es ist
$$[b\bar{w}.1] = - \varSigma L_{b.1}\cdot[lw.3].$$

Die Belastung $X_{b.1} = 1$, welche die Auflagerdrücke $L_{b.1}$ erzeugt, ist in Fig. 115 dargestellt.

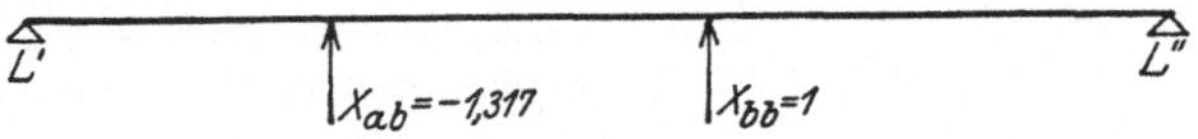

Fig. 115.

Man erhält
$$L' = - 1\cdot\frac{11}{25} - 1\cdot\frac{20}{25}\cdot(-1{,}317) = + 0{,}6136,$$

$$L'' = - 1\cdot\frac{14}{25} - 1\cdot\frac{5}{25}\cdot(-1{,}317) = - 0{,}3366.$$

Also
$$[b\bar{w}.1] = - [0{,}6136\cdot 2 - 1{,}317\,(-3) + 1\cdot 0 - 0{,}3366\cdot 1] = - 4{,}841.$$

Ferner ist
$$[c\bar{w}.2] = - \varSigma L_{c.2}\cdot[lw.3].$$

Die Lastengruppe $X_{c.2} = 1$ ist in Fig. 116 dargestellt.

Fig. 116.

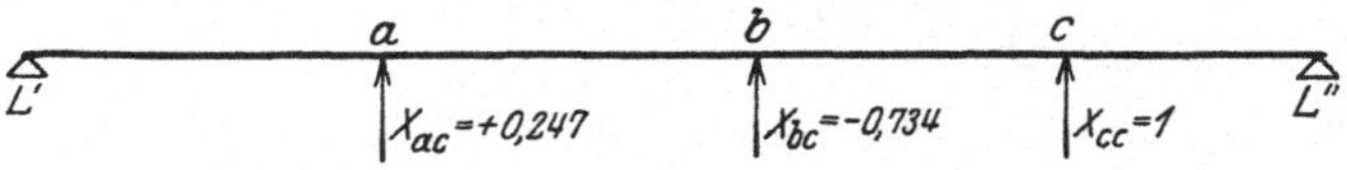

Fig. 116 a.

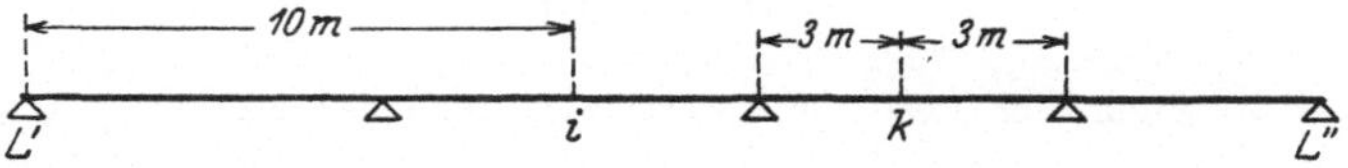

Man findet hierfür
$$L' = - 0{,}80\,(+0{,}247) - 0{,}44\,(-0{,}734) - 0{,}200\cdot 1 = - 0{,}07464,$$
$$L'' = - 0{,}20\,(+0{,}247) - 0{,}56\,(-0{,}734) - 0{,}800\cdot 1 = - 0{,}4384.$$

Somit ergibt sich
$$[c\bar{w}.2] = - [- 0{,}07464\cdot 2 + 0{,}247\,(-3) - 0{,}734\cdot 0 + 1\cdot(-2) - 0{,}4384\cdot 1] =$$
$$= + 3{,}329.$$

Dieser Wert wäre noch mit EJ zu multiplizieren.

Im übrigen sind mit diesen Werten die Unbekannten wie vorhin zu berechnen.

γ) **Es soll die Verschiebung (vertikale Durchbiegung) $[ki.3]$ des Punktes k berechnet werden, wenn das System, wie vorhin, mit einer Last $P_i = 1$ im Abstande 10 m vom linken Balkenende belastet ist.** (s. Fig. 116 a.)

NB. $[ki.3]$ ist identisch mit $[ik.3]$, d. h. der Verschiebung von i infolge $P_k = 1$.

Die Berechnung von $[ki.3]$ kann durch Zusammensetzung aus der Verschiebung $[ki]$ des Grundsystems und dem Beitrag der durch P_i hervorgerufenen Unbekannten erfolgen, und zwar nach der Gleichung

$$[ki.3] = [ki] + [ka] \cdot X_a + [kb] \cdot X_b + [kc] \cdot X_c.$$

Die durch P_i hervorgerufenen Unbekannten haben die vorhin berechneten Werte

$$X_a = + 0,584; \quad X_b = + 0,752; \quad X_c = - 0,233.$$

Die Koeffizienten dieser Unbekannten sind aus den Biegungslinien (siehe S. 117) zu entnehmen:

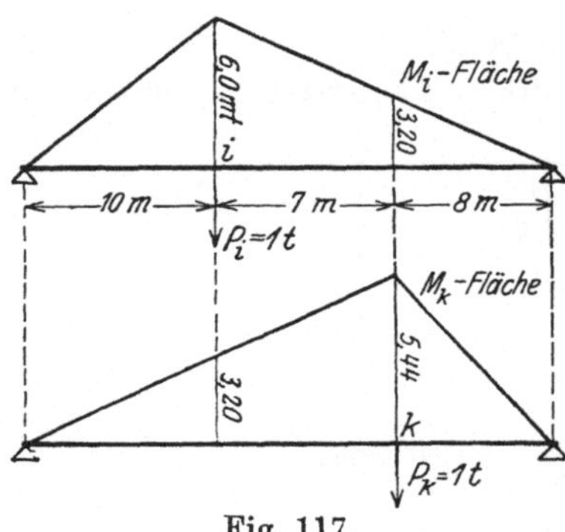

Fig. 117.

$$[ka] = - 42,88; \quad [kb] = - 81,76;$$
$$[kc] = - 52,87.$$

[Da wir die Durchbiegungen nach unten positiv rechnen wollen, so müssen die vorstehenden Verschiebungen infolge der nach oben wirkenden Kräfte $X = 1$ das negative Vorzeichen haben. Der Faktor $\dfrac{1}{EJ}$ ist bei allen Verschiebungen fortgelassen. Zu beachten ist, daß die vorstehenden Werte die mit 0,30 multiplizierten Verschiebungen darstellen.

Das noch fehlende erste Glied $[ki]$ berechnet sich wie folgt (s. Fig. 117):

$$[ki] = 0,30 \cdot \int M_i M_k \, dx = \frac{10}{3} \cdot 6 \cdot 3,20 + \frac{8}{3} \cdot 3,20 \cdot 5,44 + \frac{7}{6} \cdot [6 \, (2 \cdot 3,20 + 5,44)$$
$$+ \, 3,20 \, (2 \cdot 5,44 + 3,20)] = 73,76.$$

Somit ergibt sich

$$0,30 \cdot [ki.3] = 73,76 - 42,88 \cdot 0,584 - 81,76 \cdot 0,752 + 52,87 \cdot 0,233 = - 0,447$$
$$[ki.3] = - 1,49.$$

(NB. Auch bei diesem Endwert fehlt noch der Faktor $\dfrac{1}{EJ}$. Die Dimensionen sind die gleichen wie bei den Verschiebungen im Zahlenbeispiel S. 115, also Meter und Tonnen. Um in einem bestimmten Falle den zahlenmäßigen Wert der Verschiebung zu erhalten, wäre der Faktor $\dfrac{1}{EJ}$ und zwar in m und t zuzufügen. Der Endwert ergäbe sich dann in Metern.)

Die Berechnung von $[ki.3]$ kann zweitens durch Auswertung des Summenausdrucks

$$[ki.3] = \int M_k \cdot \frac{M_{i.3} \, ds}{EJ} = \int M_{k.3} \cdot \frac{M_i \, ds}{EJ}$$

erfolgen. (S. Gl. 27, S. 47.)

Die Momente $M_{i.3}$ sind die Ordinaten der Momentenfläche für $P_i = 1$ am 3fach statisch unbestimmten System. Die Werte der drei Unbekannten infolge P_i sind bereits berechnet und ergeben zusammen mit P_i die in Fig. 118a dargestellte Belastung des Grundsystems.   Fig. 118b zeigt die entsprechende Momentenfläche ($M_{i.3}$-Fläche).

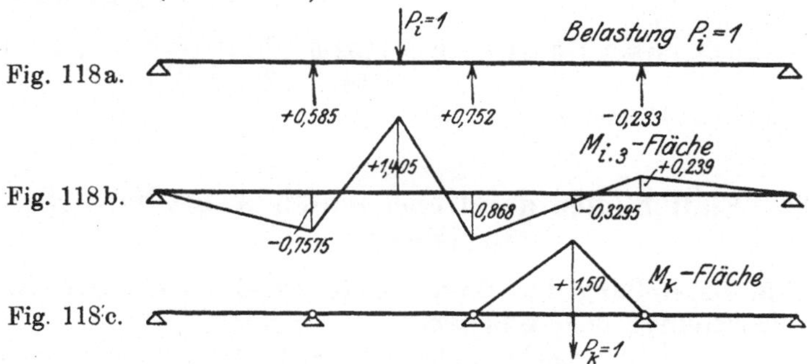

Die Belastung $P_k = 1$ wirkt am Grundsystem, und zwar braucht dieses nicht das Grundsystem zu sein, welches bei der Berechnung der Unbekannten X verwandt wurde. Wir wählen vielmehr das System, an dem P_k angreift, so, daß die Rechnung möglichst einfach wird, d. h. wir verwenden die vier Einzelbalken (Fig. 118c), in die das System übergeht, wenn man über den Stützen Gelenke anbringt. Dann erstreckt sich nämlich die M_k-Fläche und damit auch das Integral für $[ki.3]$ nur über die eine Öffnung. (Vgl. S. 38.)

Es wird:

$$[ki.3] = \frac{3}{6} \cdot [-1,50\,(2 \cdot 0,3295 + 0,868) - 1,50\,(2 \cdot 0,3295 - 0,239)]$$

$$[ki.3] = -1,46.$$

δ) **Es soll die Verschiebung (vertikale Durchbiegung) $[iw.3]$ des Punktes i berechnet werden, wenn die in Fig. 114 angegebenen Widerlagerverschiebungen auftreten.**

Die Berechnung kann erstens durch Zusammensetzung der Verschiebung $[iw]$ des Grundsystems und des Beitrages der Unbekannten erfolgen:

$$[iw.3] = [iw] + [ia] \cdot X_a + [ib] \cdot X_b + [ic] \cdot X_c.$$

Die Werte X infolge der Widerlagerverschiebungen sind vorhin (s. β) berechnet worden; die Werte $[ia]$, $[ib]$, $[ic]$ sind aus den Biegungslinien (siehe S. 117) zu entnehmen. Der Wert $[iw]$ berechnet sich zu

$$[iw] = -\Sigma L_i\,[lw.3] = -\left(\frac{15}{25} \cdot 2 + \frac{10}{25} \cdot 1\right) = -1,60.$$

Also erhält man

$$[iw.3] = -1,60 + (-56,25)\cdot(-0,521) + (-88,88)(+0,628)$$
$$+ (-50,00)\cdot(-0,593) = +1,54.$$

Dieser Wert erhält noch den Faktor EJ.

Dieser Wert kann aber auch **zweitens als Summenausdruck** nach Gl. (31) berechnet werden:

$$[iw.3] = -\Sigma L_{i.3} \cdot [lw.3].$$

$L_{i.3}$ sind die Auflagerdrücke infolge $P_i = 1$ am 3-fach unbestimmten System. Die drei Unbekannten für diese Belastung sind bereits bekannt (s. Fig. 118a).

Aus $P_i = 1$ und diesen Lasten X_a, X_b, X_c berechnen sich die Auflagerkräfte L' und L'' an den Balkenenden wie folgt:

$$L' = 0{,}60 - 0{,}80 \cdot 0{,}584 - 0{,}44 \cdot 0{,}752 + 0{,}20 \cdot 0{,}233 = -0{,}1515,$$
$$L'' = 0{,}40 - 0{,}20 \cdot 0{,}584 - 0{,}56 \cdot 0{,}752 + 0{,}80 \cdot 0{,}233 = +0{,}0485.$$

Somit ergibt sich

$$[iw.3] = -[-0{,}1515 \cdot 2 + 0{,}584 \cdot (-3) + 0{,}752 \cdot 0 - 0{,}233 \cdot (-2) + 0{,}0485 \cdot 1]$$
$$= +154.$$

(Multiplikationsfaktor EJ.)

§ 14. Einflußlinien der Unbekannten X bei beweglicher Belastung.

a) Die Darstellung der Werte X in Tabelle I als Grundlage für die Ermittelung der X-Linien.

Auch für die Untersuchung des Einflusses beweglicher Belastung ist der Gang der Rechnung aus der Tabelle I zu ersehen. Die letzte Unbekannte X_r ist durch die Gleichung gegeben:

$$X_r = -\frac{[rm.\varrho - 1]}{[rr.\varrho - 1]},$$

d. h. X_r ist wie die Unbekannte eines 1-fach unbestimmten Systems als Quotient zweier Verschiebungen des Hauptsystems, und zwar hier des $(\varrho - 1)$-fach statisch unbestimmten Hauptsystems, dargestellt. Man kann also sagen: die Ordinaten $[rm.\varrho - 1]$ der Biegungslinie des $(\varrho - 1)$-fach unbestimmten Hauptsystems für die Belastung $X_r = 1$ sind direkt proportional dem Werte X_r; Proportionalitätsfaktor ist der von der Stellung der äußeren Last unabhängige Wert $-\dfrac{1}{[rr.\varrho - 1]}$, wobei $[rr.\varrho - 1]$ die Verschiebung des Angriffspunktes r der Unbekannten X_r infolge $X_r = 1$ am Hauptsystem darstellt. Daraus folgt, daß die Biegungslinie für $X_r = 1$ (am Hauptsystem) zugleich die Einflußlinie für X_r darstellt, und zwar ist der Multiplikator $-\dfrac{1}{[rr.\varrho - 1]}$.

Bei den übrigen Unbekannten X stehen die entsprechenden Quotienten (Einfluß der äußeren Lasten auf das Hauptsystem) in der obersten Reihe der Tabelle I. Es sind gleichfalls Werte, deren Zähler sich als Ordinaten der Biegungslinien der einzelnen (statisch unbestimmten) Hauptsysteme darstellen. Der Grad der Unbestimmtheit dieser Hauptsysteme steigt an von 0 $\left(\text{bei } -\dfrac{[am]}{[aa]}\right)$ bis $(\varrho - 2)$ $\left(\text{bei } -\dfrac{[qm.\varrho - 2]}{[qq.\varrho - 2]}\right)$. — Aber außer diesen Werten der obersten Horizontalreihe kommen in jedem Wert X_i die weiteren Unbekannten $(X_k$ bis $X_r)$ vor, und zwar multipliziert mit einem Festwert. Die Ordinaten der Einflußlinie einer solchen Unbekannten X_i setzen sich also zusammen aus den Ordinaten der Biegungslinie für $X_i = 1$ am zugeordneten Hauptsystem (mit dem entsprechenden Multiplikator) und den Ordinaten der Einflußlinien aller auf X_i folgenden Unbekannten X_k bis X_r. Letztere sind als vorher berechnet anzunehmen.

Betrachtet man zum Beispiel den vorhin erwähnten Fall des 4-fach unbestimmten Systems (s. Tabelle S. 126), so ist die X_d-Linie (X_d ist die letzte Unbekannte) gegeben als Biegungslinie des 3-fach unbestimmten Hauptsystems, entsprechend dem Ausdruck:

$$X_d = -\frac{[dm.3]}{[dd.3]}.$$

Für die vorherige Unbekannte X_c dagegen gilt ein zusammengesetzter Ausdruck, nämlich

$$X_c = -\frac{[cm.2]}{[cc.2]} - \frac{[cd.2]}{[cc.2]} \cdot X_d.$$

Das erste Glied ist die mit einer Konstanten $-\dfrac{1}{[cc.2]}$ multiplizierte Ordinate der Biegungslinie des 2-fach unbestimmten Hauptsystems für die Belastung $X_c = 1$. Das zweite Glied gibt die Ordinate der X_d-Linie, ebenfalls multipliziert mit einer Konstanten, und zwar dem Festwert $-\dfrac{[cd.2]}{[cc.2]}$. Die X_c-Linie setzt sich also zusammen aus den Ordinaten der Biegungslinie für $X_c = 1$ am 2-fach unbestimmten Hauptsystem und den Ordinaten der X_d-Linie. Entsprechendes gilt für die X_b-Linie. Es sind zusammenzusetzen die Ordinaten der Biegungslinie des einfach unbestimmten Hauptsystems für die Belastung $X_b = 1$ mit den Ordinaten der X_c- und X_d-Linie, entsprechend dem Ausdruck:

$$X_b = -\frac{[bm.1]}{[bb.1]} - \frac{[bc.1]}{[bb.1]} \cdot X_c - \frac{[bd.1]}{[bb.1]} \cdot X_d.$$

Bei der X_a-Linie tritt noch die Biegungslinie für $X_a = 1$ am 0-fach unbestimmten Hauptsystem (Grundsystem) hinzu; diese Biegungslinie ist zusammenzusetzen mit den vorher bestimmten X_b-, X_c- und X_d-Linien.

Aus alledem folgt, daß sich die Einflußlinien der Unbekannten X_a bis X_r durch Zusammensetzung der Biegungslinien für die Zustände $X_a = 1$, $X_b = 1$, ..., $X_r = 1$ am 0-, 1-, ..., $\varrho - 1$-fach statisch unbestimmten System ergeben. Man beginnt mit der letzten, der X_r-Linie, und bestimmt rückwärts fortschreitend, der Reihe nach die X_q-, X_p-, X_o-, ... bis X_a-Linie. Jede dieser X-Linien, etwa die X_i-Linie, setzt sich zusammen aus der Biegungslinie für $X_i = 1$ an einem zugeordneten, ν-fach unbestimmten System, und den vorher gefundenen Einflußlinien für die (auf X_i) folgenden Unbekannten X_k, X_l, ..., X_r. Die letztgenannten Einflußlinien sind dabei mit einem Festwert gemäß Tabelle I zu multiplizieren.

Es handelt sich also zunächst darum, die Biegungslinien der einzelnen Hauptsysteme, d. h. von Systemen ansteigender statischer Unbestimmtheit zu ermitteln.

b) Ermittlung der Biegungslinien der statisch unbestimmten Hauptsysteme. Belastungszustände $X_{a.0}$, $X_{b.1}$, $X_{c.2}$, ... $=1$. Belastungsschema. Tabelle III.

Um eine einfache Bezeichnung zu erhalten, schreiben wir die ebengenannten Belastungen $X=1$ am 0, 1, 2, ... $(\varrho-1)$-fach unbestimmten Hauptsystem, wie folgt:

$$X_{a.0}=1, \quad X_{b.1}=1, \quad X_{c.2}=1, \quad X_{d.3}=1 \text{ bis } \dots X_{r.\varrho-1}=1.$$

Der Grad der Unbestimmtheit des Hauptsystems, an dem eine Last $X_i=1$ wirkt, wird also gekennzeichnet durch den neben i angesetzten Zahlenindex. Die Zusammengehörigkeit die Buchstaben a, b, c, ... und Zahlen 0, 1, 2, ... ist wiederum durch die Tabelle II gegeben. —

Um nun etwa die Biegungslinie für die Belastung $X_{d.3}=1$ zeichnen zu können, müssen die drei zunächst unbekannten Lasten in a, b und c aufgesucht werden, da $X_{d.3}=1$ am dreifach unbestimmten Hauptsystem wirkt (Fig. 119a). Diese drei Unbekannten, die mit der Last 1 in d zusammen eine am Grundsystem wirkende

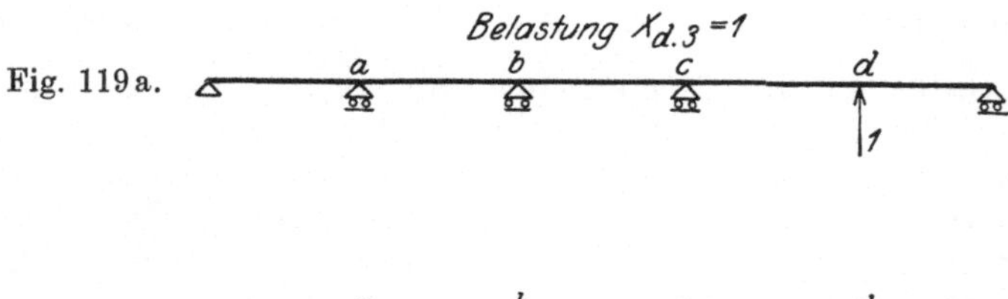

Lastengruppe bilden (Fig. 119b), werden durch zwei Indizes gekennzeichnet, und zwar soll der erste Index (a, b, c, d) den Punkt angeben, in dem die Größe X angreift (Ort der Wirkung von X), der zweite Index (hier d) soll die Belastung (Ursache) andeuten, durch die der Wert X erzeugt wird (hier $X_d=1$).

Allgemein soll eine Größe X_{ik}[1]) mit zwei Indizes die im Punkte i (Angriffspunkt von X) in Richtung von X_i durch die Last $X_k=1$ am Hauptsystem hervorgerufene Kraft X bedeuten, wobei als Hauptsystem das der Last X_k zugeordnete statisch unbestimmte System in Frage kommt. So z. B. würde X_{dg} die in d auftretende Last bedeuten, die durch $X_g=1$ am (6fach unbestimmten) Hauptsystem hervorgerufen wird. (Der Unbekannten X_g ist ein 6-fach unbestimmtes Hauptsystem zugeordnet. Tabelle II.)

Um die Lasten X_{ad}, X_{bd} und X_{cd} infolge $X_{d.3}=1$ zu bestimmen, bedarf es nur der gleichen Überlegungen, wie sie in § 12 bei der Darstellung der Unbekannten X angestellt wurden. Nach den dortigen

---

[1]) Diese Lasten X_{ik} einer Lastengruppe $X=1$ sind natürlich wohl zu unterscheiden von den Unbekannten X_i der Aufgabe.

Ergebnissen können die gesuchten Werte ohne weiteres angeschrieben werden. — Bestimmt man zunächst X_{cd}, so ist dies eine Unbekannte am zweifach unbestimmten Hauptsystem infolge $X_d = 1$ (s. Fig. 120a). Sie ergibt sich demnach aus der Gleichung

$$X_{cd} = -\frac{[cd.2]}{[cc.2]}$$

(d ist statt m in der allgemeinen Gleichung einzusetzen, denn die äußere Belastung P_m ist hier $X_d = 1$ (Fig. 120a). Da nunmehr die

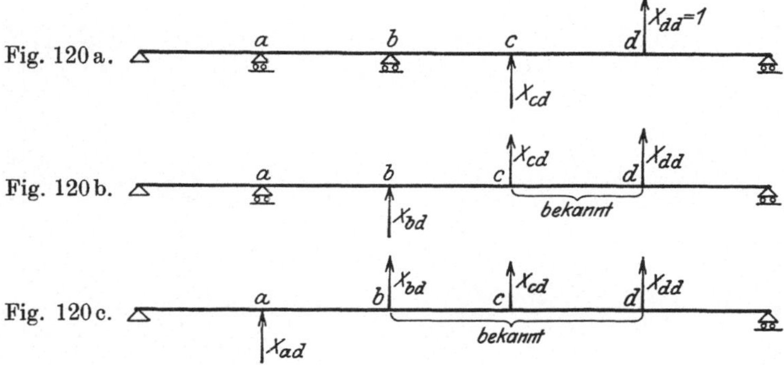

beiden Lasten in c und d gegeben sind, läßt sich X_{bd} als Unbekannte am 1fach unbestimmten Hauptsystem angeben, und zwar als Folge der beiden genannten Lasten X_{cd} und $X_{dd} = 1$ (Fig. 120b). Man erhält:

$$X_{bd} = -\frac{[bd.1]}{[bb.1]} \cdot 1 - \frac{[bc.1]}{[bb.1]} \cdot X_{cd},$$

wobei für X_{cd} der vorhin bestimmte Wert einzusetzen wäre.

Aus den nunmehr bekannten Lasten X_{bd} und X_{cd} und der gegebenen Last $X_{dd} = 1$ findet man die letzte Unbekannte X_{ad} am Grundsystem (s. Fig. 120c) nach folgender Gleichung:

$$X_a = -\frac{[ad]}{[aa]} \cdot 1 - \frac{[ac]}{[aa]} \cdot X_{cd} - \frac{[ab]}{[aa]} \cdot X_{bd}.$$

Die gefundenen Werte werden in übersichtlicher Form (ähnlich wie in Tabelle I, S. 125) zusammengeschrieben.

Belastung $X_{d.3} = 1$.

X_{ad}	X_{bd}	X_{cd}	X_{dd}
$-\dfrac{[ab]}{[aa]} \cdot X_{bd}$	.	.	.
$-\dfrac{[ac]}{[aa]} \cdot X_{cd}$	$-\dfrac{[bc.1]}{[bb.1]} \cdot X_{cd}$	.	.
$-\dfrac{[ad]}{[aa]} \cdot 1$	$-\dfrac{[bd.1]}{[bd.1]} \cdot 1$	$-\dfrac{[cd.2]}{[cc.2]} \cdot 1$	1

Tabelle III.

Belastungsschema. Lastengruppe $X_{h.q}=1$. (Zugleich Schema der Lastengruppen $X_{a.0}=1$, $X_{b.1}=1$, $X_{c.2}=1$, … usf.)

	X_{ak}	X_{bk}	X_{ck}	X_{dk}	X_{ek}	X_{fk}	X_{gk}	X_{hk}	X_{ik}	X_{kk}
a	—									
b	$-\dfrac{[ab]}{[aa]}\cdot X_{bk}$									
c	$-\dfrac{[ac]}{[aa]}\cdot X_{ck}$	$-\dfrac{[bc.1]}{[bb.1]}\cdot X_{ck}$								
d	$-\dfrac{[ad]}{[aa]}\cdot X_{dk}$	$-\dfrac{[bd.1]}{[bb.1]}\cdot X_{dk}$	$-\dfrac{[cd.2]}{[cc.2]}\cdot X_{dk}$							
e	$-\dfrac{[ae]}{[aa]}\cdot X_{ek}$	$-\dfrac{[be.1]}{[bb.1]}\cdot X_{ek}$	$-\dfrac{[ce.2]}{[cc.2]}\cdot X_{ck}$	$-\dfrac{[de.3]}{[dd.3]}\cdot X_{ck}$						
f	$-\dfrac{[af]}{[aa]}\cdot X_{fk}$	$-\dfrac{[bf.1]}{[bb.1]}\cdot X_{fk}$	$-\dfrac{[cf.2]}{[cc.2]}\cdot X_{fk}$	$-\dfrac{[df.3]}{[dd.3]}\cdot X_{fk}$	$-\dfrac{[ef.4]}{[ee.4]}\cdot X_{fk}$					
g	$-\dfrac{[ag]}{[aa]}\cdot X_{gk}$	$-\dfrac{[bg.1]}{[bb.1]}\cdot X_{gk}$	$-\dfrac{[cg.2]}{[cc.2]}\cdot X_{gk}$	$-\dfrac{[dg.3]}{[dd.3]}\cdot X_{gk}$	$-\dfrac{[eg.4]}{[ee.4]}\cdot X_{gk}$	$-\dfrac{[fg.5]}{[ff.5]}\cdot X_{gk}$				
h	$-\dfrac{[ah]}{[aa]}\cdot X_{hk}$	$-\dfrac{[bh.1]}{[bb.1]}\cdot X_{hk}$	$-\dfrac{[ch.2]}{[cc.2]}\cdot X_{hk}$	$-\dfrac{[dh.3]}{[dd.3]}\cdot X_{hk}$	$-\dfrac{[eh.4]}{[ee.4]}\cdot X_{hk}$	$-\dfrac{[fh.5]}{[ff.5]}\cdot X_{hk}$	$-\dfrac{[gh.6]}{[gg.6]}\cdot X_{hk}$			
i	$-\dfrac{[ai]}{[aa]}\cdot X_{ik}$	$-\dfrac{[bi.1]}{[bb.1]}\cdot X_{ik}$	$-\dfrac{[ci.2]}{[cc.2]}\cdot X_{ik}$	$-\dfrac{[di.3]}{[dd.3]}\cdot X_{ik}$	$-\dfrac{[ei.4]}{[ee.4]}\cdot X_{ik}$	$-\dfrac{[fi.5]}{[ff.5]}\cdot X_{ik}$	$-\dfrac{[gi.6]}{[gg.6]}\cdot X_{ik}$	$-\dfrac{[hi.7]}{[hh.7]}\cdot X_{ik}$		
k	$-\dfrac{[ak]}{[aa]}\cdot 1$	$-\dfrac{[bk.1]}{[bb.1]}\cdot 1$	$-\dfrac{[ck.2]}{[cc.2]}\cdot 1$	$-\dfrac{[dk.3]}{[dd.3]}\cdot 1$	$-\dfrac{[ek.4]}{[ee.4]}\cdot 1$	$-\dfrac{[fk.5]}{[ff.5]}\cdot 1$	$-\dfrac{[gk.6]}{[gg.6]}\cdot 1$	$-\dfrac{[hk.7]}{[hh.7]}\cdot 1$	$-\dfrac{[ik.8]}{[ii.8]}\cdot 1$	1

In dieser Tabelle ist wiederum (ähnlich wie in Tabelle I, S. 125), jede Einzellast X durch die Summe der Glieder einer Vertikalreihe gegeben. Der Aufbau der Tabelle ist — bis auf die erste Zeile — ganz entsprechend dem der Tabelle I. Nur die erste Horizontalreihe (Glieder mit dem Index m, dem Kennzeichen der äußeren Belastung) fehlt, da eine äußere Belastung P_m nicht vorhanden ist. Insbesondere sind die Multiplikatoren der Größen X dieselben wie früher, nämlich gleich den Festwerten. —

Bezüglich der Verwendung der vorstehenden Tabelle ist zu beachten, daß sie zugleich die übrigen Lastengruppen $X_{c.2}=1$ und $X_{b.1}=1$ angibt. Es hätten sich z. B. für die Belastung $X_{c.2}=1$ am 2-fach unbestimmten Hauptsystem die Werte ergeben:

$$X_{bc} = -\frac{[bc.1]}{[bb.1]}\cdot 1 \quad \text{und} \quad X_{ac} = -\frac{[ac]}{[aa]}\cdot 1 - \frac{[ab]}{[aa]}\cdot X_{bc}.$$

Würde man auch diese Werte in der bisherigen Anordnung anschreiben, so erhielte man dasselbe, was sich in der vorstehenden Tabelle, S. 139, beim Verschwinden der Glieder mit dem Buchstaben d ergebe. Man erkennt dies, wenn in der Tabelle die letzte Kolonne und die letzte Zeile mit dem Index d fortgestrichen wird. Hierbei wäre naturgemäß bei den Lasten X in a und b der zweite Index c (statt d) einzusetzen, als Kennzeichen der Belastung $X_{c.2}=1$. Ebenso würde man den nächstfolgenden Belastungszustand $X_{e.4}=1$ durch entsprechende Erweiterung der Tabelle finden, d. h. durch Ansetzen einer unteren Horizontalreihe von folgender Form:

$-\dfrac{[ae]}{[aa]}\cdot 1$	$-\dfrac{[be.1]}{[bb.1]}\cdot 1$	$-\dfrac{[ce.2]}{[cc.2]}\cdot 1$	$-\dfrac{[de.3]}{[dd.3]}\cdot 1$	1

Hier wäre alsdann bei den Lasten X als zweiter Index e einzusetzen, da es sich um $X_{e.4}=1$ handelt.

Man erkennt also, daß die Tabelle, bis zum letzten Belastungszustand $X_{r.(\varrho-1)}=1$ fortgesetzt, alle Lastengruppen $X_{i.\nu}=1$ in übersichtlicher Anordnung darstellt. Werden entsprechend der Tabelle S. 125 die Lasten des Zustandes $X_{r.(\varrho-1)}$ angeschrieben, nämlich X_{ar}, X_{br}, X_{cr} ... bis X_{rr}, so sind damit zugleich alle vorherigen Belastungen (Lastengruppen) $X_{a.0}=1$, $X_{b.1}=1$, $X_{c.2}=1$ bis $X_{q.(\varrho-2)}=1$ gegeben. Denn es ist nur eine entsprechende Zahl von horizontalen und vertikalen Reihen fortzustreichen, um eine der sonstigen Belastungen entnehmen zu können. Der letzte Belastungszustand $X_{r.(\varrho-1)}=1$ stellt also das Schema aller Belastungen $X=1$ dar und möge daher als Belastungsschema bezeichnet werden. Die nebenstehende Tabelle III gibt das Belastungsschema für ein 10-fach unbestimmtes System (9-fach unbestimmtes Hauptsystem; letzte Last X_k, s. Tabelle II).

Wie dieses Belastungsschema fortzusetzen wäre, wenn weitere Unbestimmtheiten hinzukämen, leuchtet ohne weiteres ein. Würde eine nächste Unbekannte X_l in Frage kommen, so wäre l als zweiter Index (statt k) bei den Werten X zu setzen und eine weitere Reihe anzufügen. Die Glieder dieser Reihe sind durch die Fortsetzung der Vertikalkolonnen gegeben. — Will man aus dem Schema irgendeine von den andern neun Belastungen, etwa $X_{d.3} = 1$ entnehmen, so kommen nur die oberen drei Reihen der Tabelle bis zur Reihe d in Frage. X_{dd} wäre $= 1$ zu setzen, und bei den einzelnen Lasten X_{ad}, X_{bd}, X_{cd} als zweiter Index, der den Lastangriff kennzeichnet, der Buchstabe d statt k zu wählen. Es würde sich also die schon vorhin (s. S. 139) dargestellte Lastengruppe $X_{d.3} = 1$ ergeben.

In dieser Weise können alle Belastungen $X_{b.1} = 1$, $X_{c.2} = 1 \ldots$ bis $X_{k.9} = 1$ aus dem Belastungsschema entnommen werden.

Damit sind die notwendigen Unterlagen gegeben, um für diese Belastungen (Lastengruppen) die Biegungslinien zu zeichnen, da alle Lasten der einzelnen Gruppen bekannt sind und am Grundsystem wirken. (Wie zu einer gegebenen Belastung die Biegungslinie eines statisch bestimmten Systems ermittelt wird, ist in § 8 dargelegt worden.) Aus diesen Biegungslinien setzen sich, wie in Abschnitt a gezeigt wurde, die Einflußlinien der Unbekannten X zusammen. Daher bleibt jetzt nur noch die Art dieser Zusammensetzung der X-Linien zu besprechen (vgl. das folgende Zahlenbeispiel, I. Teil: Die Biegungslinien infolge $X_{a.0} = 1$, $X_{b.1} = 1$, $X_{c.1} = 1$).

c) Verschiedene Rechnungsarten zur Ermittlung der Einflußlinien der Unbekannten X.

α) Zusammensetzung aus den Ordinaten der Biegungslinien der einzelnen Hauptsysteme. Wenn in der beschriebenen Weise die Biegungslinien der einzelnen Hauptsysteme bestimmt sind, so können die X-Linien nach den Ausführungen auf S. 136 ff. durch Zusammensetzung der Ordinaten der Biegungslinien gefunden werden.

Die Aufgabe liegt dann ganz ähnlich wie beim allgemeinen Verfahren (§ 11, b, S. 114), wo ebenfalls ϱ Biegungslinien zu Einflußlinien zusammenzusetzen waren. Dort waren indessen ϱ Biegungslinien des Grundsystems für die Zustände X_a, $X_b \ldots$ bis $X_r = 1$ vorausgesetzt. Hier handelt es sich um die Zusammensetzung von Biegungslinien der einzelnen Hauptsysteme von ansteigender statischer Unbestimmtheit, und zwar derjenigen für die Belastungen $X_{a.0} = 1$, $X_{b.1} = 1$, $X_{c.2} = 1 \ldots$ bis $X_{r.(\varrho - 1)} = 1$. Wie auf S. 136 ff. bereits gezeigt wurde, ergibt sich eine X_k-Linie durch Zusammensetzung der Biegungslinie für $X_k = 1$ am zugeordneten Hauptsystem und der folgenden X-Linien, d. h. der Einflußlinien für X_l bis X_r. Dies läßt die Tabelle I ohne weiteres erkennen und ist früher näher erörtert worden (s. § 14a). Die Art der Zusammensetzung erfolgt wie früher beim allgemeinen Verfahren: für die einzelnen Punkte m, deren Ordinaten bestimmt werden sollen, sind die Ordinaten des jeweiligen Punktes m aus den in Frage kommenden Biegungslinien (bzw. Einflußlinien) zu entnehmen, mit den Festwerten zu multiplizieren und gemäß Tabelle I zu addieren.

Zahlenbeispiel. Als Beispiel diene wiederum der schon mehrfach behandelte Träger auf 5 Stützen. Zunächst sind die Einflußlinien für $X_{a.0} = 1$, $X_{b.1} = 1$ und $X_{c.2} = 1$ zu bestimmen. Die Biegungslinie für $X_{a.0} = 1$ liegt bereits vor (Fig. 108).

Biegungslinien[1]) für die Belastungen $X_{a.0}=1$, $X_{b.1}=1$, $X_{c.2}=1$. Einflußlinie der Unbekannten X_b[2]).

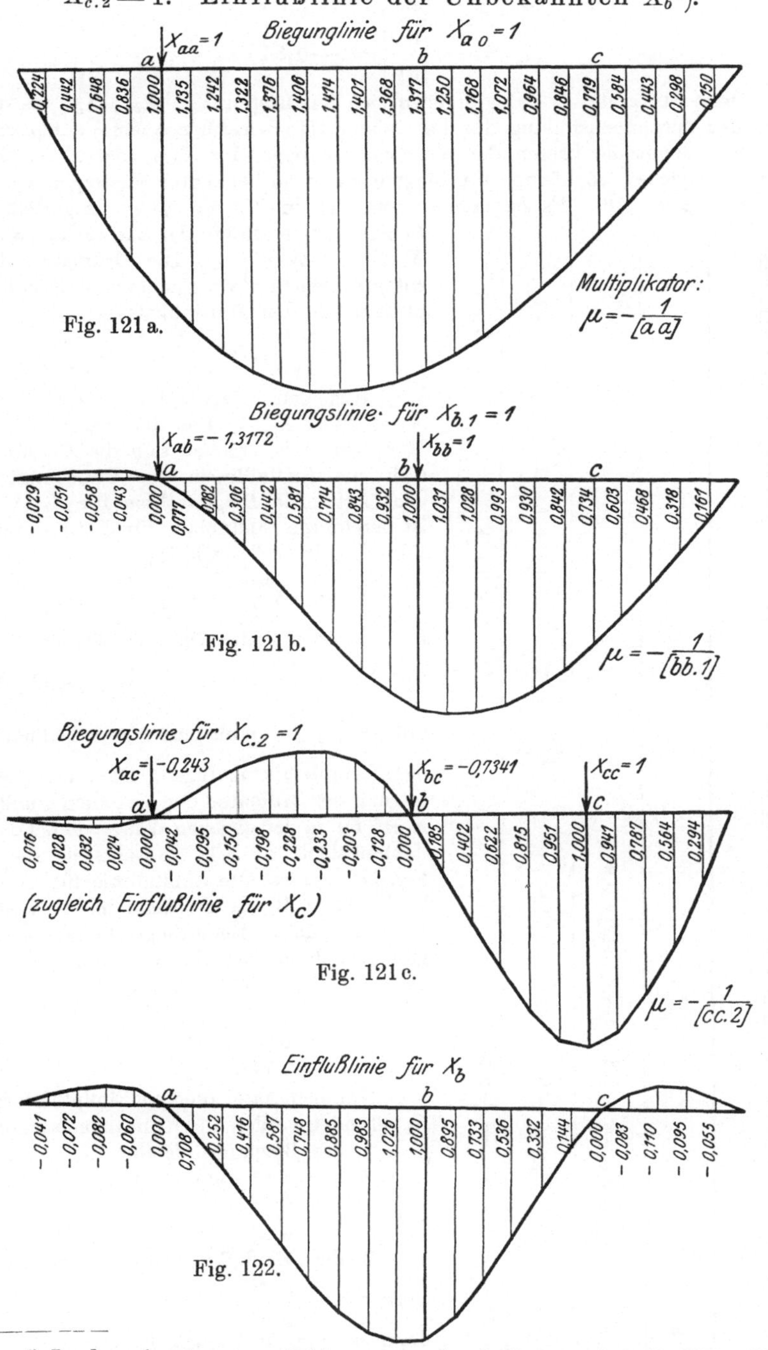

---

[1]) In den eingetragenen Zahlenwerten der Ordinaten sind die Multiplikatoren μ bereits berücksichtigt.   [2]) Einflußlinie für X_a siehe Fig. 109.

Beim Zustande $X_{b.1}=1$ ist:
$$X_{cb}=0,\quad X_{bb}=1,$$
$$X_{ab}=-\frac{[ab]}{[aa]}=-1,317.$$

Beim Zustande $X_{c.2}=1$ ergeben sich die Lasten X_{ac}, X_{bc}, X_{cc} aus der folgenden Zusammenstellung, die der Tabelle III (Belastungsschema) entspricht.

Sind somit die Lasten der einzelnen Gruppen der $X_{a.0}$, der $X_{b.1}$, der $X_{c.2}=1$ gegeben, so können die Biegungslinien in bekannter Weise gezeichnet werden (vgl. S. 116). Es entstehen dann die in Fig. 121 a—c dargestellten Biegungslinien infolge der Lasten $X_{a.0}=1$, $X_{b.1}=1$, $X_{c.2}=1$. Die Ordinaten der entsprechenden Biegungslinien sind multipliziert mit den Multiplikatoren
$$\mu=-\frac{1}{[aa]},\ -\frac{1}{[bb.1]},\ -\frac{1}{[cc.2]}.$$

Aus den Biegungslinien der Werte $X_{a.0}$, $X_{b.1}$, $X_{c.2}=1$ an den verschiedenen Hauptsystemen ergeben sich die X-Linien, d. h. die Einflußlinien der Unbekannten, wie folgt. Die Biegungslinie für $X_{c.2}=1$ ist bereits die Einflußlinie für X_c (X_c-Linie). Für X_b gilt (s. Tabelle I)
$$X_b=-\frac{[bm.1]}{[bb.1]}-\frac{[bc.1]}{[bb.1]}\cdot X_c\ldots,$$

d. h. zu den Ordinaten der Biegungslinie für $X_{b.1}=1$ $\left(\text{bzw.}=-\dfrac{1}{[bb.1]}\right)$ sind die mit $-\dfrac{[bc.1]}{[bb.1]}$ multiplizierten Ordinaten der X_c-Linie hinzuzufügen. Die Zusammensetzung der Ordinaten der einzelnen Punkte m erfolgt in der gleichen Weise wie bei dem Zahlenbeispiel zu § 11. So entsteht die in Fig. 122 dargestellte Einflußlinie für X_b. — Will man z. B. die Ordinate im Abstande 10 m vom linken Endauflager finden, so ergibt sich diese nach der Gleichung
$$X_b=-\frac{[bm.1]}{[bb.1]}-\frac{[bc.1]}{[bb.1]}\cdot X_c,$$
$$=+0,581-0,734\cdot(-0,228),$$
$$=+0,748.$$

Nunmehr kann auch die Einflußlinie für X_a gefunden werden durch Zusammensetzung

1. der Biegungslinie für $X_{a.0}=1$,

2. der Einflußlinie für X_b, multipliziert mit $-\dfrac{[ab]}{[aa]}=-1,317$,

3. der Einflußlinie für X_c, multipliziert mit $-\dfrac{[ac]}{[aa]}$;

denn es ist nach Tabelle I:

Lastengruppe $X_{c.2}=1$. (Fig. 121 a—c)

Gruppe c:
$$1,\qquad X_{cc}=1$$

Gruppe b:
$$-\frac{[bc.1]}{[bb.1]}\cdot X_{cc}=-0{,}734\cdot 1=-0{,}734,\qquad X_{bc}=-0{,}734$$

Gruppe a:
$$-\frac{[ab]}{[aa]}\cdot X_{bc}=-1{,}317\cdot(-0{,}734)=0{,}966$$
$$-\frac{[ac]}{[aa]}\cdot X_{cc}=-0{,}719\cdot 1=-0{,}719$$
$$X_{ac}=+0{,}247$$

$$X_a = - \frac{[am]}{[aa]} - \frac{[ab]}{[aa]} \cdot X_b - \frac{[ac]}{[aa]} \cdot X_c.$$

Diese Einflußlinie für X_a wurde auf anderem Wege bereits auf S. 117 ermittelt.

β) **Zusammensetzung der Belastungen zwecks direkter Ermittelung der Einflußlinien (X-Linie) als Biegungslinie.** Anstatt die Ordinaten der Einflußlinien in der vorhin erläuterten Weise zusammenzusetzen, kann man natürlich auch, ebenso wie es beim allgemeinen Verfahren angegeben wurde (vgl. § 11, b, β), eine Zusammensetzung der Belastungen vornehmen und die Einflußlinie direkt durch Auftragen einer Biegungslinie finden. Zur Erläuterung diene die Tabelle auf S. 126, welche die Werte des 4-fach unbestimmten Systems enthält. Die X_d-Linie wird direkt als Biegungslinie für den Belastungszustand $X_{d.3} = 1$, $\left(\text{bzw. } X_{d.3} = - \dfrac{1}{[dd.3]}\right)$ gefunden. Die diesem Belastungszustand entsprechenden Lasten X_{ad}, X_{bd}, X_{cd} und X_{dd} sind aus dem Belastungsschema zu entnehmen. — Für X_c gilt die Gleichung

$$X_c = - \frac{[cm.2]}{[cc.2]} - \frac{[cd.2]}{[cc.2]} \cdot X_d$$

oder mit Einsetzung des Wertes von X_d:

$$X_c = - \frac{[cm.2]}{[cc.2]} - \frac{[cd.2]}{[cc.2]} \cdot \left(- \frac{[dm.3]}{[dd.3]}\right).$$

Diese Gleichung besagt: Die Biegungslinie für die Belastung $X_{c.2} = - \dfrac{1}{[cc.2]}$ und diejenige für $X_{d.3} = - \dfrac{1}{[dd.3]}$ sind zu addieren, wobei die letztere mit einer Konstanten, nämlich dem Festwert $- \dfrac{[cd.2]}{[cc.2]}$ zu multiplizieren ist. Diese Kombination der beiden Biegungslinien erzielt man dadurch, daß man die Summe der Lasten (X_{ik}) der Belastungszustände $X_{c.2} = - \dfrac{1}{[cc.2]}$ und $X_{d.3} = - \dfrac{1}{[dd.3]}$, letztere multipliziert mit dem Festwert $- \dfrac{[cd.2]}{[cc.2]}$, zugleich wirken läßt. Man wird also die Lasten:

$$X_{ac}, \ X_{bc}, \ X_{cc} \ \left(\text{Zustand } X_{c.2} = - \frac{1}{[cc.2]}\right)$$

und

$$X_{ad}, \ X_{bd}, \ X_{cd}, \ X_{dd} \ \left(\text{Zustand } X_{d.3} = - \frac{1}{[dd.3]}\right),$$

letztere mit dem erwähnten Multiplikator (Festwert) multipliziert, zugleich aufbringen, d. h. es wirkt

$$\text{in } a: \quad X_{ac} - \frac{[cd.2]}{[cc.2]} \cdot X_{ad},$$

$$\text{in } b: \quad X_{bc} - \frac{[cd.2]}{[cc.2]} \cdot X_{bd},$$

$$\text{in } c: \quad X_{cc} - \frac{[cd.2]}{[cc.2]} \cdot X_{cd},$$

$$\text{in } d: \quad \qquad - \frac{[cd.2]}{[cc.2]} \cdot X_{dd},$$

wobei $X_{cc} = - \dfrac{1}{[cc.2]}$ und $X_{dd} = - \dfrac{1}{[dd.3]}$ ist.

Ganz entsprechendes gilt für X_b. Dort ist die folgende Gleichung zu benutzen:

$$X_b = - \frac{[bm.1]}{[bb.1]} - \frac{[bc.1]}{[bb.1]} \cdot X_c - \frac{[bd.1]}{[bb.1]} \cdot X_d.$$

Aus dieser Gleichung geht hervor, daß die Ordinaten der X_c- und X_d-Linie (Einflußlinien) mit denjenigen der Biegungslinie für $X_{b.1}$ $\left(\text{Biegungslinie für die Belastung } X_{b.1} = - \dfrac{1}{[bb.1]}\right)$ zu kombinieren sind. Zu diesem Zwecke setze man die Lasten der entsprechenden Gruppen, d. h. die Lasten von $X_{b.1} = - \dfrac{1}{[bb.1]}$ und die vorher für die X_c- und X_d-Linie berechneten Lasten zusammen, wobei die Lasten der beiden letztgenannten Gruppen (X_c- und X_d-Linie) mit den in der Gleichung für X_b angegebenen Festwerten zu multiplizieren sind.

Schließlich gilt für X_a die Gleichung:

$$X_a = - \frac{[am]}{[aa]} - \frac{[ab]}{[aa]} \cdot X_b - \frac{[ac]}{[aa]} \cdot X_c - \frac{[ad]}{[aa]} \cdot X_d.$$

Es sind also die bei der X_b-, X_c- und X_d-Linie benutzten Einzellasten X (mit den vorstehenden Festwerten multipliziert) zu kombinieren mit der Last $- \dfrac{1}{[aa]}$ in a, die für die Einflußlinie für $X_{a.0}$ verwandt wird.

Aus alledem geht der folgende Gang der Berechnung hervor. Ist X_r die letzte Unbekannte, so bestimmt man zuerst die Lasten X_{ar}, $X_{br} \ldots X_{rr}$ des Zustandes $X_{r.(\varrho-1)} = 1$ und multipliziert sie mit der Konstante $- \dfrac{1}{[rr.(\varrho-1)]}$. Diese Lasten sind durch das Belastungsschema gegeben. Die Biegungslinie zu diesem Belastungszustand ist die Einflußlinie für X_r. — Die Einflußlinie der vorherigen Unbekannten X_q ist ebenfalls durch Aufzeichnen einer einzigen Biegungslinie zu einem zusammengesetzten Belastungszustande zu ermitteln. Die Lasten X dieses Zustandes setzen sich zusammen aus denjenigen des vorhin bestimmten Belastungszustandes $X_{r.(\varrho-1)}$

$$= -\frac{1}{[rr.(\varrho-1)]} \text{ (Multiplikator ist ein Festwert) und den Lasten}$$

$X_{aq}, X_{bq} \ldots X_{qq}$ des Zustandes $X_{q.(\varrho-2)} = -\dfrac{1}{[qq.(\varrho-2)]}$, d. h. der

Last $X_q = -\dfrac{1}{[qq.(\varrho-2)]}$ am $(\varrho-2)$-fach unbestimmten Hauptsystem.

Ebenso sind — nach Maßgabe der Tabelle I, S. 125 — für die Einflußlinie der vorherigen Unbekannten X_p die Lasten X der beiden vorher bestimmten Einflußlinien, nämlich der X_q- und X_r-Linie, und

der Lastengruppe $X_{p.(\varrho-3)} = -\dfrac{1}{[pp.(\varrho-3)]}$ zu verwenden.

So ist fortzufahren bis zur ersten Unbekannten X_a. Für eine der übrigen Unbekannten, etwa X_d, erhält man die Lasten X durch

Zusammensetzung der Lasten X des Zustandes $X_{d.3} = -\dfrac{1}{[dd.3]}$ und

derjenigen aller folgenden X-Linien von $X_e \ldots$ bis X_r, und zwar kommt bei den Lasten jeder einzelnen Gruppe (X-Linie) der durch die Tabelle I gegebene Multiplikator in Frage. — **Es sind also die Einzellasten X der einzelnen Biegungslinien der statisch unbestimmten Hauptsysteme mit den Lasten X der vorher ermittelten Einflußlinien der nachfolgenden Unbekannten zusammenzusetzen.**

Zur weiteren Erläuterung diene als Zahlenbeispiel wiederum der bisher benutzte Träger auf 5 Stützen. Die Ermittlung der Belastungen zeigt folgende schematische Rechnung.

Zahlenbeispiel. Belastungen zur Ermittlung der Einflußlinien für X_a, X_b, X_c des Balkens auf 5 Stützen (vgl. die Tabelle S. 148).

Die Lasten des Zustandes $X_{c.2} = 1$ wurden bereits auf S. 144 gefunden, und hier nur mit $-\dfrac{1}{[cc.2]} = -0,1781$ multipliziert. Die betreffenden Werte zur Ermittlung der X_c-Linie sind in Zeile 1) angegeben.

Die beiden Lasten X_{ab} und X_{bb} (s. Fig. 121, S. 143) des Zustandes $X_{b.1} = 1$ sind mit $-\dfrac{1}{[bb.1]} = -0,0393$ multipliziert [Zeile 2)]; hierzu addiert sind die

mit $-\dfrac{[bc.1]}{[bb.1]} = -0,734$ multiplizierten Lasten [Zeile 1)] der X_c-Linie, so daß sich insgesamt [Zeile 2) + 3)] die in Zeile 4) angegebenen Lasten ergeben, die zur Bestimmung der X_b-Linie dienen. Vgl. den Ausdruck:

$$X_b = -\frac{[bm.1]}{[bb.1]} - \frac{[bc.1]}{[bb.1]} \cdot X_c.$$

Entsprechend sind die Lasten der X_a-Linie [Zeile 8)] durch Zusammensetzung der in Zeile 5), 6), 7) angegebenen Größen gefunden.

		X_a	X_b	X_c
1)	$X_{c.2} = -\dfrac{1}{[cc.2]}$ (s. S. 144)	$-0{,}0442$	$+0{,}1307$	$-0{,}1781$
2)	$X_{b.1} = -\dfrac{1}{[bb.1]} = -\dfrac{1}{25{,}458}$	$+0{,}0517$	$-0{,}0393$	$-$
3)	$-\dfrac{[bc.1]}{[bb.1]} \cdot X_c;\ \ -\dfrac{[bc.1]}{[bb.1]} = -0{,}734$	$+0{,}0324$	$-0{,}0959$	$+0{,}1312$
4)	Belastung für X_b; Zeile 2) $+$ 3)	$+0{,}0841$	$-0{,}1352$	$+0{,}1312$
5)	$X_{a.0} = -\dfrac{1}{[aa]}$	$-0{,}0250$	$-$	$-$
6)	$-\dfrac{[ab]}{[aa]} \cdot X_b;\ \left(-\dfrac{[ab]}{[aa]} = -1{,}317\right)$	$-0{,}1108$	$+0{,}1781$	$-0{,}1728$
7)	$-\dfrac{[ac]}{[aa]} \cdot X_c;\ \left(-\dfrac{[ac]}{[aa]} = -0{,}719\right)$	$+0{,}0318$	$-0{,}0939$	$+0{,}1280$
8)	Belastung für X_a; 5) $+$ 6) $+$ 7)	$-0{,}1040$	$+0{,}0842$	$-0{,}0448$

Man sieht, daß die Belastung für X_a mit der auf S. 119 nach dem allgemeinen Verfahren ermittelten Belastung übereinstimmt.

§ 15. Ermittlung statischer Größen S aus den Unbekannten X.

Sind die Unbekannten X des Systems infolge der äußeren Belastung gefunden, so kann die Berechnung irgendwelcher statischer Größen S, etwa der (nicht als Unbekannte gewählten) Auflagerdrücke, der Momente oder Stabkräfte usw. erfolgen. Man denke sich die nunmehr bekannten Werte X als äußere Lasten am System angebracht; sie haben für die Beanspruchung die gleiche Bedeutung wie die gegebenen äußeren Lasten. Der Gesamteinfluß S muß sich nach den Ausführungen in § 3, b (Superpositionsgesetz) nach der folgenden Gleichung berechnen (s. Gl. 11):

$$S = S_0 + S_a \cdot X_a + S_b \cdot X_b + \ldots + S_r \cdot X_r.$$

S_0 ist der Wert S im Grundsystem, hervorgerufen durch die äußere Belastung allein. Die Multiplikatoren sind konstante, die von der äußeren Belastung unabhängig sind. Sie geben die Werte S infolge der Belastungen $X_a = 1$, $X_b = 1 \ldots X_r = 1$ am Grundsystem.

Bei beweglicher Belastung sind in vorstehender Gleichung die Werte S_0 sowie alle Werte X mit der Stellung der äußeren Last $P_m = 1$ veränderlich. Es sind also die Einflußlinien dieser Werte, d. h. die S_0-Linie und sämtliche X-Linien, zur S-Linie zusammenzusetzen, wobei die Größen S_a, $S_b \ldots S_r$, die als Multiplikatoren der X auftreten, konstante, von der Laststellung unabhängige Werte[1]) sind.

---

[1]) Die Zusammensetzung erfolgt wiederum, indem man für eine Anzahl von Punkten m die Ordinaten nach vorstehender Gleichung aus den entsprechenden Ordinate der S_0-Linie und der X-Linien zusammensetzt.

Zahlenbeispiel. Der als Beispiel dienende Träger auf 5 Stützen sei belastet mit einer Einzellast von 1 t im Abstande 10 m vom linken Endauflager. Das Stützmoment über der Stütze a soll bestimmt werden.

Das Grundsystem ist ein einfacher Balken von 25 m Spannweite. Daher wird:

$$S_0 = \frac{15}{25} \cdot 5 = \quad 3 \text{ mt},$$

$$S_a = -\frac{1 \cdot 20}{25} \cdot 5 = -4 \text{ mt},$$

$$S_b = -\frac{1 \cdot 11}{25} \cdot 5 = -2,2 \text{ mt},$$

$$S_c = -\frac{1 \cdot 5}{25} \cdot 5 = -1 \text{ mt}.$$

Die Werte X_a, X_b, X_c für die angegebene Belastung können hier aus den Einflußlinien (Fig. 109, 122, 121 c) entnommen werden. Es ist:

$$X_a = \quad 0,584,$$
$$X_b = \quad 0,748,$$
$$X_c = -0,228.$$

Folglich wird das fragliche Stützmoment:

$$S = 3 - 4 \cdot 0,584 - 2,2 \cdot 0,748 + 1 \cdot 0,228 = -0,7536 \text{ mt}.$$

Handelt es sich etwa um die Einflußlinie für das genannte Stützmoment, so ist die vorhin für eine einzelne Ordinate erledigte Rechnung für sämtliche Ordinaten durchzuführen. — Die S_0-Linie ist dabei mit der X_a-, X_b-, X_c-Linie zusammenzusetzen. Die X-Linien sind nach einem der bisher

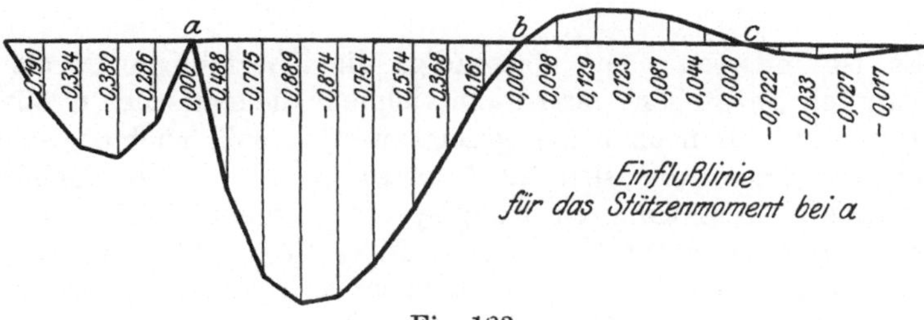

Fig. 123.

besprochenen Verfahren zu bestimmen; die S_0-Linie ist die Einflußlinie der gesuchten statischen Größe, also des Momentes bei a, im Grundsystem, und bildet somit ein Dreieck mit der Ordinate $1 \cdot \frac{5 \cdot 20}{25} = 4 \ldots$ bei a. Der Wert S ist für eine Anzahl Systempunkte nach der Gleichung:

$$S = S_0 + S_a X_a + S_b X_b + S_c X_c =$$
$$S_0 + (-4) X_a + (-2,2) X_b + (-1) X_c$$

zu berechnen. So z. B. erhält man die Ordinate der S-Linie in dem vorhin betrachteten Punkte m (10 m vom linken Auflager) aus der Gleichung:

$$S = 3 - 4 \cdot 0,584 - 2,2 \cdot 0,748 + 1 \cdot 0,228 = -0,7536,$$

wie schon oben gefunden wurde. In gleicher Weise sind die Werte S für die übrigen Systempunkte zu berechnen, so daß sich die oben (Fig. 123) dargestellte Einflußlinie des Stützmomentes bei a ergibt.

C. Eliminationsverfahren mit den Größen $X_{a.0}$, $X_{b.1}$, $X_{c.2} \cdots X_{r.(\varrho-1)}$ als Unbekannten[1]).

§ 16. Statische Deutung und Berechnung der Unbekannten $X_{a.0}$, $X_{b.1}$, $X_{c.2} \cdots$

a) Gleichungen für die Unbekannten.

α) **Die Unbekannten als Quotienten zweier Verschiebungen.** Bei der bisher besprochenen Lösung der Elastizitätsgleichungen nach dem Eliminationsverfahren setzen sich die Unbekannten X (nach Tabelle I, S. 125) aus Quotienten von Verschiebungen der einzelnen statisch unbestimmten Hauptsysteme zusammen. Als Unbekannte der Aufgabe waren die Überzähligen X des Systems gewählt; aus diesen wurden die statischen Größen S nach Gleichung (11) berechnet.

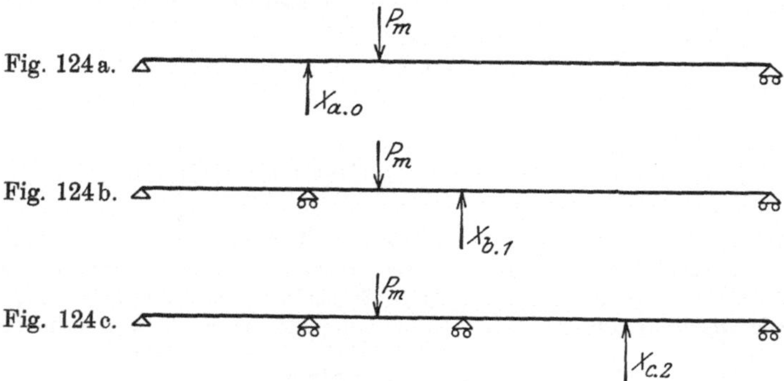

Fig. 124 a.

Fig. 124 b.

Fig. 124 c.

Es ist indessen nicht notwendig, die Überzähligen X als die Unbekannten anzusehen; man kann vielmehr die statischen Größen S, wie in Abschnitt b noch näher gezeigt werden soll, auch aus solchen Werten errechnen, die sich als Quotienten zweier Verschiebungen eines statisch unbestimmten Hauptsystems ergeben. Es sind dies die uns bereits bekannten Werte $X_{a.0}$, $X_{b.1}$, $X_{c.2} \cdots X_{r.(\varrho-1)}$, d. h. die infolge P_m am 0-, 1-, 2-$\cdots (\varrho-1)$-fach statisch unbestimmten Hauptsystem auftretenden Kräfte. Da diese Kräfte die einzigen überzähligen Größen an dem jeweiligen Hauptsystem sind (vgl. Fig. 124), so stellen sie sich als Quotienten zweier Verschiebungen dieser Hauptsysteme dar, und zwar für den Fall einer äußeren Belastung P_m in der Form:

$$\left.\begin{aligned}
X_{a.0} &= -\frac{[am]}{[aa]}, \\[1em]
X_{b.1} &= -\frac{[bm.1]}{[bb.1]}, \\[1em]
X_{c.2} &= -\frac{[cm.2]}{[cc.2]}, \\
&\;\vdots
\end{aligned}\right\} \quad \cdots \cdots \cdots \quad (42)$$

---

[1]) Anwendungen dieses Verfahrens finden sich im 2. Teil des II. Bandes, z. B. bei der Behandlung des beiderseits eingespannten Rahmens.

Im Fall einer Temperaturänderung lauten die Gleichungen:

$$\left.\begin{aligned}
X_{a.0} &= -\frac{[at]}{[aa]}, \\[2mm]
X_{b.1} &= -\frac{[bt.1]}{[bb.1]}, \\[2mm]
X_{c.2} &= -\frac{[ct.2]}{[cc.2]}, \\
&\vdots
\end{aligned}\right\} \qquad \ldots \ldots \ldots \quad (43)$$

Im Fall von Widerlagerverschiebungen gelten die folgenden Gleichungen:

$$\left.\begin{aligned}
X_{a.0} &= -\frac{[a\overline{w}]}{[aa]}, \\[2mm]
X_{b.1} &= -\frac{[b\overline{w}.1]}{[bb.1]}, \\[2mm]
X_{c.2} &= -\frac{[c\overline{w}.2]}{[cc.2]}, \\
&\vdots
\end{aligned}\right\} \qquad \ldots \ldots \ldots \quad (44)$$

β) **Die Unbekannten als Quotienten zweier Summenausdrücke.** Es ist früher (siehe § 13a) gezeigt worden, wie die Verschiebungen der einzelnen Hauptsysteme aus den vorher berechneten Verschiebungen des Grundsystems durch allmählich fortschreitende schrittweise Zusammensetzung bestimmt werden. — Man kann natürlich diese Verschiebungen der Hauptsysteme mit Hilfe der Arbeitsgleichung auch als Summenausdrücke darstellen und erhält dann für die Unbekannten folgende Ausdrücke: Bezeichnet man eine beliebige Unbekannte mit X_i und wirkt diese am ν-fach statisch unbestimmten Hauptsystem, so gilt für den Fall einer äußeren Belastung P_m die Gleichung (siehe Gleichung 42):

$$X_{i.\nu} = -\frac{[im.\nu]}{[ii.\nu]}.$$

Hierfür läßt sich bei biegungsfesten Stabwerken nach Gleichung (27) (S. 47) schreiben, wenn man mit $M_{i.\nu}$, $N_{i.\nu}$, $Q_{i.\nu}$ die Momente, Normalkräfte, Querkräfte infolge $X_{i.\nu} = 1$ ($X_i = 1$ am ν-fach unbestimmten Hauptsystem) bezeichnet:

$$X_{i.\nu} = -\frac{\displaystyle\int M_0 M_{i.\nu}\frac{ds}{EJ} + \int N_0 N_{i.\nu}\frac{ds}{EF} + \int Q_0 Q_{i.\nu}\cdot\varkappa\frac{ds}{GF}}{\displaystyle\int M_{i.\nu}^2\frac{ds}{EJ} + \int N_{i.\nu}^2\frac{ds}{EF} + \int Q_{i.\nu}^2\varkappa\frac{ds}{GF}}.$$

[NB. Dabei kann man im Nenner bei den quadratischen Gliedern den einen Faktor $M_{i.\nu}$, $N_{i.\nu}$, $O_{i.\nu}$ durch die entsprechende Größe M_i, N_i, Q_i im Grundsystem ersetzen (vgl. § 5b, Gl. 19c u. 19d)].

Man erhält also die Unbekannten der Gleichungen (42) in folgender Form, wobei wir der einfacheren Schreibweise wegen nur den Beitrag der Momente einsetzen:

$$\left.\begin{aligned}
X_{a.0} &= -\frac{\int M_0 M_a \frac{ds}{EJ}}{\int M_a{}^2 \frac{ds}{EJ}}, \\[2ex]
X_{b.1} &= -\frac{\int M_0 M_{b.1} \frac{ds}{EJ}}{\int M_{b.1}{}^2 \frac{ds}{EJ}} \cdot \\[2ex]
X_{c.2} &= -\frac{\int M_0 M_{c.2} \frac{ds}{EJ}}{\int M_{c.2}{}^2 \frac{ds}{EJ}}, \\[1ex]
&\ \ \vdots \\[1ex]
X_{r.(\varrho-1)} &= -\frac{\int M_0 M_{r.(\varrho-1)} \frac{ds}{EJ}}{\int M_{r.(\varrho-1)}{}^2 \frac{ds}{EJ}},
\end{aligned}\right\} \quad \ldots \ldots \text{(45)}$$

Bei Fachwerken lauten die entsprechenden Gleichungen:

$$\left.\begin{aligned}
X_{a.0} &= -\frac{\Sigma S_0 S_a \frac{s}{EF}}{\Sigma S_a{}^2 \frac{s}{EF}}, \\[2ex]
X_{b.1} &= -\frac{\Sigma S_0 S_{b.1}\frac{s}{EF}}{\Sigma S_{b.1}{}^2 \frac{s}{EF}}, \\[2ex]
X_{c.2} &= -\frac{E S_0 S_{c.2}\frac{s}{EF}}{\Sigma S_{c.2}{}^2 \frac{s}{EF}}, \\[1ex]
&\ \ \vdots \\[1ex]
X_{r.(\varrho-1)} &= -\frac{\Sigma S_0 S_{r.(\varrho-1)}\frac{s}{EF}}{\Sigma S_{r.(\varrho-1)}{}^2 \frac{s}{EF}},
\end{aligned}\right\} \quad \ldots \ldots \text{(46)}$$

Hier bedeuten die Werte $S_{i.\nu}$ die Spannkräfte infolge $X_{i=1}$ am ν-fach statisch unbestimmten Hauptsystem. In dem Nennerwert kann wiederum der eine Faktor $S_{i.\nu}$ (in $S_{i.\nu}{}^2$) durch S_i, d. h. durch S infolge $X_i = 1$ am Grundsystem ersetzt werden.

Im Fall einer Temperaturänderung ändern sich die Zählerwerte der Unbekannten. Es wird:

Bei biegungsfesten Stabwerken:

$$\left.\begin{aligned}
X_{a.0} &= -\frac{\displaystyle\int M_a\,\varepsilon\,\frac{\Delta t}{h}\,ds + \int N_a\,\varepsilon\,t_0\,ds}{\displaystyle\int M_a{}^2\frac{ds}{EJ}}, \\[2ex]
X_{b.1} &= -\frac{\displaystyle\int M_{b.1}\cdot\varepsilon\,\frac{\Delta t}{h}\,ds + \int N_{b.1}\,\varepsilon\,t_0\,ds}{\displaystyle\int M_{b.1}{}^2\frac{ds}{EJ}}, \\[2ex]
X_{c.2} &= -\frac{\displaystyle\int M_{c.2}\,\varepsilon\cdot\frac{\Delta t}{h}\,ds + \int N_{c.2}\cdot\varepsilon\,t_0\,ds}{\displaystyle\int M_{c.2}{}^2\frac{ds}{EJ}}, \\
&\;\;\vdots \\
X_{r.(\varrho-1)} &= -\frac{\displaystyle\int M_{r.(\varrho-1)}\cdot\varepsilon\,\frac{\Delta t}{h}\,ds + \int N_{r.(\varrho-1)}\cdot\varepsilon\cdot t_0\,ds}{\displaystyle\int M_{r.(\varrho-1)}{}^2\frac{ds}{EJ}},
\end{aligned}\right\} \quad (47)$$

Bei Fachwerken:

$$\left.\begin{aligned}
X_{a.0} &= -\frac{\varSigma S_a\cdot\varepsilon\cdot t\cdot s}{\varSigma S_a{}^2\frac{s}{EF}}, \\[2ex]
X_{b.1} &= -\frac{\varSigma S_{b.1}\,\varepsilon\,t\,s}{\varSigma S_{b.1}{}^2\frac{s}{EF}}, \\[2ex]
X_{c.2} &= -\frac{\varSigma S_{c.2}\cdot\varepsilon\cdot t\cdot s}{\varSigma S_{c.2}{}^2\frac{s}{EF}}, \\
&\;\;\vdots \\
X_{r.(\varrho-1)} &= -\frac{\varSigma S_{r.(\varrho-1)}\cdot\varepsilon\,t\,s}{\varSigma S_{r.(\varrho-1)}{}^2\frac{s}{EF}},
\end{aligned}\right\} \quad\cdots\cdots (48)$$

Im Falle von Widerlagerverschiebungen erhält man durch Auflösung der Gleichungen (17e) (Abschnitt I, S. 28) für eine Unbekannte $X_{i.\nu}$ den Ausdruck:

$$X_{i.\nu} = -\frac{[i\overline{w}.\nu]}{[ii.\nu]} \quad\cdots\cdots\cdots (49)$$

NB. Hierbei ist der Zähler $[i\overline{w}.\nu]$ nicht zu verwechseln mit der gegebenen Verschiebung $[iw.\nu]$ des Angriffspunktes i der unbekannten Auflagerkraft X_i; $[i\overline{w}.\nu]$ ist jener Ausdruck, der durch schrittweise Zusammensetzung aus den Verschiebungen $[i\overline{w}]$ der Grundgleichungen (17e) ebenso entsteht wie $[im.\nu]$ oder $[it.\nu]$; er stellt die Wirkung all der einzelnen Widerlagerverschiebungen und der dadurch auftretenden Überzähligen auf die Verschiebung des Punktes i dar.

Mit Rücksicht auf Gleichung (31) (S. 50) kann man für den Zähler $[i\overline{w}.\nu]$ schreiben:

$$[i\overline{w}.\nu] = -\varSigma Li.\nu \cdot [lw.\nu],$$

wo $Li.\nu$ die Auflagerkräfte im ν-fach unbestimmten Hauptsystem infolge $X_i = 1$ und $[lw.\nu]$ die gegebenen (geschätzten) Verschiebungen der Angriffspunkte l der Auflagerkräfte in Richtung dieser Kräfte bedeuten.

Somit erhält man für vollwandige Systeme wie auch für Fachwerke die folgenden Gleichungen:

$$\left.\begin{aligned}
X_{a.0} &= -\frac{-\varSigma L_a\,[lw.\nu]}{[aa]}.\\[1em]
X_{b.1} &= -\frac{-\varSigma L_{b.1}\,[lw.\nu]}{[bb.1]}.\\[1em]
X_{c.2} &= -\frac{-\varSigma L_{c.2}\,[lw.\nu]}{[cc.2]}.\\
&\;\;\vdots\\
X_{r.\varrho(-1)} &= -\frac{-\varSigma L_{r.(\varrho-1)}\,[lw.\nu]}{[rr.(\varrho-1)]}.
\end{aligned}\right\} \quad \dots \quad (50)$$

Für die Nennerwerte sind die in den früheren Gleichungen verwandten Summenausdrücke einzusetzen (vgl. das Zahlenbeispiel S. 132).

Man erkennt, daß zur Berechnung der Unbekannten als Quotienten zweier Summenausdrücke die inneren Kräfte $M_{i.\nu}$, $N_{i.\nu}$, $O_{i.\nu}$ (bzw. bei Fachwerken die Spannkräfte $S_{i.\nu}$) und die Auflagerdrücke $L_{i.\nu}$ zu berechnen sind. Man hat also bei vollwandigen Systemen die Momente, Normalkräfte und Querkräfte, sowie die Auflagerdrücke in den einzelnen statisch unbestimmten Hauptsystemen infolge der Lasten $X_i = 1$, bei Fachwerken die entsprechenden Stabkräfte und Auflagerkräfte zu berechnen. Wie diese Wirkung von $X_{i.\nu} = 1$ sich ergibt, werden die folgenden Ausführungen (Abschnitt b) zeigen (Gl. 51).

Bei dem zuletzt betrachteten Verfahren haben die Unbekannten die gleiche einfache Form eines Quotienten wie beim 1-fach unbestimmten System. Auch hier sind also die Biegungslinien der einzelnen Hauptsysteme zugleich die der Einflußlinien der Unbekannten. Es fragt sich jetzt nur, wie die Wirkung dieser neuen Unbekannten zu denken ist und wie man aus ihnen beliebige statische Größen berechnet.

b) Wirkungsweise der Unbekannten $X_{a.0}$, $X_{b.1}$, $X_{c.2}$ ... als Lastengruppen am Grundsystem. — Berechnung statischer Größen S (Einflußlinien).

Um die Wirkung einer solchen Kraft, etwa $X_{c.2}$, auf das Grundsystem zu erhalten, betrachte man diese Kraft zusammen mit den zugehörigen, in a und b auftretenden Lasten X_{ac} und X_{bc} als eine am Grundsystem wirkende Lastengruppe, bestehend aus den drei Kräften X_{ac}, X_{bc} und X_{cc} (s. Fig. 125). Denn die Last $X_{c.2}$ kann nicht auftreten, ohne zugleich in a und b die zugehörigen Wirkungen hervorzurufen. Wirkt $X_{c.2=1}$, so treten in a und b die bekannten aus dem Belastungsschema (Tabelle III, Seite 140) zu entnehmenden Kräfte X_{ac}, X_{bc} auf (siehe Fig. 125),

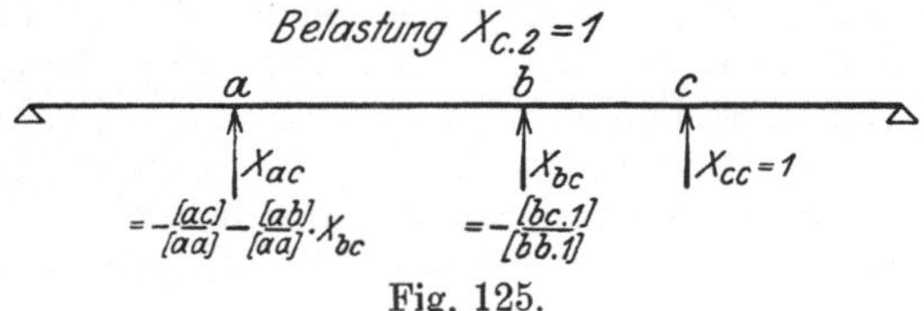

Fig. 125.

die sich aus der Bedingung ergaben, daß die Verschiebungen von a und b in Richtung von X_a bzw. X_b gleich 0 sind. Nimmt die Kraft in c einen beliebigen Wert $X_{c.2}$ an, so treten in a und b gleichfalls die $X_{c.2}$-fachen Werte der vorgenannten Lasten X_{ac} und X_{bc} auf. — Man kann allgemein sagen: **Die Wirkung der Unbekannten $X_{i.\nu}$ am ν-fach statisch unbestimmten Hauptsystem ist also gleich derjenigen einer Lastengruppe** (X_{ai}, X_{bi}, X_{ci} ... X_{ii}) **auf das Grundsystem.** Dies gilt von allen Unbekannten $X_{a.0}$, $X_{b.1}$, $X_{c.2}$ ... $X_{r.(\varrho-1)}$. Die gleiche Auffassung lag übrigens auch bereits den Ausführungen in § 12 zugrunde, wo wir den rechnerisch gefundenen Werten für X eine statische Deutung gaben.

Auf Grund dieser Auffassung erledigt sich nun die Frage nach dem Einfluß einer solchen Unbekannten $X_{i.\nu}$ (etwa $X_{c.2}$) auf eine statische Größe S ohne weiteres. Der Wert S z. B., der lediglich infolge $X_{c.2}=1$ auftritt, sei mit $S_{c.2}$ bezeichnet. Er stellt den Einfluß der Lastengruppe $X_{c.2}=1$, d. h. der Einzellasten X_{ac}, X_{bc}, X_{cc} dar. Da S_a, S_b, S_c den Größen $X_a=X_b=X_c=1$ entsprechen, so ist

$$S_{c.2}=S_a X_{ac}+S_b X_{bc}+S_c X_{cc},$$

wo S_a, S_b, S_c die Werte S im Grundsystem infolge $X_a=1$, $X_b=1$, $X_c=1$ bedeuten. Allgemein gilt:

$$\boldsymbol{S_{i.\nu}=S_a\cdot X_{ai}+S_b X_{bi}+S_c\cdot X_{ci}+\ldots S_i X_{ii}}, \qquad (51)$$

wo X_{ai}, X_{bi}, X_{ci} ... X_{ii} die Einzellasten der Gruppe $X_{i.\nu}=1$ bedeuten.

Wenn $S_{c.2}$ infolge $X_{c.2}=1$ auftritt, so erhält man infolge $X_{c.2}$ den Wert $S_{c.2}\cdot X_{c.2}$; entsprechend ist der Einfluß eines beliebigen

Unbekannten $X_{i.\nu}$ gleich $S_{i.\nu} \cdot X_{i.\nu}$. Zu dem Einfluß der einzelnen Unbekannten tritt derjenige von P_m auf das Grundsystem, d. h. der Wert S_0 hinzu, also die gleiche Größe wie beim früheren Verfahren (Wert S, wenn alle Unbekannten gleich 0 sind). Somit wird insgesamt:

$$S = S_0 + S_a \cdot X_{a.0} + S_{b.1} \cdot X_{b.1} + S_{c.2} \cdot X_{c.2} + \ldots S_{r.(\varrho-1)} \cdot X_{r.(\varrho-1)} \quad . \; (52)$$

Aus den vorstehenden Angaben erkennt man ohne weiteres, wie die Einflußlinien einer Unbekannten und einer statischen Größe S sich ergeben. **Die Einflußlinie einer Unbekannten $X_{i.\nu}$ ist identisch mit der Biegungslinie für $X_i = 1$ am ν-fach unbestimmten Hauptsystem oder, was dasselbe ist, mit der Biegungslinie des Grundsystems infolge der Lastengruppe $X_{i.\nu} = 1$,** d. i. der Einzellasten X_{ai}, X_{bi}, $X_{ci} \ldots X_{ii}$. Diese Einzellasten sind durch das Belastungsschema (siehe Tabelle III, Seite 140) gegeben, so daß es keiner weiteren Angabe bedarf.

Sind in dieser Weise die Einflußlinien der Unbekannten $X_{a.0}$, $X_{b.1}$, $X_{c.2} \ldots X_{r.(\varrho-1)}$ gefunden, so erhält man durch ihre Zusammensetzung mit der S_0-Linie die Einflußlinie einer statischen Größe S (z. B. eines Momentes u. dgl.), und zwar nach Maßgabe der vorstehenden Gleichung (52). Die Multiplikatoren $S_{i.\nu}$ der X-Linien sind durch Gleichung (51) gegeben.

NB. Ein Beweis für die Richtigkeit des vorhin erläuterten Rechnungsganges ergibt sich aus den folgenden Ausführungen über das verallgemeinerte Eliminationsverfahren (siehe Abschnitt E), das den unter C behandelten Rechnungsgang als Sonderfall in sich schließt.

Zahlenbeispiel. A. Berechnung der Unbekannten X und statischer Größen S für eine gegebene äußere Belastung.

a) Ruhende Belastung. Es soll wieder der Träger auf 5 Stützen untersucht werden, und zwar zunächst für eine ruhende Last $P_m = 1$ t im Abstande 10 m vom linken Endauflager. — Die Unbekannten ermitteln wir nach Gleichung (42), wobei die Verschiebungen der unbestimmten Hauptsysteme durch Zusammensetzung aus denen des Grundsystems gefunden werden können. Mit den schon im Zahlenbeispiel S. 130 auf diese Weise errechneten Werten ergibt sich:

$$X_{a.0} = -\frac{[am]}{[aa]} = 1{,}406 \, .$$

$$X_{b.1} = -\frac{[bm.1]}{[bb.1]} = 0{,}581 \, .$$

$$X_{c.2} = -\frac{[cm.2]}{[cc.2]} = -\, 0{,}233 \, .$$

Die Berechnung einer beliebigen statischen Größe S erfolgt dann gemäß Gleichung (52) nach der Formel:

$$S = S_0 + S_{a.0} X_{a.0} + S_{b.1} X_{b.1} + S_{c.2} X_{c.2} \, .$$

Handelt es sich etwa um ein Moment M, so lautet die Gleichung:

$$M = M_0 + M_{a.0} X_{a.0} + M_{b.1} X_{b.1} + M_{c.2} X_{c.2} \, .$$

Die Werte M_0, $M_{a.0}$, $M_{b.1}$, $M_{c.2}$ können dabei entnommen werden aus den Momentenflächen für die Belastung P_m am Grundsystem (M_0-Fläche) und für die Lastengruppen $X_{a.0}$, $X_{b.1}$, $X_{c.2} = 1$ ($M_{a.0}$-, $M_{b.1}$-, $M_{c.2}$-Fläche). — Die M_0-Fläche ist ein Dreieck nach Fig. 126a. — Die $M_{a.0}$-Fläche ist gleich der M_a-Fläche (Fig. 126b). — Um die $M_{b.1}$-Fläche zu finden, hat man die Last $X_{b.1} = 1$ am 1-fach unbestimmten Hauptsystem anzubringen, bzw. die aus dem

Belastungsschema sich ergebende Lastengruppe $X_{bb} = 1$, $X_{ab} = -\dfrac{[ab]}{[aa]} = -1{,}317$.

Die zu dieser Belastung gezeichnete Momentenfläche ist die $M_{b.1}$-Fläche. (Fig. 126c). — Ebenso finden wir die $M_{c.2}$-Fläche, indem wir die aus dem Belastungsschema sich ergebende Lastengruppe für $X_{c.2} = 1$, nämlich $X_{cc} = 1$,

$$X_{bc} = -\frac{[bc.1]}{[bb.1]} = -0{,}734, \quad X_{ac} = -\frac{[ac]}{[aa]} \cdot X_{cc} - \frac{[ab]}{[aa]} \cdot X_{bc} =$$
$$-0{,}719 - 1{,}317 \cdot (-0{,}734) = 0{,}247$$

als Belastung aufbringen. Die dazu gezeichnete Momentenfläche ist die $M_{c.2}$-Fläche (Fig. 126d).

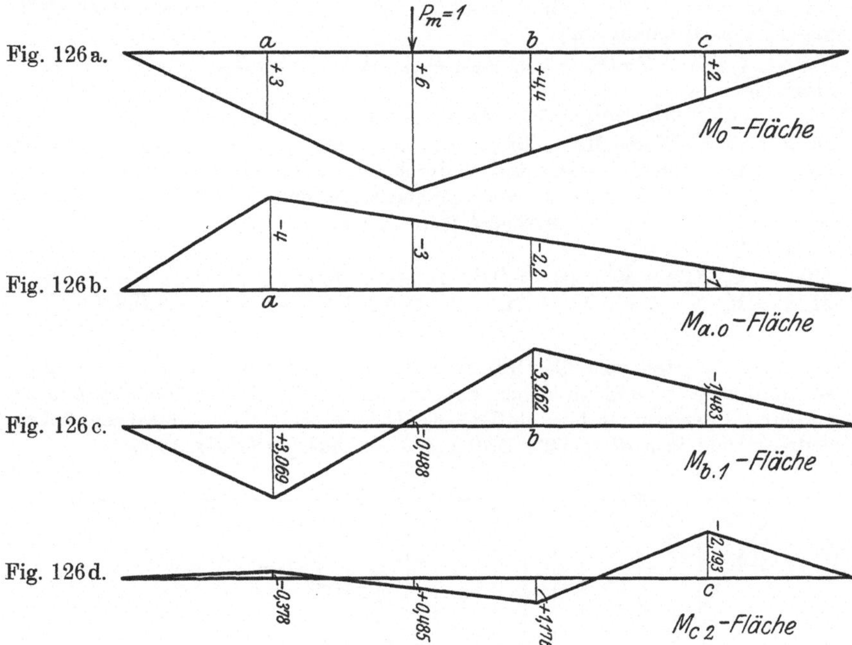

Aus diesen Momentenflächen sind dann für den Punkt, dessen Moment zu bestimmen ist, die Werte M_0, $M_{a.0}$, $M_{b.1}$, $M_{c.2}$ zu entnehmen. Das bereits früher auf anderem Wege berechnete Stützenmoment M_s bei a (vgl. das Zahlenbeispiel in § 15) ergibt sich z. B. wie folgt:

$$M_s = 3 + (-4) \cdot 1{,}406 + 3{,}069 \cdot 0{,}581 + (-0{,}378) \cdot (-0{,}233) = -0{,}753.$$

b) Bei beweglicher Belastung sind für die Unbekannten $X_{a.0}$, $X_{b.1}$, $X_{c.2}$ die Einflußlinien zu bestimmen. Wie oben gezeigt wurde, sind diese gegeben durch die Biegungslinien der einzelnen (0-, 1-, 2-fach unbestimmten) Hauptsysteme für die Belastungen $X_{a.0} = 1$, $X_{b.1} = 1$, $X_{c.2} = 1$, oder, was dasselbe ist, es sind die Biegungslinien des Grundsystems zu ermitteln für die

Lastengruppen $X_{a.0} = 1$ (bestehend aus $X_{aa} = 1$), $X_{b.1} = 1$ (bestehend aus $X_{bb} = 1$, $X_{ab} = -1{,}317$) und $X_{c.2} = 1$ (bestehend aus $X_{cc} = 1$, $X_{bc} = -0{,}734$, $X_{ac} = 0{,}248$). Diese Biegungslinien des vollwandigen Systems werden gefunden, indem man (nach § 8) entweder die Momentenflächen für $X_{a.0} = 1$, $X_{b.1} = 1$, $X_{c.2} = 1$ (M_a-, $M_{b.1}$-, $M_{c.2}$-Fläche) als Belastungen auf den einfachen Balken aufbringt und dazu das Seilpolygon zeichnet (Mohrscher Satz), oder indem man die elastischen Gewichte nach der Formel

$$ EJ\,w_m = \frac{s_m}{6}\left(2\,M_m + M_l\right) + \frac{s_n}{6}\left(2\,M_m + M_n\right) $$

errechnet und zu diesen Gewichten das Seilpolygon (rechnerisch oder zeichnerisch) bestimmt. Diese Biegungslinien sind noch mit den Werten $-\dfrac{1}{[aa]}$, $-\dfrac{1}{[bb.1]}$, $-\dfrac{1}{[cc.2]}$ zu multiplizieren; im Zahlenbeispiel § 14, c), Seite 142, sind die Einflußlinien ermittelt und in Fig. 121a—c aufgetragen.

Will man nun die Einflußlinie für eine beliebige statische Größe S bestimmen, etwa für das Stützmoment M_s bei a, so errechnen sich deren Ordinaten nach Gleichung (52):

$$ S = S_0 + S_{a.0}\,X_{a.0} + S_{b.1}\,X_{b.1} + S_{c.2}\,X_{c.2}, $$

also hier

$$ M_s = M_0 + M_{a.0}\,X_{a.0} + M_{b.1}\,X_{b.1} + M_{c.2}\,X_{c.2}. $$

Darin sind die Werte $M_{a.0}$, $M_{b.1}$, $M_{c.2}$ konstante, von der äußeren Belastung unabhängige Werte, hervorgerufen durch die bekannten Belastungen $X_{a.0}$, $X_{b.1}$, $X_{c.2} = 1$; sie können aus den Momentenflächen Fig. 126 b—d entnommen oder nach Gleichung (51) errechnet werden, also wie folgt:

$M_{a.0} = M_a = -4.$

$M_{b.1} = M_a \cdot X_{ab} + M_b = (-4) \cdot (1{,}31\,725) + (-2{,}2) = -3{,}069.$

$M_{c.2} = M_a \cdot X_{ac} + M_b \cdot X_{bc} + M_c = (-4) \cdot 0{,}24\,826 + (-2{,}2) \cdot (-0{,}73\,411) \\ \qquad\qquad + (-1) = -0{,}378.$

Mit diesen Werten sind die Ordinaten der Einflußlinien für $X_{a.0}$, $X_{b.1}$, $X_{c.2}$ zu. multiplizieren und zu denen der Einflußlinie für M_s am Grundsystem zu addieren. Letztere ist hier ein Dreieck, welches sich über den ganzen Balken erstreckt und in a die größte Ordinate $\eta = 4$ hat (siehe Fig. 127).

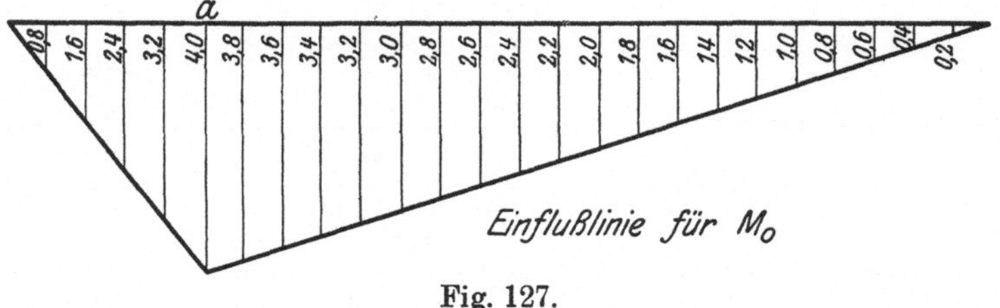

Fig. 127.

Für den Punkt m im Abstande 10 m vom linken Endauflager ergibt sich somit die Ordinate der Einflußlinie (M_s-Linie) wie folgt:

$$ M_s = 3 - 4 \cdot 1{,}406 + 3{,}069 \cdot 0{,}581 + 0{,}378 \cdot 0{,}233 = -0{,}753 \text{ mt}. $$

In gleicher Weise sind die Ordinaten der übrigen Punkte zu berechnen.

c) Einen zweiten Weg zur Ermittlung der Unbekannten $X_{a.0}$, $X_{b.1}$, $X_{c.2}$ bei gegebener (ruhender) Belastung liefert Gleichung (45). Die erforderlichen Momentenflächen sind in Fig. 126a—d aufgetragen. Unter Anwendung der geschlossenen Ausdrücke § 7b findet man (sämtliche Werte sind mit dem konstanten Wert EJ multipliziert):

$$\int M_a^2\, ds = \frac{5}{3}\cdot 4^2 + \frac{20}{3}\cdot 4^2 = \frac{400}{3},$$

$$\int M_{b.1}^2\, ds = \frac{5}{3}\cdot 3{,}069^2 + \frac{9}{6}\left[3{,}069\,(2\cdot 3{,}069 - 3{,}262) + (-3{,}262)\,(-3{,}262\cdot 2\right.$$
$$\left. + 3{,}069)\right] + \frac{11}{3}\cdot 3{,}262^2 = \frac{254{,}58}{3},$$

$$\int M_{c.2}^2\, ds = \frac{5}{3}\cdot 0{,}378^2 + \frac{9}{6}\left[-0{,}378\,(-2\cdot 0{,}378 + 1{,}176) + 1{,}176\,(2\cdot 1{,}176 - 0{,}378)\right]$$
$$+ \frac{6}{6}\left[1{,}176\,(2\cdot 1{,}176 - 2{,}193) - 2{,}193\,(-2\cdot 2{,}193 + 1{,}176)\right]$$
$$+ \frac{5}{3}\cdot 2{,}193^2 = \frac{56{,}17}{3}.$$

$$\int M_0 M_a\, ds = \frac{5}{3}\,(-4)\cdot 3 + \frac{5}{6}\left[-4\,(2\cdot 3 + 6) - 3\,(2\cdot 6 + 3)\right]$$
$$+ \frac{15}{3}\cdot(-3)\cdot 6 = \frac{562{,}5}{3}.$$

$$\int M_0 M_{b.1}\, ds = \frac{5}{3}\cdot 3\cdot 3{,}069 + \frac{5}{6}\left[3{,}069\,(2\cdot 3 + 6) - 0{,}448\,(2\cdot 6 + 3)\right]$$
$$+ \frac{4}{6}\left[-0{,}448\cdot\right.$$
$$(2\cdot 6 + 4{,}4) - 3{,}262\,(2\cdot 4{,}4 + 6)] + \frac{11}{3}\cdot 4{,}4\,(-3{,}262) = -\frac{147{,}83}{3}.$$

$$\int M_0 M_{c.2}\, ds = \frac{5}{3}\,(-0{,}378)\cdot 3 + \frac{5}{6}\left[-0{,}378\,(2\cdot 3 + 6) + 0{,}485\,(2\cdot 6 + 3)\right]$$
$$+ \frac{4}{6}\left[0{,}485\,(2\cdot 6 + 4{,}4) + 1{,}176\,(2\cdot 4{,}4 + 6)\right]$$
$$+ \frac{6}{6}\left[1{,}176\,(2\cdot 4{,}4 + 2) - 2{,}193\,(2\cdot 2 + 4{,}4)\right]$$
$$+ \frac{5}{3}\,2\cdot(-2{,}193) = \frac{12{,}804}{3}.$$

Damit erhält man durch Bildung der Quotienten die Werte (vgl. S. 156):

$$X_{a.0} = -\frac{\displaystyle\int M_0 M_a\,\frac{ds}{EJ}}{\displaystyle\int M_a^2\,\frac{ds}{EJ}} = -\frac{-562{,}5}{400} = 1{,}406$$

$$X_{b.1} = -\frac{\displaystyle\int M_0 M_{b.1}\,\frac{ds}{EJ}}{\displaystyle\int M_{b.1}^2\,\frac{ds}{EJ}} = -\frac{-147{,}83}{254{,}58} = 0{,}581$$

$$X_{c.2} = -\frac{\displaystyle\int M_0 M_{c.2}\,\frac{ds}{EJ}}{\displaystyle\int M_{c.2}^2\,\frac{ds}{EJ}} = -\frac{12{,}804}{56{,}17} = -0{,}228.$$

D. Eliminationsverfahren mit den Überzähligen X als Unbekannten [zweite Methode].

§ 17. Darstellung der Unbekannten X als Funktionen der Verschiebungen $[am]$, $[bm]$, ..., $[rm]$ des Grundsystems.

a) Darstellung der Unbekannten als Funktion der Verschiebungen $[am]$, $[bm.1]$, $[cm.2]$ ....

In der Tabelle I (S. 125) sind die Werte der Überzähligen X dargestellt. Die Summe der Glieder einer Vertikalkolonne gibt die betreffende Unbekannte. Jede Unbekannte, z. B. X_c, enthält die als bereits berechnet anzunehmenden Werte der nachfolgenden Unbekannten X_d—X_r. Diese letztere, also X_r stellt sich als Quotient zweier Verschiebungen des $(\varrho-1)$-fach unbestimmten Hauptsystems dar. Würde man diesen Wert in die vorherige Kolonne (Unbekannte X_q, s. Tabelle I) einsetzen, so würde sich X_q lediglich aus Quotienten von Verschiebungen zusammensetzen. So könnte man fortfahren und die gefundenen Werte X_r und X_q in die Kolonne für X_p einsetzen und so fort bis hinauf zu X_a. Dann wäre jede Überzählige lediglich aus Quotienten von Verschiebungen dargestellt, und zwar von Verschiebungen der einzelnen Hauptsysteme ansteigender statischer Unbestimmtheit. Jeden dieser Ausdrücke einer Unbekannten X könnte man so ordnen, daß alle Glieder mit $[am]$, alle mit $[bm.1]$, alle mit $[cm.2]$ usw. je für sich zusammengestellt würden.

Diese Darstellung suchen wir jetzt zu gewinnen, und zwar erreichen wir dies am einfachsten unter Anwendung des zuletzt (siehe Abschn. C) verwandten Gedankenganges auf folgendem Wege.

Jede statische Größe S kann aus der Gleichung berechnet werden:

$$S = S_0 + S_{a.0} \cdot X_{a.0} + S_{b.1} \cdot X_{b.1} + S_{c.2} \cdot X_{c.2} + \ldots.$$

Die Bedeutung dieser Größen wurde im letzten Abschnitt erläutert. — Wir wenden diese Gleichung an auf die Überzähligen X des Systems, die wir ja gleichfalls als statische Größen S auffassen können.

Untersuchen wir z. B. die erste überzählige Größe X_a und fragen nach den Multiplikatoren S der Unbekannten in voriger Gleichung.

$$
\begin{aligned}
X_a: \; & S_0, && \text{d. h. } X_a \text{ infolge } P_m \text{ (am Grundsystem);} && S_0 = 0 \\
& S_{a.0}, && \text{''} \quad X_a \quad \text{''} \quad X_{a.0} = 1; && S_{a.0} = 1 \\
& S_{b.1}, && \text{''} \quad X_a \quad \text{''} \quad X_{b.1} = 1; && S_{b.1} = X_{ab} \\
& S_{c.2}, && \text{''} \quad X_a \quad \text{''} \quad X_{c.2} = 1; && S_{c.2} = X_{ac} \\
& \quad \cdot && \quad \cdot && \quad \cdot \\
& \quad \cdot && \quad \cdot && \quad \cdot \\
& \quad \cdot && \quad \cdot && \quad \cdot \\
& S_{r.(\varrho-1)}, && \text{''} \quad X_a \quad \text{''} \quad X_{r.(\varrho-1)}; && S_{r.(\varrho-1)} = X_{ar}.
\end{aligned}
$$

Es ist wohl ohne weiteres klar, daß z. B. $S_{c.2}$ hier derjenige Wert von X_a ist, der infolge $X_{c.2} = 1$, d. h. infolge $X_c = 1$ am 2-fach unbestimmten System hervorgerufen wird. Diesen Wert nannten wir X_{ac}; es ist die in X_a wirkende Einzellast der Lastengruppe $X_{c.2} = 1$. So stellen hier alle Multiplikatoren S die in a wirkenden Lasten der verschiedenen Lastengruppen $X_{a.0}$, $X_{b.1}$, $X_{c.2} \ldots X_{r.(\varrho-1)} = 1$ dar.

Diese Werte sind uns nicht mehr unbekannt; sie sind durch das Belastungsschema Tabelle III, S. 140 gegeben. Dort ist eine Lastengruppe $X_{k.9} = 1$ dargestellt. Die erste Vertikalkolonne gibt uns die Last $X_{a.k}$, also den Multiplikator $S_{k.9}$ von $X_{k.9}$. — Bekanntlich gibt das Belastungsschema, wenn man die Reihen und Kolonnen fortsetzt bzw. begrenzt, auch für jeden anderen Belastungszustand die Einzellasten der Lastengruppen $X_{i.\nu} = 1$. Z. B. würde man $X_{a.c}$ erhalten, wenn man die Tabelle III bei der dritten Kolonne abschließen und $X_{cc} = 1$ setzen würde (Lastengruppe $X_{c.2} = 1$).

Wir können also für die erste Überzählige X_a schreiben:

$$X_a = X_{aa} \cdot X_{a.0} + X_{ab} \cdot X_{b.1} + X_{ac} \cdot X_{c.2} + \ldots X_{ar} \cdot X_{r.(\varrho-1)}.$$

Setzen wir für die Größen $X_{a.0}$, $X_{b.1} \ldots$ ihre Werte ein, so ergibt sich:

$$X_a = -1 \cdot \frac{[am]}{[aa]} - X_{ab} \cdot \frac{[bm.1]}{[bb.1]} - X_{ac} \cdot \frac{[cm.2]}{[cc.2]} - \ldots X_{ar} \cdot \frac{[rm.(\varrho-1)]}{[rr.(\varrho-1)]}.$$

Wir führen folgende Abkürzungen ein:

$$\left. \begin{aligned} -\frac{1}{[aa]} &= \mu_a, \\ -\frac{1}{[bb.1]} &= \mu_b, \\ -\frac{1}{[cc.2]} &= \mu_c, \\ &\;\vdots \\ -\frac{1}{[rr.(\varrho-1)]} &= \mu_r \end{aligned} \right\} \quad \ldots \ldots \ldots (53)$$

Dann erhalten wir

$$X_a = X_{aa} \cdot \mu_a \cdot [am] + X_{ab} \cdot \mu_b \cdot [bm.1] + X_{ac} \cdot \mu_c \cdot [cm.2] + \ldots$$
$$+ X_{ar} \cdot \mu_r [rm.(\varrho-1)].$$

Die gleichen Überlegungen führen zu entsprechenden Ausdrücken für die folgenden Überzähligen. Handelt es sich z. B. um die dritte Unbekannte X_c, so ist der Wert X_c infolge $X_{a.0} = 1$ und $X_{b.1} = 1$ naturgemäß gleich 0, weil hierbei in c keine Lasten wirken. Die Reihe beginnt erst bei $X_{cc} = 1$ infolge $X_{c.2} = 1$. Man erhält:

$$X_c = X_{cc} \cdot \mu_c [cm.2] + X_{cd} \cdot \mu_d [dm.3] + \ldots X_{cr} \cdot \mu_r [rm.(\varrho-1)].$$

Wir schreiben die Unbekannten in einer Tabelle zusammen und erhalten folgende Darstellung:

Tabelle IV.

Darstellung der Unbekannten X des ϱ-fach unbestimmten Systems.

I			a	b	c	d	e	f	g	$\cdots$	p	q	r	II Multiplikator $\frac{[km]}{}$ der Werte X_{ik}
	μ		X_a	X_b	X_c	X_d	X_e	X_f	X_g	$\cdots$	X_p	X_q	X_r	
a	μ_a		X_{aa}											$\cdot[am]$
b	μ_b		X_{ab}	X_{bb}										$\cdot[bm.1]$
c	μ_c		X_{ac}	X_{bc}	X_{cc}									$\cdot[cm.2]$
d	μ_d		X_{ad}	X_{bd}	X_{cd}	X_{dd}								$\cdot[dm.3]$
e	μ_c		X_{ae}	X_{be}	X_{ce}	X_{de}	X_{ce}							$\cdot[em.4]$
f	μ_f		X_{af}	X_{bf}	X_{cf}	X_{df}	X_{ef}	X_{fl}						$\cdot[fm.5]$
g	$\cdot$		$\cdot$	$\cdot$	$\cdot$	$\cdot$	$\cdot$	$\cdot$						$\cdot$
p	μ_p		X_{ap}	X_{bp}	X_{cp}	X_{dp}	X_{ep}	X_{fp}	$\cdots$		X_{pp}			$\cdot[pm.(\varrho-3)]$
q	μ_q		X_{aq}	X_{bq}	X_{cq}	X_{dq}	X_{eq}	X_{fq}	$\cdots$		X_{pq}	X_{qq}		$\cdot[qm.(\varrho-2)]$
r	μ_r		X_{ar}	X_{br}	X_{cr}	X_{dr}	X_{er}	X_{fr}	$\cdots$		X_{pr}	X_{qr}	X_{rr}	$\cdot[rm.(\varrho-1)]$
			$\Sigma=X_a$	$\Sigma=X_b$	$\Sigma=X_c$	$\Sigma=X_d$	$\Sigma=X_e$	$\Sigma=X_f$			$\Sigma=X_p$	$\Sigma=X_q$	$\Sigma=X_r$	

Wie die Tabelle zu verwenden ist, ergibt sich aus dem Vergleich des vorhin ermittelten Wertes für X_a oder X_c mit den entsprechenden Kolonnen der Tabelle.

Jede Überzählige X_i ergibt sich als eine Summe von Produkten, und zwar auf folgende Weise:

Jeder Wert X_{ik} einer beliebigen Vertikalkolonne i wird mit den beiden auf der gleichen Horizontalen stehenden Größen der Kolonne I und II multipliziert, also mit μ_k und $[km.\nu]$. Die Summe sämtlicher Produkte gibt die Unbekannte X_i.

Wie die Lasten X_{ik} aus dem Belastungsschema zu ermitteln sind, wurde bereits vorhin bei der Bestimmung der Unbekannten X_a angedeutet. Die in Tabelle III z. B. dargestellten Lasten X_{ak} bis X_{kk} des Belastungszustandes $X_{k.9} = 1$ geben die sämtlichen Werte X der horizontalen Reihe k in vorstehender Tabelle. Um die entsprechenden Werte der Reihe i zu erhalten, wäre der Belastungszustand $X_{i.8} = 1$ zu bestimmen, d. h. die Tabelle III wäre für $X_{ii} = 1$ bis zur 8. Reihe zu entwickeln.

Die durch vorstehende Tabelle dargestellte Berechnung der Unbekannten X läuft bei beweglicher Belastung darauf hinaus, die Einflußlinien der X aus den Biegungslinien der einzelnen Hauptsysteme ansteigender statischer Unbestimmtheit zusammenzusetzen. Diese Biegungslinien setzen sich nun aber wiederum zusammen aus solchen des Grundsystems. Darum muß es auch möglich sein, die vorhin gefundenen Ausdrücke der Überzähligen X als Funktionen der Verschiebungen des Grundsystems, also der Werte $[am]$, $[bm]$, $[cm]$, ... $[rm]$ zusammenzusetzen. Wie diese Zusammensetzung in einfacher Weise erfolgen kann, darüber soll im folgenden eine nähere Untersuchung angestellt werden.

b) Darstellung der Unbekannten als Funktion der Verschiebungen $[am]$, $[bm]$, $[cm]$, ... $[rm]$.

Wir betrachten den vorhin ermittelten Ausdruck für eine Überzählige, etwa X_c. Dieser Wert lautet:

$$X_c = X_{cc} \cdot \mu_c \cdot [cm.2] + X_{cd} \cdot \mu_d \cdot [dm.3] + \ldots X_{cr} \cdot \mu_r \cdot [rm.(\varrho - 1)].$$

Die Werte $[cm.2]$, $[dm.3]$ ... sind Ordinaten der Biegungslinien für die Belastungszustände $X_{c.2} = 1$, $X_{d.3} = 1$ ... bis $X_{r.(\varrho-1)} = 1$. Diese Belastungszustände sind die uns bekannten Lastengruppen, die wir der Veranschaulichung halber in Fig. 128 nochmals darstellen.

Wir denken uns einen Träger auf $(\varrho + 2)$ Stützen mit den ϱ Unbekannten (Stützendrücken) X_a bis X_r. In Fig. 128 sind einige Lastengruppen nebst den zugehörigen Momentenflächen angedeutet. Gemäß dem vorstehenden Ausdruck für X_c könnte man die Einflußlinie für X_c auf folgendem Wege erhalten. Man multipliziert die Lasten X_{ac}, X_{bc}, X_{cc} in Fig. 128b mit den Konstanten $X_{cc} \cdot \mu_c$ und

Grundsystem und Angriffspunkte a bis r der Überzähligen X_a bis X_r.

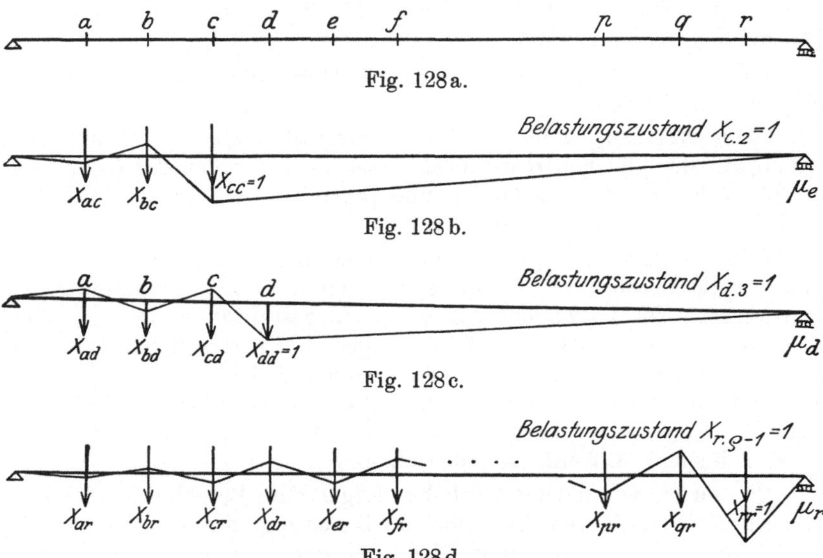

Fig. 128a.

Fig. 128b.

Fig. 128c.

Fig. 128d.

ermittelt die Biegungslinie; desgleichen multipliziert man die Lasten X_{ad} bis X_{dd} (Fig. 128c) mit $X_{cd}\cdot\mu_d$ und ermittelt die Biegungslinie; entsprechend verfährt man mit allen folgenden Lastengruppen bis zur letzten X_r, wo man alle Lasten mit den konstanten $X_{cr}\cdot\mu_r$ multipliziert und die Biegungslinie zeichnet. Hiernach wären gemäß der Gleichung für X_c die Ordinaten dieser sämtlichen Biegungslinien zusammenzusetzen.

Nun kann man, anstatt die Biegungslinien einzeln zu ermitteln und sie dann zusammenzusetzen, auch direkt eine einzige Biegungslinie zu einem zusammengesetzten Belastungszustand ermitteln, d. h. man kann die Zusammensetzung in den Belastungsordinaten vornehmen.

Wir fragen also: welches sind die in den Punkten $a, b, c, \ldots r$ wirkenden Lasten, deren Biegungslinie direkt die X_c-Linie liefert?

Wir wollen diese Lasten mit $\overline{X}_{ac}$, $\overline{X}_{bc}$, $\overline{X}_{cc}$, $\overline{X}_{dc}$, $\ldots \overline{X}_{pc}$, $\overline{X}_{qc}$, $\overline{X}_{rc}$ bezeichnen (s. Fig. 129).

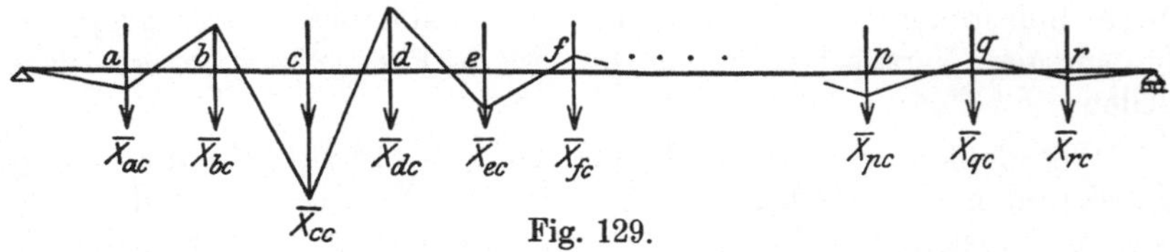

Fig. 129.

Man erkennt ohne weiteres, daß wir die Lasten $\overline{X}$ in jedem einzelnen der Punkte a bis r finden, wenn wir die vorhin in dem betreffenden Punkte wirkenden, in Fig. 128 angeschriebenen Lasten mit den angegebenen Faktoren multiplizieren und addieren.

Es wird also z. B.

$$\overline{X}_{ac} = \mu_c \cdot X_{ac} \cdot X_{cc} + \mu_d \cdot X_{ad} \cdot X_{cd} + \mu_e \cdot X_{ae} \cdot X_{ce} + \dots \mu_r \cdot X_{ar} \cdot X_{cr},$$
$$\overline{X}_{bc} = \mu_c \cdot X_{bc} \cdot X_{cc} + \mu_d \cdot X_{bd} \cdot X_{cd} + \mu_e \cdot X_{be} \cdot X_{ce} + \dots \mu_r \cdot X_{br} \cdot X_{cr},$$
$$\overline{X}_{cc} = \mu_c \cdot X_{cc} \cdot X_{cc} + \mu_d \cdot X_{cd} \cdot X_{cd} + \mu_e \cdot X_{ce} \cdot X_{ee} + \dots \mu_r \cdot X_{cr} \cdot X_{cr},$$
$$\overline{X}_{dc} = \qquad\qquad \mu_d \cdot X_{dd} \cdot X_{cd} + \mu_e \cdot X_{de} \cdot X_{ce} + \dots \mu_r \cdot X_{dr} \cdot X_{cr},$$
$$\vdots \qquad\qquad\qquad \vdots \qquad\qquad \vdots \qquad\qquad \vdots$$
$$\overline{X}_{rc} = \qquad\qquad\qquad\qquad\qquad\qquad\qquad\qquad \mu_r \cdot X_{rr} \cdot X_{cr}.$$

Diese Ausdrücke ergeben sich nun, wie man sieht, in einfachster Weise aus Tabelle IV: Man multipliziert die Werte der Vertikalkolonne c mit den auf gleicher Horizontalen stehenden Werten der einzelnen Kolonnen a, b, c, … r und den zugehörigen Multiplikatoren μ.

Also die Last $\overline{X}_{cd}$ würde sich in folgender Form ergeben $(X_{cd} = 0)$:

$$\overline{X}_{cd} = \mu_d \cdot X_{dd} \cdot X_{cd} + \mu_e \cdot X_{de} \cdot X_{ee} + \dots \mu_r \cdot X_{dr} \cdot X_{cr}.$$

Allgemein kann man sagen: Eine Last $\overline{X}_{ki}$ der zur Bestimmung von X_i dienenden Lastengruppe ergibt sich aus Tabelle IV wie folgt:

Man multipliziert die Glieder der Vertikalkolonne i mit den Gliedern der Kolonne k, multipliziert jedes dieser Produkte mit dem (in Kolonne I links) auf gleicher Horizontalen stehenden Multiplikator μ und addiert die Ergebnisse.

Die Biegungslinie zu der Lastengruppe $\overline{X}_{ai}$, $\overline{X}_{bi}$, … $\overline{X}_{ri}$, liefert die Einflußlinie für X_i. Man kann den Wert X_i somit auch in der Form schreiben:

$$X_i = \overline{X}_{ai} \cdot [am] + \overline{X}_{bi} \cdot [bm] + \overline{X}_{ci} \cdot [cm] + \dots \overline{X}_{ri} \cdot [rm]. \tag{54}$$

Anmerkung 1: Die Last $\overline{X}_{ki}$ der zu X_i gehörigen Lastengruppe muß naturgemäß gleich der Last $\overline{X}_{ik}$ der zu X_k gehörigen Lastengruppe sein. Denn in beiden Fällen werden die gleichen Kolonnen i und k miteinander multipliziert. Es ergibt sich also:

$$\overline{X}_{ki} = \overline{X}_{ik} \dots \dots \dots \tag{55}$$

Anmerkung 2: Es bedarf wohl keiner Erwähnung, daß Gl. (54) in gleicher Weise einen Weg für die Untersuchung ruhender Belastung angibt. Wenn hiernach die Lasten $\overline{X}$ ermittelt sind, ergibt sich die Unbekannte, d. h. speziell ihr Zählerwert, aus den Verschiebungen des Grundsystems infolge der äußeren Belastung P_m. Diese Verschiebungen nehmen wir in gewohnter Weise als berechnet an.

Anmerkung 3: Bestimmt man die infolge der Lastengruppen $\overline{X}_{ai}, \overline{X}_{bi}, \ldots$ $\overline{X}_{ri}$ auftretenden Momente $\overline{M}_i$, Normalkräfte $\overline{N}_i$ und Querkräfte $\overline{Q}_i$ nach der Gleichung:

$$\left.\begin{array}{l} \overline{M}_i = M_a \cdot \overline{X}_{ai} + M_b \cdot \overline{X}_{bi} + M_c \cdot \overline{X}_{ci} + \ldots M_r \cdot \overline{X}_{ri}, \\[2mm] \overline{N}_i = N_a \cdot \overline{X}_{ai} + N_b \cdot \overline{X}_{bi} + N_c \cdot \overline{X}_{ci} + \ldots N_r \cdot \overline{X}_{ri}, \\[2mm] \overline{Q}_i = Q_a \cdot \overline{X}_{ai} + Q_b \cdot \overline{X}_{bi} + Q_c \cdot \overline{X}_{ei} + \ldots Q_r \cdot \overline{X}_{ri}, \end{array}\right\} \ \ldots (56)$$

so kann man $\overline{X}_i$ auch aus folgender Gleichung finden:

$$X_i = \int M_0 \cdot \overline{M}_i \frac{ds}{EJ} + \int N_0 \cdot \overline{N}_i \frac{ds}{EF} + \int \varkappa \cdot Q_0 \cdot \overline{Q}_i \frac{ds}{G \cdot F} \ \ldots \ (57)$$

Diesen Ausdruck kann man aus der vorhin (s. Gl. 54) angegebenen Gleichung für X_i ableiten, wenn man für $[am]$, $[bm]$, $[cm]$, $\ldots [rm]$ die Summenwerte einsetzt. Man erhält dann, wenn der Einfachheit halber nur die Momente berücksichtigt werden:

$$X_i = \overline{X}_{ai} \cdot \int M_0 M_a \frac{ds}{EJ} + \overline{X}_{bi} \cdot \int M_0 M_b \frac{ds}{EJ} + \ldots \overline{X}_{ri} \cdot \int M_0 M_r \frac{ds}{EJ}$$

$$= \int M_0 [\overline{X}_{ai} M_a + \overline{X}_{bi} \cdot M_b + \ldots \overline{X}_{ri} M_r] \frac{ds}{EJ} = \int M_0 \overline{M}_i \frac{ds}{EJ}.$$

c) Erläuterung des Rechnungsganges. Zahlenbeispiel.

Nach den vorstehenden Ausführungen gestaltet sich der Rechnungsgang wie folgt:

Nachdem die Verschiebungen des Grundsystems und der einzelnen statisch unbestimmten Hauptsysteme berechnet sind, wird die Tabelle der Festwerte ermittelt. Diese liefern die Unterlagen für das Belastungsschema (s. Tabelle III, S. 140), welches die einzelnen Lastengruppen $X_{a.0} = 1$, $X_{b\,1} = 1$, $X_{c.2} = 1$ zu berechnen gestattet. Damit ist die vorstehende Tabelle IV gegeben; diese sei hier nochmals für ein 5-fach statisch unbestimmten System dargestellt, an dem der weitere Rechnungsgang erläutert werden soll.

Die in einer Horizontalreihe stehenden Lasten, z. B. X_{ad} bis X_{dd} der Reihe d, geben die Einzellasten der Lastengruppe

$$X_{d.3} = 1; \ (X_{dd} = 1).$$

Tabelle IV für ein 5-fach statisch unbestimmtes System.

	a	b	c	d	e
μ_a	X_{aa}				
μ_b	X_{ab}	X_{bb}			
μ_c	X_{ae}	X_{bc}	X_{cc}		
μ_d	X_{ad}	X_{bd}	X_{cd}	X_{dd}	
μ_e	X_{ae}	X_{be}	X_{ce}	X_{de}	X_{ee}

Um nun die Lasten $\overline{X}_{aa}$ bis $\overline{X}_{ea}$ zu erhalten, d. h. diejenige Lastengruppe, welche nach Gl. (54) direkt die Überzählige X_a liefert, multiplizieren wir die erste Vertikalkolonne a mit sämtlichen Vertikalkolonnen a bis e unter jeweiliger Zufügung des Faktors μ. Man erhält folgende Tabelle der Werte $\overline{X}_{aa}$ bis $\overline{X}_{ea}$.

Tabelle der Lasten $\overline{X}_{aa}$ bis $\overline{X}_{ea}$.

$\mu_a \cdot X_{aa}^2$				
$\mu_b \cdot X_{ab}^2$	$\mu_b \cdot X_{ab} \cdot X_{bb}$			
$\mu_c \cdot X_{ac}^2$	$\mu_c \cdot X_{ac} \cdot X_{bc}$	$\mu_c \cdot X_{ac} \cdot X_{ce}$		
$\mu_d \cdot X_{ad}^2$	$\mu_d \cdot X_{ad} \cdot X_{bd}$	$\mu_d \cdot X_{ad} \cdot X_{cd}$	$\mu_d \cdot X_{ad} \cdot X_{dd}$	
$\mu_e \cdot X_{ae}^2$	$\mu_e \cdot X_{ae} \cdot X_{be}$	$\mu_e \cdot X_{ae} \cdot X_{ce}$	$\mu_e \cdot X_{ae} \cdot X_{de}$	$\mu_e \cdot X_{ae} \cdot X_{ee}$
$\Sigma= \quad \overline{X}_{aa}$	$\overline{X}_{ba}$	$\overline{X}_{ca}$	$\overline{X}_{da}$	$\overline{X}_{ea}$

Die Summe der Produkte einer Vertikalkolonne ergibt die betreffende Last $\overline{X}_{aa}$ bis $\overline{X}_{ea}$.

Um die Werte $\overline{X}_{ab}$ bis $\overline{X}_{eb}$ zu finden, ist die Kolonne b in obiger Tabelle mit sämtlichen Kolonnen a bis e zu multiplizieren. Dabei ist $\overline{X}_{ab} = \overline{X}_{ba}$, also bekannt. Man erhält folgende Tabelle:

Tabelle der Lasten $\overline{X}_{ab}$ bis $\overline{X}_{eb}$.

	$\mu_b \cdot X_{bb}^2$			
	$\mu_c \cdot X_{bc}^2$	$\mu_c \cdot X_{bc} \cdot X_{cc}$		
	$\mu_d \cdot X_{bd}^2$	$\mu_d \cdot X_{bd} \cdot X_{cd}$	$\mu_d \cdot X_{bd} \cdot X_{dd}$	
	$\mu_e \cdot X_{be}^2$	$\mu_e \cdot X_{be} \cdot X_{ce}$	$\mu_e \cdot X_{be} \cdot X_{de}$	$\mu_e \cdot X_{be} \cdot X_{ee}$
$\Sigma= \quad \overline{X}_{ab}$	$\overline{X}_{bb}$	$\overline{X}_{cb}$	$\overline{X}_{db}$	$\overline{X}_{eb} = X_{eb}$

Entsprechend ergeben sich die folgenden Tabellen für die Unbekannten X_c bis X_e.

Tabelle der Lasten $\overline{X}_{ac}$ bis $\overline{X}_{ec}$.

		$\mu_c \cdot X_{cc}^2$		
		$\mu_d \cdot X_{cd}^2$	$\mu_d \cdot X_{cd} \cdot X_{dd}$	
		$\mu_e \cdot X_{ce}^2$	$\mu_e \cdot X_{ce} \cdot X_{de}$	$\mu_e \cdot X_{ce} \cdot X_{ec}$
$\Sigma= \quad \overline{X}_{ac}=\overline{X}_{ae}$	$\overline{X}_{bc}=\overline{X}_{cb}$	$\overline{X}_{cc}$	$\overline{X}_{dc}$	$\overline{X}_{ec}$

$$\text{Tabelle der Lasten } \overline{X}_{ad} \text{ bis } \overline{X}_{ed}.$$

				$\mu_d \cdot X_{dd}^2$	
				$\mu_e \cdot X_{de}^2$	$\mu_e \cdot X_{de} \cdot X_{ee}$
$\Sigma =$	$\overline{X}_{ad} = \overline{X}_{da}$	$X_{bd} = X_{db}$	$\overline{X}_{cd} = \overline{X}_{dc}$	$\overline{X}_{dd}$	$\overline{X}_{ed}$

Die Lasten $\overline{X}_{ae}$, $\overline{X}_{be}$, $\overline{X}_{ce}$, $\overline{X}_{de}$, $\overline{X}_{ee}$ sind ohne weiteres gegeben, und zwar durch den Belastungszustand $X_{e.5} = 1$, d. h. durch das Belastungsschema (Tabelle III). Dieser Belastungszustand ist jedoch noch mit μ_e zu multiplizieren. Nun bestehen aber gemäß Gl. (55) wiederum die Beziehungen:

$$\overline{X}_{ae} = \overline{X}_{ea}; \quad \overline{X}_{be} = \overline{X}_{eb}; \quad \overline{X}_{ce} = \overline{X}_{ec}; \quad \overline{X}_{de} = \overline{X}_{ed}.$$

Also sind auch die letzten Lasten der vorhin errechneten Gruppen (s. vorstehende Tabellen) von vornherein gegeben. Es bedarf also bei den einzelnen Gruppen nur der Berechnung von 4, bzw. 3, bzw. 2, bzw. 1, Lasten $\overline{X}$, insgesamt also sind bei diesem 5-fach statisch unbestimmten System nur $1 + 2 + 3 + 4 = 10$ Lasten $\overline{X}$ für die Gruppen der sämtlichen 5 Unbekannten zu berechnen.

Allgemein sind bei einem n-fach statisch unbestimmten System

$$1 + 2 + 3 + 4 + \ldots (n-1) = \tfrac{1}{2}(n-1) \cdot n$$

Lasten $\overline{X}$ zu berechnen.

Zahlenbeispiel. Zur Erläuterung des Verfahrens berechnen wir die fraglichen Lastengruppen bei dem früher behandelten Träger auf 5 Stützen (s. S. 115). Die Verschiebungen des Grundsystems (s. S. 116), sowie die Festwerte und damit die Lastengruppen $X_{a.0} = 1$, $X_{b.1} = 1$, $X_{c.2} = 1$ sind bereits berechnet (s. S. 131). Für die Werte μ erhalten wir:

$$\mu_a = -\frac{1}{[aa]} = -\frac{1}{40} = -0{,}025,$$

$$\mu_b = -\frac{1}{[bb.1]} = -\frac{1}{25{,}458} = -0{,}0392,$$

$$\mu_c = -\frac{1}{5{,}616} = -0{,}178.$$

Die Tabelle IV ergibt also folgende Werte:

$\mu_a = -0{,}025$	$X_{aa} = 1$		
$\mu_b = -0{,}0392$	$X_{ab} = -1{,}317$	$X_{bb} = 1$	
$\mu_c = -0{,}178$	$X_{ac} = +0{,}248$	$X_{bc} = -0{,}734$	$X_{cc} = 1$

Die für X_a gültigen Lasten $\overline{X}_{aa}$, $\overline{X}_{ba}$, $\overline{X}_{ca}$ ergeben sich nach den vorstehenden Regeln wie folgt:

$$\overline{X}_{aa} = -1 \cdot 0{,}025 - 1{,}317 \cdot 1{,}317 \cdot 0{,}0392 - 0{,}248 \cdot 0{,}248 \cdot 0{,}178 = -\mathbf{0{,}104},$$

$$\overline{X}_{ba} = +1{,}317 \cdot 1 \cdot 0{,}392 + 0{,}248 \cdot 0{,}734 \cdot 0{,}178 = +\mathbf{0{,}084},$$

$$\overline{X}_{ca} = +X_{ac} = -0{,}248 \cdot 0{,}178 = -\mathbf{0{,}044}.$$

Von den für $\overline{X}_b$ gültigen Lasten $\overline{X}_{ab}$, $\overline{X}_{bb}$, $\overline{X}_{cb}$ ist:

$$\overline{X}_{ab} = \overline{X}_{ba} = +\mathbf{0{,}084},$$

$$\overline{X}_{bb} = -1 \cdot 0{,}0392 - 0{,}734 \cdot 0{,}734 \cdot 0{,}178 = -\mathbf{0{,}135},$$

$$\overline{X}_{cb} = \overline{X}_{bc} = \mu_c \cdot X_{bc} = +0{,}734 \cdot 0{,}178 = +\mathbf{0{,}130}.$$

Die Lasten $\overline{X}_{ac}$, $\overline{X}_{bc}$, $\overline{X}_{cc}$ sind gleich X_{ac}, X_{bc}, X_{cc}, also durch Tabelle IV gegeben (Multiplikator μ_c).

Es waren also nur $\dfrac{3(3-1)}{2} = 3$ Lasten $\overline{X}$ zu berechnen. Die Gleichungen für die Überzähligen (s. Gl. 54) lauten:

$$X_a = -0{,}104\,[am] + 0{,}084\,[bm] - 0{,}044\,[cm],$$
$$X_b = +0{,}084\,[am] - 0{,}135\,[bm] + 0{,}130\,[cm],$$
$$X_c = -0{,}044\,[am] + 0{,}130\,[bm] - 0{,}178\,[cm].$$

Hiernach sind die Überzähligen X für jede Belastung gegeben, nachdem die Absolutglieder $[am]$, $[bm]$, $[cm]$ berechnet sind.

Die Ergebnisse stimmen mit den früher gefundenen Werten überein (vgl. S. 116 u. S. 148).

E. Verallgemeinertes Eliminationsverfahren. Lastengruppen Y mit teilweise willkürlichen Einzellasten sind die Unbekannten[1]).

§ 18. Die Elastizitätsgleichungen und die Berechnung der Unbekannten Y.

a) Die Unbekannten Y. Bezeichnungen.

Die in § 10 bis 17 besprochenen Lösungsverfahren liefern die Unbekannten X, die identisch sind mit den Überzähligen des Systems; diese Lasten X wirken neben den äußeren Kräften P_m am Grundsystem.

Die Unbekannten der Aufgabe brauchen nun aber keineswegs identisch mit den überzähligen Größen X zu sein. Dies zeigt insbesondere das vorhin behandelte Verfahren. Dort wurden die Größen $X_{a.0}$, $X_{b.1}$, $X_{c.2}$ ... als Unbekannte verwandt, also Kräfte, die an statisch unbestimmten Hauptsystemen wirken. Wir sahen dabei, daß diese Unbekannten eigentlich Lastengruppen darstellen; die Einzel-

---

[1]) Dieses Verfahren mußte der Vollständigkeit wegen gleichfalls hier angegeben werden, weil wir es zur Erklärung gewisser gebräuchlicher Berechnungsmethoden einzelner Systeme benötigen. Zur rechnerischen Durchführung von Aufgaben wird man diese Lösung wegen ihres Umfanges im allgemeinen nicht anwenden. Wir werden später bei der Berechnung hochgradig statisch unbestimmter, und zwar speziell symmetrischer Systeme, vereinzelt von diesem Verfahren mit Vorteil Gebrauch machen.

lasten dieser Lastengruppen wirken in Richtung einzelner der überzähligen Größen. So bedeutet z. B. die Unbekannte $X_{c.2}$ diejenige Kraft, die am 2-fach statisch unbestimmten System im Punkte c (dem Angriffspunkt der Überzähligen X_c) infolge P_m wirksam wird (Fig. 130a). Anstatt die Kraft $X_{c.2}$ als Einzellast am 2-fach statisch

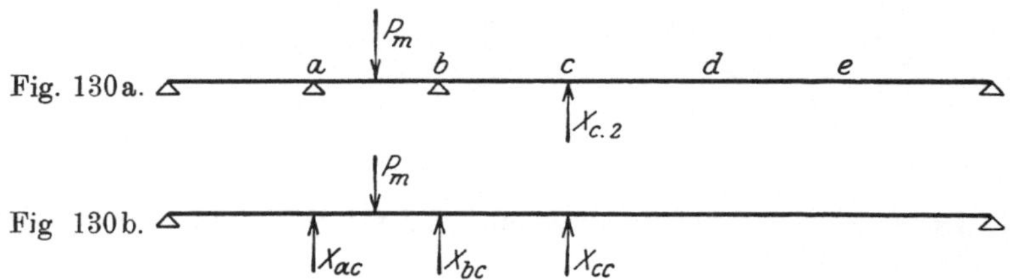

unbestimmten Hauptsystem anzusehen, kann man sie auch im Verein mit den beiden in a und b auftretenden Lasten als eine aus 3 Kräften X_{ac}, X_{bc}, X_{cc} bestehende Lastengruppe betrachten, die am Grundsystem wirkt (Fig. 130b). Das ist insbesondere auch durch die Form für den Beitrag der Unbekannten $X_{c.2}$ zu einer statischen Größe S zum Ausdruck gebracht:

$$S_{c.2} \cdot X_{c.2} = (S_a \cdot X_{ac} + S_b \cdot X_{bc} + S_c \cdot X_{cc}) X_{c.2} \quad \text{(vgl. Abschn. C)}.$$

Der infolge $X_{c.2} = 1$ auftretende Wert S (nämlich $S_{c.2}$) ist hiernach der Gesamteinfluß der Lastengruppe X_{ac}, X_{bc}, X_{cc} auf das Grundsystem; die Einzellasten dieser Gruppe, welche den Zustand $X_{c.2} = 1$ darstellen, sind zahlenmäßig gegebene und durch das Belastungsschema (siehe § 14, Tabelle III, S. 140) dargestellte Größen.

Allgemein stellt bei diesem Verfahren eine Größe $X_{i.\nu} = 1$ eine Gruppe von $\nu + 1$ gegebenen Lasten X_{ai}, X_{bi}, $X_{ci} \ldots X_{ii}$ dar, die in den Punkten $a, b, c \ldots i$ wirken. X_{ii} ist gleich 1; alle folgenden Lasten X_{ki}, X_{li}, $X_{mi} \ldots X_{ri}$, d. h. die in den auf i folgenden Punkten wirkenden Lasten sind gleich 0.

Diese Angaben über das früher besprochene Verfahren sind hier noch einmal wiederholt worden, weil dieses große Ähnlichkeit mit der hier in Frage stehenden verallgemeinerten Methode hat, ja eigentlich einen Sonderfall der letzteren darstellt. —

Wir gehen nämlich jetzt einen Schritt weiter und wählen neue Gruppen als Unbekannte, die wir mit Y bezeichnen wollen, und zwar sollen bei all diesen Gruppen Y_i in sämtlichen Angriffspunkten der überzähligen Größen, also in $a, b, c \ldots r$ Einzellasten X_{ai}, X_{bi}, $X_{ci} \ldots X_{ri}$ wirken. Der Ort, wo eine Einzellast wirkt, ist also wieder durch den ersten Index, die Ursache, d. h. hier die Gruppe, der die Einzellast angehört, durch den zweiten Index gekennzeichnet. Diese Lasten X_{ai} bis X_{ri} wollen wir zunächst in willkürlicher Größe annehmen. Wir werden aber sehen, daß wir mit Hilfe gewisser Nebenbedingungen die Werte bis X_{ti}, also X_{ai}, X_{bi}, $X_{ci} \ldots X_{hi}$ berechnen, so daß nur die Lasten X_{ii}, $X_{ki} \ldots X_{ri}$ willkürlich bleiben, d. h. also jene Lasten, die beim früheren Verfahren die Werte $X_{ii} = 1$, $X_{ki} = X_{li} = \ldots X_{ri} = 0$ hatten.

Die Unbekannten Y_a, Y_b, $Y_c \ldots Y_r$ werden wir aus den Elastizitätsbedingungen berechnen. Ihre Verwendung zur Berechnung statischer Größen S entspricht ganz derjenigen der früheren Größen $X_{a.0}$, $X_{b.1}$, $X_{c.2} \ldots X_{r.(\varrho-1)}$. Der Beitrag einer Unbekannten Y_i zu einer Größe S ist gleich $\mathfrak{S}_i Y_i$, wo $\mathfrak{S}_i$ den Wert S infolge $Y_i = 1$ bedeutet, d. h. die Wirkung der Lastengruppe $Y_i = 1$ auf das Grundsystem. — Nach diesen einleitenden Ausführungen besprechen wir nunmehr den Gang des Verfahrens.

Bezeichnungen. In den früheren Rechnungen bedeutete:

$[ih]$ die Verschiebung von i (Angriffspunkt der Überzähligen X_i) in Richtung von X_i infolge $X_k = 1$ am Grundsystem;

$[im]$ die Verschiebung von i infolge der äußeren Lasten P_m am Grundsystem;

$[im.\nu]$ die Verschiebung von i infolge der äußeren Lasten P_m am ν-fach statisch unbestimmten Hauptsystem.

Wir fragen nunmehr nach der Verschiebung von i infolge $Y_k = 1$, d. h. infolge der Lastengruppe X_{ak}, X_{bk}, $X_{ck} \ldots X_{rk}$, und bezeichnen diesen Wert mit $[iK]$. Offenbar erhalten wir dafür nach dem Superpositionsgesetz den Ausdruck:

$$[iK] = [ia] \cdot X_{ak} + [ib] X_{bk} + [ic] X_{ck} + \ldots [ir] X_{rk} . \quad (58)$$

Es sei noch darauf hingewiesen, daß man den vorstehenden Wert $[iK]$ auch bezeichnen kann als die virtuelle Arbeit, welche die Last $X_i = 1$ leistet während der durch die Lastengruppe $Y_k = 1$ hervorgerufenen Verschiebung des Punktes i, bzw. als die Arbeit, die die Gruppe $Y_k = 1$ leistet während der durch die Last $X_i = 1$ hervorgerufenen Verschiebung ($[iK] = [Ki]$). Will man sich diesen Gedankengang veranschaulichen, so betrachte man die Fig. 131. $[iK]$ wäre die Verschiebung, die der Punkt i infolge der Belastung Y_k erfährt, bzw. die virtuelle Arbeit, welche die Last $X_i = 1$ leistet, während der durch die Lastengruppe $Y_k = 1$ hervorgerufenen Verschiebung des Angriffspunktes i von X_i (siehe Fig. 131a). — Vertauscht

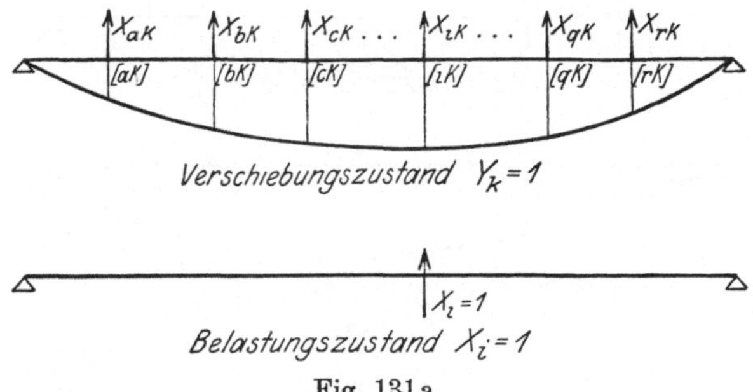

Fig. 131a.

man den Belastungs- und Verschiebungszustand, d. h. denkt man sich während der Verschiebungen infolge $X_i = 1$ die Lasten X_{ak}, X_{bk}, $X_{ck} \ldots X_{rk}$ der Lastengruppe $Y_k = 1$ wirkend, so hat die dabei von der Gruppe $Y_k = 1$ geleistete Arbeit ebenfalls den Wert $[iK]$ bzw. $[Ki]$ (siehe Fig. 131 b).

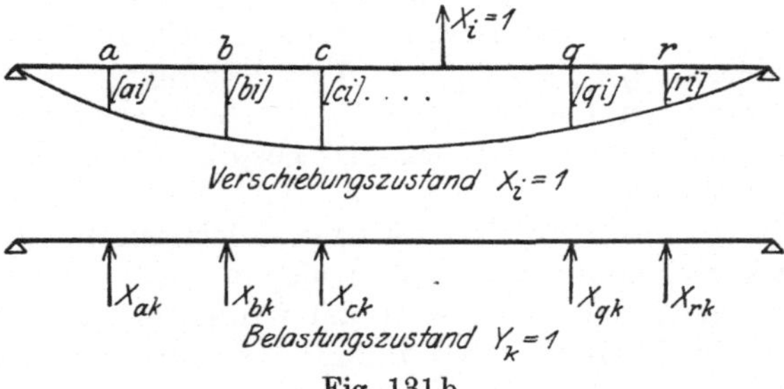

Fig. 131 b.

Wir fragen nunmehr nach der Arbeit, welche die Lastengruppe $Y_k = 1$ beim Verschiebungszustand $Y_i = 1$ leistet, und bezeichnen diese Größe mit $[JK]$. Um diesen Wert anzugeben, beachte man, daß die Arbeit der Lastengruppe $Y_k = 1$ sich zusammensetzt aus den Arbeiten, welche die Einzellasten dieser Gruppe, also die Kräfte

$$X_{ak}, \quad X_{bk}, \quad X_{ck} \ldots X_{qk}, \quad X_{rk}$$

während der Verschiebung ihrer Angriffspunkte a, b, $c \ldots q$, r leisten. Da die Verschiebungen infolge der Lastengruppe $Y_i = 1$ in Betracht kommen, so handelt es sich um die Größen

$$[aJ], \quad [bJ], \quad [cJ] \ldots [qJ], \quad [rJ].$$

Man erhält also für die gesuchte Arbeitssumme den Ausdruck:

$$[JK] = [aJ] X_{ak} + [bJ] X_{bk} + [cJ] X_{ck} + \ldots [qJ] X_{qk} + [rJ] X_{rk} \quad \textbf{(59)}$$

Die Fig. 132 veranschaulichen diesen Gedankengang.

Kombiniert man die Verschiebungen infolge $Y_i = 1$ (Fig. 132 b) mit den Lasten X_{ak} bis X_{rk} des Belastungszustandes $Y_k = 1$ (Fig. 132 a),

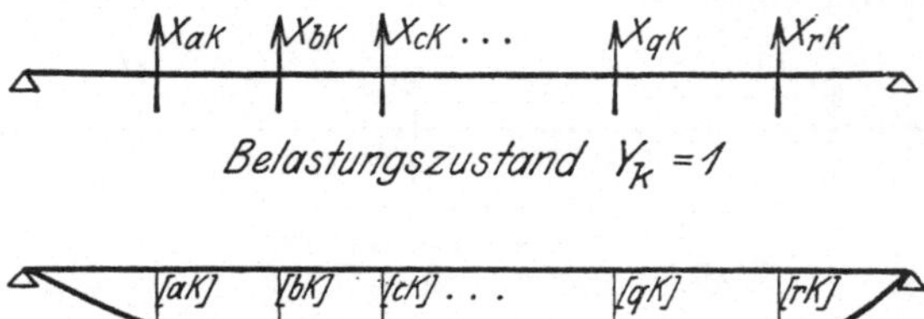

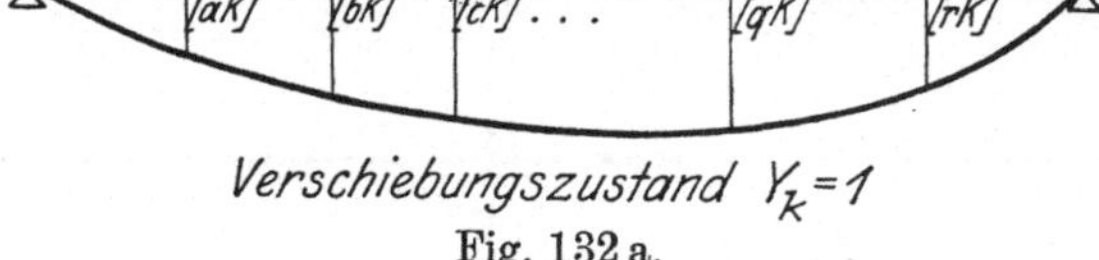

Fig. 132 a.

so erhält man den vorstehenden Wert $[JK]$ (siehe Gleichung 59). Fragt man dagegen nach der Arbeit der Lastengruppe $Y_i = 1$ (Fig. 132 b) während der Verschiebungen infolge des Zustandes $Y_k = 1$ (Fig. 132 a), so erhält man den Wert $[KJ]$:

$$[KJ] = [aK] X_{ai} + [bK] X_{bi} + [cK] X_{ci} + \ldots [rK] X_{ri}.$$

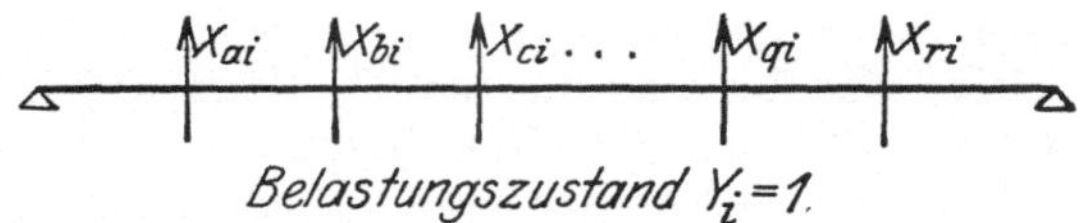

Fig. 132b.

Es gilt die Gleichung:

$$[JK] = [KJ] \quad \dots \dots \dots \dots \quad (60)$$
(Maxwellscher bzw. Bettischer Satz.)

NB. Auch in den Bezeichnungen $[JK]$ bzw. $[KJ]$ entspricht der erste Buchstabe dem Verschiebungszustand, der zweite dem Belastungszustand, also ähnlich wie bei $[ik]$ der erste Buchstabe i den sich verschiebenden Punkt (Ort der Verschiebung), der zweite k die Belastung (Ursache der Verschiebung) kennzeichnet.

b) Erweiterung der Elastizitätsgleichungen. Die früher verwandte Form der Elastizitätsbedingungen lautete:

$$[im.\varrho] = 0.$$

Sie besagt: Die Verschiebung des Punktes i des ϱ-fach unbestimmten Systems infolge der äußeren Belastung P_m ist gleich 0, oder auch, was dasselbe ist, die Arbeit der Last $X_i = 1$ während des wirklichen Verschiebungszustandes (das ist P_m am ϱ-fach unbestimmten System) ist gleich 0.

Statt dessen kann man aber auch schreiben:

$$[Jm.\varrho] = 0, \quad \dots \dots \dots \dots \quad (61)$$

d. h. es gilt auch die erweiterte Bedingung: Die Arbeit der Lastengruppe $Y_i = 1$ während des wirklichen Verschiebungszustandes (P_m am ϱ-fach unbestimmten System) ist gleich 0. — Dies leuchtet ohne weiteres ein; denn die zweite (erweiterte) Bedingung folgt aus der ersten. Ist nämlich die Arbeit für $X_i = 1$ gleich 0, so ist sie es auch für ein Vielfaches von 1, etwa für $X_i = X_{ik}$; ferner gilt das, was für X_i besteht, auch für X_a, X_b, $X_c \dots X_r$, d. h. auch die Arbeit der Lastengruppe $Y_i = 1$, also der Lasten X_{ai}, X_{bi}, $X_{ci} \dots X_{ri}$, hat den Wert 0, was durch Gleichung (61) ausgedrückt ist.

Bei dem wirklichen Verschiebungszustand des statisch unbestimmten Systems, der in der Gleichung (61) durch den Index m gekennzeichnet ist, wirken als Ursache außer der Belastuug P_m noch die Unbekannten Y. Man erhält also:

$$[JA]\cdot Y_a + [JB]Y_b + [JC]Y_c + \dots [JR]Y_r + [Jm] = 0 \quad . \quad . \quad (62)$$

Denn die Arbeit von $Y_i = 1$ (gekennzeichnet durch den Buchstaben J) beim wirklichen Verschiebungszustand setzt sich nach dem

Superpositionsgesetz zusammen aus der Arbeit während der Verschiebungen infolge der äußeren Lasten P_m (letztes Glied $[J_m]$) und aus den Arbeiten während der Verschiebungen infolge der Unbekannten Y. Der Verschiebungszustand infolge einer Lastengruppe $Y_k = 1$ wird durch den zweiten Buchstaben K in $[JK]$ gekennzeichnet. Rührt der Verschiebungszustand von einer Lastengruppe Y_k her, so ist der dementsprechende Beitrag zur Arbeitssumme gleich $[JK] \cdot Y_k$. Entsprechendes gilt für alle Unbekannten Y.

Was durch Gleichung (62) für den Belastungszustand Y_i ausgedrückt wurde, gilt allgemein für jede der einzelnen Lastengruppen Y_a, Y_b, $Y_c \ldots Y_r$, und man erhält somit folgende Elastizitätsgleichungen:

$$\left.\begin{aligned}
[AA]Y_a + [AB]Y_b + [AC]Y_c + \ldots [AR]Y_r &= -[Am], \\
[AB]Y_a + [BB]Y_b + [BC]Y_c + \ldots [BR]Y_r &= -[Bm], \\
[CA]Y_a + [CB]Y_b + [CC]Y_c + \ldots [CR]Y_r &= -[Cm], \\
\vdots \quad\quad\quad\quad\quad\quad\quad\quad\quad & \\
[RA]Y_a + [RB]Y_b + [RC]Y_c + \ldots [RR]Y_r &= -[Rm],
\end{aligned}\right\} \quad \textbf{(63)}$$

Dieses Gleichungssystem entspricht in der äußeren Form dem früher zur Berechnung der Überzähligen X verwandten. Ferner sind auch hier — was für das Folgende wichtig ist — die entsprechenden Koeffizienten seitlich der Diagonalglieder gleich, da nach Gleichung (60) die Werte $[JK]$ und $[KJ]$ identisch sind.

c) Lösung der Elastizitätsgleichungen. Darstellung der Lastengruppen $Y=1$. Das Belastungsschema (Tabelle V).

α) **Die Nebenbedingungen zur Ermittlung der nicht willkürlichen (bedingten) Lasten X_{ik} der einzelnen Lastengruppen $Y=1$.** Um auch hier jede Unbekannte Y als einfachen Quotienten zu erhalten, werden wir versuchen, in Gleichung (63) die Koeffizienten der seitlich der Diagonale stehenden Größen Y, d. h. die Koeffizienten $[JK]$ mit ungleichen Buchstaben, zu 0 zu machen. Dann ergibt sich nämlich jede Unbekannte aus einer Gleichung mit einer Unbekannten, und zwar in der Form:

$$Y_i = -\frac{[Jm]}{[JJ]} \quad \ldots \ldots \ldots \quad \textbf{(64)}$$

Um die erwähnten Koeffizienten $[JK]$ zum Verschwinden zu bringen, werden wir über die bisher willkürlich angenommenen Einzellasten X_{ik} der verschiedenen Lastengruppen Y_k entsprechend verfügen. Es stehen uns bei ϱ Gleichungen (entsprechend den ϱ Unbekannten Y_a bis Y_r) im ganzen $\frac{1}{2}\varrho(\varrho-1)$ Bedingungsgleichungen von der Form

$$[JK] = 0$$

zur Verfügung. Der Faktor $\frac{1}{2}$ rührt daher, daß in Gleichung (63) je zwei entsprechende Koeffizienten seitlich der Diagonale den gleichen Wert haben, wie bereits hervorgehoben wurde. Es lassen sich also ebensoviele von den vorher willkürlich angenommenen Lasten X der Lastengruppen $Y = 1$ aus diesen Bedingungsgleichungen berechnen. Da jede Gruppe $Y_i = 1$ im ganzen ϱ Einzellasten $(X_{ai}, X_{bi}, X_{ci} \ldots X_{ri})$ aufweist, also zusammen $\varrho \cdot \varrho = \varrho^2$ Werte X_{ik} vorhanden sind, so bleiben

$$\varrho^2 - \tfrac{1}{2}\varrho\,(\varrho - 1) = \tfrac{1}{2}\varrho\,(\varrho + 1)$$

willkürlich zu wählende Lasten übrig. — Es fragt sich daher zunächst, auf welche Weise wir die $\tfrac{1}{2}\varrho\,(\varrho - 1)$ bedingten Lasten X_{ik} bestimmen, die wir von der Gesamtsumme (ϱ^2 Lasten X_{ik}) dazu auswählen.

Hierbei gehen wir zweckmäßig wie folgt vor. Die Lasten

$$X_{aa}, \; X_{ba}, \; X_{ca} \ldots X_{ra}$$

des Zustandes $Y_a = 1$ werden alle willkürlich gewählt. Die Lasten

$$X_{ab}, \; X_{bb}, \; X_{cb} \ldots X_{rb}$$

der Gruppe $Y_b = 1$ wählen wir willkürlich bis auf eine, und zwar bis auf die erste X_{ab}, so daß also $X_{bb}, \; X_{cb} \ldots X_{rb}$ beliebige Zahlenwerte annehmen. Zur Bestimmung dieser einen Last X_{ab} benutzen wir die Bedingungsgleichung

$$[AB] = 0,$$

so daß sich also X_{ab} aus einer Gleichung mit einer Unbekannten ergibt.

Die Lasten

$$X_{ac}, \; X_{bc}, \; X_{cc} \ldots X_{rc}$$

der Gruppe $Y_c = 1$ wählen wir willkürlich bis auf die beiden ersten X_{ac} und X_{bc}; zur Bestimmung dieser beiden Werte X_{ac} und X_{bc} benutzen wir die Bedingungsgleichungen

$$[AC] = 0,$$
$$[BC] = 0,$$

so daß sich die beiden bedingten Lasten der Gruppe $Y_c = 1$ aus zwei Gleichungen mit zwei Unbekannten ergeben. — So ist fortzufahren; von den Lasten der Gruppe $Y_d = 1$ bestimmen wir die drei ersten $X_{ad}, \; X_{bd}, \; X_{cd}$ aus drei Gleichungen mit drei Unbekannten, nämlich aus

$$[AD] = 0,$$
$$[BD] = 0,$$
$$[CD] = 0.$$

Schließlich gelangt man so zur letzten Gruppe $X_r = 1$, wo nur eine, nämlich die letzte Last X_{rr}, willkürlich ist, während die $(\varrho - 1)$ anderen aus den Bedingungen

$$[AR] = 0,$$
$$[BR] = 0,$$
$$[CR] = 0,$$
$$\vdots$$
$$[QR] = 0$$

sich ergeben. Man hat also der Reihe nach eine Gleichung mit einer, zwei Gleichungen mit zwei, usf. bis $\varrho - 1$ Gleichungen mit ϱ Unbekannten aufzulösen, also insgesamt

$$1 + 2 + 3 + \ldots (\varrho - 1) = \frac{\varrho}{2}(\varrho - 1)$$

Gleichungen mit ebensovielen Unbekannten. Die Unbekannten dieser Gleichungen sind die nicht willkürlichen, d. h. bedingten Lasten der Gruppen $Y = 1$.

β) **Allgemeine Darstellung der bedingten Lasten** X_{ik} **in den einzelnen Lastengruppen** $Y_k = 1$. **Das Belastungsschema.**

Wir werden versuchen, auch jetzt alle Unbekannten zusammenhängend in einer ähnlichen schematischen Anordnung darzustellen, wie früher im Belastungsschema (siehe Tabelle III). Zu diesem Zwecke betrachten wir der Reihe nach die einzelnen Bedingungsgleichungen.

Die Lasten der Gruppe $Y_a = 1$, nämlich

$$X_{aa}, \; X_{ba}, \; X_{ca} \ldots X_{ra}$$

werden sämtlich willkürlich gewählt. — Von der Gruppe $Y_b = 1$ wählen wir

$$X_{bb}, \; X_{cb}, \; X_{db} \ldots X_{rb}$$

willkürlich; zur Bestimmung der Last X_{ab} benutzen wir die Bedingungsgleichung:

$$[AB] = 0.$$

$[AB]$ stellt die Arbeit der Lastengruppe $Y_b = 1$ beim Verschiebungszustand $Y_a = 1$ dar, und wir können daher schreiben (s. Gl. 59):

$$[AB] = [Aa] X_{ab} + [Ab] X_{bb} + [Ac] X_{cb} + \ldots [Ar] X_{rb} = 0.$$

Wir bringen die willkürlichen Lasten X_{bb} bis X_{rb} auf die rechte Seite der Gleichung und erhalten:

$$[Aa] \cdot X_{ab} = -[Ab] X_{bb} - [Ac] X_{cb} - [Ad] X_{db} \ldots [Ar] X_{rb}.$$

Die rechte Seite stellt die **Arbeit der willkürlichen Lasten der Gruppe** $Y_b = 1$ **beim Verschiebungszustand** $Y_a = 1$ **dar, und wir bezeichnen diese Arbeitsgröße mit** $[A\overline{B}]$. Der Strich über B deutet also an, daß nur die willkürlichen Lasten der Gruppe $Y_b = 1$ in Frage kommen. Also erhält man:

$$X_{ab} = -\frac{[A\overline{B}]}{[Aa]}.$$

Von der Gruppe $Y_c = 1$ sind die Lasten $X_{cc}, \; X_{dc} \ldots X_{rc}$ willkürlich; zur Bestimmung der beiden ersten Lasten X_{ac} und X_{bc} dienen die Bedingungsgleichungen

$$[AC] = 0,$$
$$[BC] = 0.$$

Diese Größen stellen Arbeitssummen der Lastengruppe $Y_c = 1$ dar, und zwar $[AC]$ beim Verschiebungszustand $Y_a = 1$ und $[BC]$ beim Verschiebungszustand $Y_b = 1$. Man kann somit schreiben:

$$[AC] = [Aa]\,X_{ac} + [Ab]\,X_{bc} + [Ac]\,X_{cc} + \ldots [Ar]\,X_{rc} = 0,$$
$$[BC] = [Ba]\,X_{ac} + [Bb]\,X_{bc} + [Bc]\,X_{cc} + \ldots [Br]\,X_{rc} = 0.$$

Bezeichnen wir die Arbeiten der willkürlichen Lasten mit $[A\overline{C}]$ bzw. $[B\overline{C}]$ und bringen sie auf die rechte Seite, so erhalten wir die beiden folgenden Gleichungen zur Bestimmung X_{ac} und X_{bc}.

$$[Aa]\,X_{ac} + [Ab]\,X_{bc} = -[A\overline{C}],$$
$$[Ba]\,X_{ac} + [Bb]\,X_{bc} = -[B\overline{C}].$$

Hieraus ergibt sich:

$$X_{bc} = -\frac{[Aa][B\overline{C}] - [Ba]\cdot[A\overline{C}]}{[Aa][Bb] - [Ba][Ab]} = -\frac{[B\overline{C}] - \dfrac{[Ba]}{[Aa]}\cdot[A\overline{C}]}{[Bb] - \dfrac{[Ba]}{[Aa]}[Ab]}$$

Diese Form von Zähler und Nenner entspricht den früher gefundenen Ausdrücken (vgl. § 12), und wir wählen daher auch die entsprechenden Bezeichnungen:

$$[B\overline{C}] - \frac{[A\overline{C}]}{[Aa]}\cdot[Ba] = [B\overline{C}.1],$$

$$[Bb] - \frac{[Ab]}{[Aa]}\cdot[Ba] = [Bb.1].$$

Man erhält somit

$$X_{bc} = -\frac{[B\overline{C}.1]}{[Bb.1]}.$$

Setzt man X_{bc} in die erste der beiden Bedingungsgleichungen ein, so findet man die Last X_{ac}:

$$X_{ac} = -\frac{[A\overline{C}]}{[Aa]} - \frac{[Ab]}{[Aa]}\cdot X_{bc}.$$

Damit sind die beiden bedingten Lasten X_{ac} und X_{bc} der Gruppe $Y_c = 1$ gefunden.

In gleicher Weise könnte man die entsprechenden Lasten der nächsten Gruppen $Y = 1$ ermitteln. Man erkennt aber schon jetzt, daß die Form der Ausdrücke sowie ihre Reihenfolge dem früheren Verfahren ganz und gar entsprechen, so daß sich die folgenden Lastengruppen ohne weiteres angeben lassen. So z. B. würden für die nächste Lastengruppe $Y_d = 1$ die nicht willkürlichen (bedingten) Lasten X_{ad}, X_{bd}, X_{cd} sich aus folgenden Gleichungen bestimmen:

$$[AD] = 0,$$
$$[BD] = 0,$$
$$[CD] = 0.$$

Man erhält:

$$X_{cd} = -\frac{[C\overline{D}.2]}{[Cc.2]},$$

$$X_{bd} = -\frac{[B\overline{D}.1]}{[Bb.1]} - \frac{[Bc.1]}{[Bb.1]} \cdot X_{cd},$$

$$X_{ad} = -\frac{[A\overline{D}]}{[Aa]} - \frac{[Ac]}{[Aa]} X_{cd} - \frac{[Ab]}{[Aa]} X_{bd}.$$

Wir schreiben diese Werte in der von früher gewohnten Weise zusammen und erkennen den übersichtlichen Aufbau der Ausdrücke für die Einzellasten X der Gruppe $Y_d = 1$.

X_{ad}	X_{bd}	X_{cd}	X_{dd}	X_{ed}	$\ldots X_{rd}$
$-\dfrac{[Ab]}{[Aa]} X_{bd}$					
$-\dfrac{[Ac]}{[Aa]} X_{cd}$	$-\dfrac{[Bc.1]}{[Bb.1]} X_{cd}$				
$-\dfrac{[A\overline{D}]}{[Aa]}$	$-\dfrac{[B\overline{D}.1]}{[Bb.1]}$	$-\dfrac{[C\overline{D}.2]}{[Cc.2]}$	X_{dd}	X_{ed}	$\ldots X_{rd}$

Die Summe der Glieder einer Vertikalkolonne gibt die betreffende Last X_{ad} bis X_{cd}; die willkürlichen Lasten X_{dd} bis X_{rd} würden in die folgenden Kolonnen einzusetzen sein. Die in der untersten Horizontalreihe stehenden Quotienten enthalten im Zähler die Arbeiten aller willkürlichen Lasten X_{dd} bis X_{rd}, was durch $\overline{D}$ gekennzeichnet ist.

Von besonderem Interesse ist die Beziehung zwischen den Lasten der Gruppe $Y_d = 1$ und den vorherigen $Y_c = 1$ und $Y_b = 1$. Der Vergleich läßt nämlich folgendes erkennen. Streicht man die unterste Horizontalreihe fort und schreibt in der nächst vorhergehenden $\overline{C}$ statt c und setzt noch die willkürlichen Lasten X_{cc} bis X_{rc} ein, so stellt die dadurch erhaltene Gruppe den Belastungszustand $Y_c = 1$ dar. Streicht man auch die vorletzte Horizontalreihe fort, schreibt $\overline{B}$ statt b und setzt noch die willkürlichen Lasten X_{bb} bis X_{rb} ein, so hat man den Belastungszustand $Y_b = 1$. Man erkennt also, daß allgemein die Darstellung der letzten Gruppe $Y_r = 1$ zugleich das Schema für alle vorhergehenden Lastengruppen $Y_a, Y_b, Y_c \ldots$ liefert, d. h. wir haben wiederum das, was wir früher das Belastungsschema nannten. —

Die Quotienten des Belastungsschemas sind von der äußeren Belastung unabhängige, feste Werte und sollen deshalb wie früher als Festwerte bezeichnet werden.

Wir geben wiederum (vgl. S. 180) das Belastungsschema für ein 10-fach statisch unbestimmtes System an, wo es sich also um die Unbekannten Y_a bis Y_k handelt. Das Belastungsschema ist gegeben durch die Darstellung der Lastengruppe $Y_k = 1$ (vgl. Tabelle V). Es stellt zugleich alle übrigen Lastengruppen $Y = 1$ schematisch dar. So z. B. erhält man die bereits vorhin angegebene Lastengruppe $Y_d = 1$, indem man nur die Reihen (a), b, c, d in Betracht zieht und die Lasten X_{dd}, X_{ed}, $X_{fd} \ldots X_{rd}$ willkürlich wählt; an Stelle des Buchstabens k tritt der Buchstabe d im Index der Lasten X ein, und entsprechend ist in der untersten Zeile $\overline{D}$ statt $\overline{K}$ zu setzen (vgl. die Lastengruppe $Y_d = 1$, S. 178).

d) Angaben zur zahlenmäßigen Ausrechnung der Lastengruppen $Y = 1$. Der Gang der Berechnung der im Belastungsschema vorkommenden Größen ist der folgende:

Die Lasten X_{aa}, X_{ba}, $X_{ca} \ldots X_{ra}$ der Gruppe $Y_a = 1$ wähle man willkürlich und berechne nach Gleichung (58) die Werte $[Aa]$, $[Ab]$, $[Ac] \ldots [Ar]$. Aus diesen erhält man die Quotienten der ersten Vertikalkolonne des Belastungsschemas. — Alsdann wähle man die Lasten X_{bb}, X_{cb}, $X_{db} \ldots X_{rb}$ der Gruppe $Y_b = 1$ willkürlich und berechne nach Gleichung (59) zwecks Bestimmung der bedingten ersten Last X_{ab} dieser Gruppe den Wert $[A\overline{B}]$ aus den willkürlichen Lasten. Ist hiernach

$$X_{ab} = - \frac{[A\overline{B}]}{[Aa]}$$

gefunden, so sind die gesamten Lasten X der Gruppe $Y_b = 1$ gegeben. — Hierauf verfahre man entsprechend mit den folgenden Gruppen $Y = 1$ und beachte die Beziehungen zu den Arbeiten der vorherigen Gruppen Y. Bei $Y_c = 1$ wählt man X_{cc}, $X_{dc} \ldots X_{rc}$ willkürlich; für die bedingten Lasten X_{bc} und X_{ac} gelten die Gleichungen:

$$X_{bc} = - \frac{[B\overline{C}.1]}{[Bb.1]} = - \frac{[B\overline{C}] - \dfrac{[A\overline{C}]}{[Aa]} \cdot [Ba]}{[Bb] - \dfrac{[Ab]}{[Aa]} \cdot [Ba]} \cdot$$

$$X_{ac} = - \frac{[A\overline{C}]}{[Aa]} - \frac{[Ab]}{[Aa]} X_{bc}.$$

Die hierbei vorkommenden Arbeitsgrößen enthalten die bereits bekannten, vorher bestimmten Lastengruppen $Y_b = 1$ und $Y_a = 1$, sowie die willkürlichen, also ebenfalls bekannten Lasten der Gruppe $Y_c = 1$. Die Einzelwerte sind also nach Gleichung (58) bzw. (59) leicht zu bestimmen. — Bezüglich der Zusammensetzung des Zählers und Nenners ist zu beachten, daß das erste Glied, z. B. $[B\overline{C}]$, den Buchstaben nach mit dem zu berechnenden Ausdruck, also $[B\overline{C}.1]$, übereinstimmt, aber den nächstniedrigeren Zahlenindex hat; daß ferner das zweite Glied so gestaltet ist, daß der Gesamtwert der Differenz, algebraisch betrachtet, zu 0 wird. Denn bei rein algebraischer Auffassung von $[B\overline{C}.1]$ hebt sich A und a im Nenner

Ta-
Belastungsschema. Lastengruppe $Y_k = 1$.

	X_{ak}	X_{bk}	X_{ck}	X_{dk}
a				
b	$-\dfrac{[Ab]}{[Aa]}X_{bk}$			
c	$-\dfrac{[Ac]}{[Aa]}X_{ck}$	$-\dfrac{[Bc.1]}{[Bb.1]}X_{ck}$		
d	$-\dfrac{[Ad]}{[Aa]}X_{dk}$	$-\dfrac{[Bd.1]}{[Bb.1]}X_{dk}$	$-\dfrac{[Cd.2]}{[Cc.2]}X_{dk}$	
e	$-\dfrac{[Ae]}{[Aa]}X_{ek}$	$-\dfrac{[Be.1]}{[Bb.1]}X_{ek}$	$-\dfrac{[Ce.2]}{[Cc.2]}X_{ek}$	$-\dfrac{[De.3]}{[Dd.3]}X_{ek}$
f	$-\dfrac{[Af]}{[Aa]}X_{fk}$	$-\dfrac{[Bf.1]}{[Bb.1]}X_{fk}$	$-\dfrac{[Cf.2]}{[Cc.2]}X_{fk}$	$-\dfrac{[Df.3]}{[Dd.3]}X_{fk}$
g	$-\dfrac{[Ag]}{[Aa]}X_{gk}$	$-\dfrac{[Bg.1]}{[Bb.1]}X_{gk}$	$-\dfrac{[Cg.2]}{[Cc.2]}X_{gk}$	$-\dfrac{[Dg.3]}{[Dd.3]}X_{gk}$
h	$-\dfrac{[Ah]}{[Aa]}X_{hk}$	$-\dfrac{[Bh.1]}{[Bb.1]}X_{hk}$	$-\dfrac{[Ch.2]}{[Cc.2]}X_{hk}$	$-\dfrac{[Dh.3]}{[Dd.3]}X_{hk}$
i	$-\dfrac{[Ai]}{[Aa]}X_{ik}$	$-\dfrac{[Bi.1]}{[Bb.1]}X_{ik}$	$-\dfrac{[Ci.2]}{[Cc.2]}X_{ik}$	$-\dfrac{[Di.3]}{[Dd.3]}X_{ik}$
k	$-\dfrac{[A\overline{K}]}{[Aa]}$	$-\dfrac{[B\overline{K}.1]}{[Bb.1]}$	$-\dfrac{[C\overline{K}.2]}{[Cc.2]}$	$-\dfrac{[D\overline{K}.3]}{[Dd.3]}$

gegen die beiden gleichen Werte im Zähler, und es bleibt $B\overline{C}-B\overline{C}=0$. Außerdem erkennt man, daß hinter dem Minuszeichen als erster Faktor des Produktes ein Festwert auftritt, wobei Zähler und Nenner stets nur einen, und zwar den gleichen großen Buchstaben (ohne Strich) enthalten $\left(\dfrac{[AB]}{[Aa]}\right.$ wäre also z. B. unmöglich$\left.\right)$. Der zweite Buchstabe im Nenner ist ein kleiner, im Zähler ebenfalls ein kleiner und nur dann ein großer mit Strich, wenn ein solcher schon in dem auf der linken Seite stehenden Glied auftritt[1]). — Unter Beachtung dieser Eigentümlichkeiten der Ausdrücke wären die mit dem Index 1 versehenen Arbeitsgruppen der zweiten Vertikalkolonne X_{bk} zu berechnen. Ganz entsprechend ist mit den folgenden Kolonnen

---

[1]) Den Buchstaben a, b, c, $d \ldots$ sind ebenso wie früher (vgl. Tab. II, S. 127) die Zahlen 0, 1, 2, 3 ... zugeordnet.

belle V.
(Zugleich Schema der Lastengruppen $Y_a = 1$, $Y_b = 1$, $Y_c = 1 \ldots$ usf.)

X_{ek}	X_{fk}	X_{gk}	X_{hk}	X_{ik}	X_{kk}
$-\dfrac{[Ef.4]}{[Ee.4]} X_{fk}$					
$-\dfrac{[Eg.4]}{[Ee.4]} X_{gk}$	$-\dfrac{[Fg.5]}{[Ff.5]} X_{gk}$				
$-\dfrac{[Eh.4]}{[Ee.4]} X_{hk}$	$-\dfrac{[Fh.5]}{[Ff.5]} X_{hk}$	$-\dfrac{[Gh.6]}{[Gg.6]} X_{hk}$			
$-\dfrac{[Ei.4]}{[Ee.4]} X_{ik}$	$-\dfrac{[Fi.5]}{[Ff.5]} X_{ik}$	$-\dfrac{[Gi.6]}{[Gg.6]} X_{ik}$	$-\dfrac{[Hi.7]}{[Hh.7]} X_{ik}$		
$-\dfrac{[E\overline{K}.4]}{[Ee.4]}$	$-\dfrac{[F\overline{K}.5]}{[Ff.5]}$	$-\dfrac{[G\overline{K}.6]}{[Gg.6]}$	$-\dfrac{[H\overline{K}.7]}{[Hh.7]}$	$-\dfrac{[J\overline{K}.8]}{[Ji.8]}$	X_{kk}

zu verfahren, wobei ebenfalls die erwähnten Regeln gelten. Man
schreibe z. B.:

$$[Cc.2] = [Cc.1] - \frac{\cdots\cdots}{\cdots\cdots} \ldots$$

Der in Frage kommende Festwert muß, da der Index 1 in Frage
kommt, den Nenner $[Bb.1]$ haben; im Zähler ist zunächst der große
Buchstabe B einzusetzen, den auch der Nenner $[Bb.1]$ enthält; der
kleine Buchstabe stimmt mit dem des ersten $[Cc.1]$ überein. Der
Festwert lautet also

$$- \frac{[Bc.1]}{[Bb.1]}.$$

Damit ist, wenn der Wert von $[Cc.2]$, algebraisch betrachtet, zu 0
werden soll, auch der letzte Faktor gegeben, und der Ausdruck
lautet:

$$[Cc.2] = [Cc.1] - \frac{[Bc.1]}{[Bb.1]} \cdot [Cb.1].$$

In gleicher Weise erhält man z. B. die folgenden Werte, die wir zur Erläuterung der gegebenen Regel anschreiben:

$$[C\overline{D}.1] = [C\overline{D}] - \frac{[A\overline{D}]}{[Aa]} \cdot [Ca],$$

$$[B\overline{D}.1] = [B\overline{D}] - \frac{[A\overline{D}]}{[Aa]} \cdot [Ba],$$

$$[Cb.1] = [Cb] - \frac{[Ab]}{[Aa]} \cdot [Ca],$$

$$[C\overline{D}.2] = [C\overline{D}.1] - \frac{[B\overline{D}.1]}{[Bb.1]} \cdot [Cb.1].$$

Damit kann dieses einfache Verfahren als genügend klargestellt betrachtet werden; für alle höheren Grade der statischen Unbestimmtheit gelten die gleichen Regeln.

e) Darstellung der Unbekannten Y.

α) Die Unbekannten als Quotienten zweier Summen äußerer Arbeiten.

Nachdem in dieser Weise die Lasten X_{ki} der einzelnen Lastengruppen $Y_i = 1$ ermittelt sind, lassen sich nach den Gleichungen (58) und (59) die Arbeitsgrößen $[Jm]$ und $[JJ]$ im Zähler und Nenner einer jeden Unbekannten Y_i [s. Gleichung (64)] ohne weiteres angeben. Für die einzelnen Unbekannten gelten die Gleichungen:

$$\left.\begin{aligned}
Y_a &= -\frac{[Am]}{[AA]}, \\
Y_b &= -\frac{[Bm]}{[BB]}, \\
Y_c &= -\frac{[Cm]}{[CC]}, \\
&\quad \vdots \\
Y_r &= -\frac{[Rm]}{[RR]}.
\end{aligned}\right\} \quad \ldots \ldots \ldots \quad (65)$$

Nach diesen Gleichungen sind die Biegungslinien für die einzelnen Belastungszustände $Y_i = 1$ zugleich die Einflußlinien der Unbekannten Y_i. Der Nennerwert $[JJ]$ von Y_i stellt die Arbeit der Lastengruppe $Y_i = 1$ beim Verschiebungszustand infolge $Y_i = 1$ dar und kann nach Gleichung (59) berechnet werden.

β) Die Unbekannten als Quotienten zweier Summen innerer Arbeiten (als Funktion der Momente usw.).

Statt der äußeren Arbeiten kann man auch unter Anwendung der Arbeitsgleichung die inneren einsetzen und erhält die nachstehenden Werte Y, wobei wir hier der Einfachheit halber nur die Arbeit der Momente, nicht auch der Normal- und Querkräfte anschreiben.

$$\left. \begin{aligned} Y_a &= -\frac{\int M_0 \dfrac{\mathfrak{M}_a\, ds}{EJ}}{\int \mathfrak{M}_a{}^2 \dfrac{ds}{EJ}}, \\[2ex] Y_b &= -\frac{\int M_0 \dfrac{\mathfrak{M}_b\, ds}{EJ}}{\int \mathfrak{M}_b{}^2 \dfrac{ds}{EJ}}, \\[1ex] &\;\;\vdots \\[1ex] Y_r &= -\frac{\int M_0 \dfrac{\mathfrak{M}_r\, ds}{EJ}}{\int \mathfrak{M}_r{}^2 \dfrac{ds}{EJ}}. \end{aligned} \right\} \quad \dots\dots\dots (66)$$

Hier bedeuten — wie früher — die Werte M_0 die Momente infolge der äußeren Belastung P_m am Grundsystem, die Werte $\mathfrak{M}_i$ dagegen die Momente infolge der Lastengruppe $Y_i = 1$. Die Werte $\mathfrak{M}_i$ sind nicht zu verwechseln mit den Größen M_i, welche den einzelnen Zuständen $X_i = 1$ entsprechen.

f) Berechnung der Größen S. Eine Größe S, Moment, Normalkraft oder Spannkraft eines Fachwerkes, berechnet sich nach der Gleichung:

$$S = S_0 + \mathfrak{S}_a Y_a + \mathfrak{S}_b Y_b + \mathfrak{S}_c Y_c + \dots \mathfrak{S}_r Y_r \dots\dots (67)$$

Dabei stellt S_0 den Wert von S dar, der infolge der am Grundsystem wirkenden äußeren Belastung P_m auftritt; $\mathfrak{S}_i$ sind die Werte von S, die infolge der einzelnen Zustände $Y_i = 1$ auftreten; dabei hat man sich das Grundsystem mit der jeweiligen Lastengruppe $Y_i = 1$ belastet zu denken, also mit den Lasten

$$X_{ai}, \; X_{bi}, \; X_{ci} \dots X_{ri};$$

Deshalb hat $\mathfrak{S}_i$ den Wert:

$$\mathfrak{S}_i = S_a \cdot X_{ai} + S_b \cdot X_{bi} + S_c X_{ci} + \dots S_r X_{ri}, \quad \dots (68)$$

wo S_a, S_b, $S_c \dots S_r$ die Werte der statischen Größe S für die Belastungen $X_a = 1$, $X_b = 1$, $X_c = 1 \dots X_r = 1$ bedeuten.

g) Zahlenbeispiel. Als Zahlenbeispiel behandeln wir den Träger auf 5 Stützen (s. S. 115), und zwar wollen wir wiederum das Stützenmoment M_0 bei a für eine Belastung $P_m = 1\,\mathrm{t}$ im Abstande 10 m vom linken Endauflager bestimmen (s. § 15, S. 149).

Wir wählen also als Unbekannte drei Lastengruppen Y_a, Y_b, Y_c. Die

Gruppen $Y = 1$ bestimmen wir, wie folgt (die Werte für die Verschiebungen des Grundsystems sind aus dem Zahlenbeispiel S. 116 zu entnehmen):

Die Lasten der Gruppe $Y_a = 1$ wählen wir willkürlich, etwa

$$X_{aa} = 6, \; X_{ba} = -2, \; X_{ca} = 4.$$

Jetzt ergibt sich nach Gleichung (58):

$$\begin{aligned}
[Aa] &= [aa]\,X_{aa} + [ab]\,X_{ba} + [ac]\,X_{ca}\\
&= 40 \cdot 6 + 52,69 \cdot (-2) + 28,75 \cdot 4\\
&= 249,62.\\
[Ab] &= [ba]\,X_{aa} + [bb]\,X_{ba} + [bc]\,X_{ca}\\
&= 52,69 \cdot 6 + 94,864 \cdot (-2) + 56,56 \cdot 4\\
&= 352,652.\\
[Ac] &= [ca]\,X_{aa} + [cb]\,X_{ba} + [cc]\,X_{ca}\\
&= 28,75 \cdot 6 + 56,56 \cdot (-2) + 40 \cdot 4\\
&= 219,38.
\end{aligned}$$

$$-\frac{[Ab]}{[Aa]} = -1,4128.$$

Von der Lastengruppe $Y_b = 1$ wählen wir willkürlich

$$X_{bb} = 5; \quad X_{cb} = -3.$$

Dann ergibt sich:

$$\begin{aligned}
[A\overline{B}] &= [Ab]\,X_{bb} + [Ac]\,X_{cb}\\
&= 352,652 \cdot 5 + 219,38 \cdot (-3)\\
&= 1105,12.
\end{aligned}$$

$$X_{ab} = -\frac{[A\overline{B}]}{[Aa]} = -\frac{1105,12}{249,62} = -4,427.$$

$$\begin{aligned}
[Ba] &= [aa]\,X_{ab} + [ab]\,X_{bb} + [ac]\,X_{cb}\\
&= 40\,(-4,427) + 52,69 \cdot 5 + 28,75 \cdot (-3)\\
&= 0,1116.\\
[Bb] &= [ba]\,X_{ab} + [bb]\,X_{bb} + [bc]\,X_{cb}\\
&= 52,69 \cdot (-4,427) + 94,864 \cdot 5 + 56,56 \cdot (-3)\\
&= 71,370.\\
[Bc] &= [ca]\,X_{ab} + [cb]\,X_{bb} + [cc]\,X_{cb}\\
&= 28,75 \cdot (-4,427) + 56,56 \cdot 5 + 40 \cdot (-3)\\
&= 35,518.
\end{aligned}$$

Von der Gruppe $Y_c = 1$ wählen wir willkürlich

$$X_{cc} = 2.$$

Sodann finden wir:

$$[A\overline{C}] = [Ac]\,X_{cc} = 219,38 \cdot 2 = 438,76.$$
$$[B\overline{C}] = [Bc]\,X_{cc} = 35,518 \cdot 2 = 71,036.$$

$$\begin{aligned}
[B\overline{C}.1] &= [B\overline{C}] - \frac{[A\overline{C}]}{[Aa]}\,[Ba]\\
&= 71,036 - \frac{0,1116}{249,62} \cdot 438,76\\
&= 70,839.
\end{aligned}$$

$$\begin{aligned}
[Bb.1] &= [Bb] - \frac{[Ab]}{[Aa]}\,[Ba]\\
&= 71,370 - \frac{0,1116}{249,62} \cdot 352,652\\
&= 71,213.
\end{aligned}$$

$$X_{bc} = -\frac{[B\overline{C}.1]}{[Bb.1]} = -\frac{70,839}{71,213} = -0,9948.$$

$$X_{ac} = -\frac{[A\bar{C}]}{[Aa]} - \frac{[Ab]}{[Aa]} \cdot X_{bc} = -\frac{438,76}{249,62} - \frac{352,652}{249,62} \cdot (-0,9948)$$
$$= -0,3524.$$

Damit ergeben sich die Werte:

$$[Ca] = [aa]\,X_{ac} + [ab]\,X_{bc} + [ac]\,X_{cc}$$
$$= 40 \cdot (-0,3524) + 52,69 \cdot (-0,9948) + 28,75 \cdot 2$$
$$= -9,0083.$$
$$[Cb] = [ba]\,X_{ac} + [bb]\,X_{bc} + [bc]\,X_{cc}$$
$$= 52,69 \cdot (-0,3524) + 94,864 \cdot (-0,9948) + 56,56 \cdot 2$$
$$= 0,1872.$$
$$[Cc] = [ca] \cdot X_{ac} + [cb]\,X_{bc} + [cc]\,X_{cc}$$
$$= 28,75 \cdot (-0,3524) + 56,56 \cdot (-0,9948) + 40 \cdot 2$$
$$= 13,606.$$

Die Werte Y ergeben sich nach den Gleichungen:

$$Y_a = -\frac{[Am]}{[AA]},$$
$$Y_b = -\frac{[Bm]}{[BB]},$$
$$Y_c = -\frac{[Cm]}{[CC]}.$$

Darin ist (siehe Gleichung 58):

$$[Am] = [am]\,X_{aa} + [bm]\,X_{ba} + [cm]\,X_{ca}$$
$$= (-56,25) \cdot 6 + (-88,88)\,(-2) + (-50) \cdot 4$$
$$= -359,740.$$
$$[Bm] = [am]\,X_{ab} + [bm]\,X_{bb} + [cm]\,X_{cb}$$
$$= (-56,25)\,(-4,427) + (-88,88) \cdot 5 + (-50)\,(-3)$$
$$= -45,369.$$
$$[Cm] = [am]\,X_{ac} + [bm]\,X_{bc} + [cm]\,X_{cc}$$
$$= (-56,25)\,(-0,3524) + (-88,88)\,(-0,9948) + (-50) \cdot 2$$
$$= 8,235.$$
$$[AA] = [Aa]\,X_{aa} + [Ab]\,X_{ba} + [Ac]\,X_{ca}$$
$$= 249,62 \cdot 6 + 352,652 \cdot (-2) + 219,38 \cdot 4$$
$$= 1669,94.$$
$$[BB] = [Ba]\,X_{ab} + [Bb]\,X_{bb} + [Bc]\,X_{cb}$$
$$= 0,1116 \cdot (-4,427) + 71,370 \cdot 5 + 35,518 \cdot (-3)$$
$$= 249,804.$$
$$[CC] = [Ca]\,X_{ac} + [Cb]\,X_{bc} + [Cc]\,X_{cc}$$
$$= (-9,0083)\,(-0,3524) + 0,1872 \cdot (-0,9948) + 13,606 \cdot 2$$
$$= 30,200.$$

Also ist:

$$Y_a = -\frac{-359,740}{1669,94} = 0,2154,$$
$$Y_b = -\frac{-45,369}{249,804} = 0,1816,$$
$$Y_c = -\frac{8,235}{30,200} = -0,2727.$$

Zur Berechnung einer statischen Größe S dient die Gleichung (67):
$$S = S_0 + \mathfrak{S}_a\,Y_a + \mathfrak{S}_b\,Y_b + \mathfrak{S}_c\,Y_c.$$

Für das gesuchte Stützenmoment lautet also die Gleichung:
$$M = M_0 + \mathfrak{M}_a\,Y_a + \mathfrak{M}_b\,Y_b + \mathfrak{M}_c\,Y_c.$$

Die Momente $\mathfrak{M}_a$, $\mathfrak{M}_b$, $\mathfrak{M}_c$ ergeben sich nach Gleichung (68), wobei die Momente M_a, M_b, M_c, M_0 aus dem Zahlenbeispiel S. 156 ff. zu entnehmen sind.

$$\mathfrak{M}_a = M_a X_{aa} + M_b X_{ba} + M_c X_{ca}$$
$$= (-4)\cdot 6 + (-2,2)\cdot(-2) + (-1)\cdot 4$$
$$= -23,6.$$
$$\mathfrak{M}_b = M_a X_{ab} + M_b X_{bb} + M_c X_{cb}$$
$$= (-4)(-4,427) + (-2,2)\cdot 5 + (-1)\cdot(-3)$$
$$= -9,709.$$
$$\mathfrak{M}_c = M_a X_{ac} + M_b X_{bc} + M_c X_{cc}$$
$$= (-4)(-0,3524) + (-2,2)\cdot(-0,9948) + (-1)\cdot 2$$
$$= 1,598.$$

Also
$$M = 3 + (-23,6)\cdot 0,2154 + 9,709\cdot 0,1816 + 1,598\cdot(-0,2727)$$
$$= -0,756.$$

NB. Ein weiteres Zahlenbeispiel findet sich in der Abhandlung des Verfassers: „Zur Frage der Verwendung vereinfachter Elastizitätsgleichungen bei der Berechnung mehrfach statisch unbestimmter Systeme". Vgl. die Zeitschr. „Der Eisenbau", Jahrg. 1915, Heft 7, S. 167 bis 176.

§ 19. Zusammenhang zwischen dem verallgemeinerten und dem vereinfachten (unter D beschriebenen) Eliminationsverfahren.

Wählt man von den willkürlichen Lasten X_{ik} der Lastengruppen $Y = 1$ alle bis auf die erste $= 0$ und diese erste, also X_{aa}, X_{bb}, X_{cc}, ..., $X_{rr} = 1$, so erhält man das im Abschnitt D beschriebene vereinfachte Eliminationsverfahren. An die Stelle der großen Buchstaben A, B, C, ..., R treten die kleinen Buchstaben a, b, c, ..., r. Dies ergibt sich aus folgenden Überlegungen:

Da bei allen Lastengruppen $Y_k = 1$ von den willkürlichen Lasten $X_{kk} \ldots X_{rk}$ nur die eine Last X_{kk} vorkommt und diese den Wert 1 hat, so sind die Bezeichnungen $(\bar{A})$, $\bar{B}$, $\bar{C}$, ..., $\bar{R}$ durch (a), b, c, ..., r zu ersetzen. — In der ersten Vertikalkolonne des Belastungsschemas (s. Tabelle V, S. 180) geht A in a über, da $Y_a = 1$ nur die Last $X_{aa} = 1$ aufweist. — In den Arbeitsgrößen der folgenden Kolonnen, die sich alle als Differenzen darstellen, werden die Zähler der Festwerte im zweiten Glied zu 0. Darum bleibt überall nur das erste Glied (der Minuend) übrig, und dieses nimmt den Wert an, der beim vereinfachten Verfahren vorkommt. So z. B. wird:

$$[Bc.1] = [Bc] - \frac{[Ba]}{[Aa]}[Ac] = [Bc] = [bc.1].$$

Denn $[Ba]$ bedeutet die Verschiebung von a infolge der Lastengruppe $Y_b = 1$; diese besteht aus den Lasten 1 in b und $-\dfrac{[ab]}{[aa]}$ in a, und zwar ist der letztere Wert aus der Bedingung bestimmt, daß die Verschiebung von a gleich 0 sein soll ($[ab.1] = 0$). Somit ist $[Ba] = 0$ und es bleibt von $[Bc.1]$ nur das erste Glied $[Bc]$ übrig, welches die Verschiebung von c infolge der vorher angeführten Lastengruppe $Y_b = 1$, d. h. infolge $X_b = 1$ am 1-fach statisch unbestimmten System, darstellt. Diese Verschiebung ist aber mit $[cb.1]$ oder $[bc.1]$ zu bezeichnen, und es wird somit $[Bc.1] = [bc.1]$. Ebenso läßt sich von den Gliedern der dritten und der folgenden Kolonne des Belastungsschemas (Tabelle V, S. 180) zeigen, daß beim Übergang vom allgemeinen zum besonderen Verfahren die großen Buchstaben durch die kleinen zu ersetzen sind. Es wird z. B.

$$[Cd.2] = [Cd.1] - \frac{[Cb.1]}{[Bb.1]} \cdot [Bd.1] = [Cd.1] = [Cd] = [cd.2].$$

Der Wert $[Cb.1]$ ist nämlich $= 0$; denn es gilt die Gleichung:

$$[Cb.1] = [Cb] - \frac{[Ca]}{[Aa]}[Ab] = 0,$$

wo sowohl $[Cb]$ wie auch $[Ca] = 0$ sind. Dies folgt daraus, daß $[Cb]$ bzw. $[Ca]$ die Verschiebungen der Punkte b bzw. a beim Belastungszustand $Y_c = 1$, d. h. $X_{c.2} = 1$, darstellen und die Lasten dieser Gruppe $X_{c.2} = 1$ aus den Bedingungen bestimmt sind, daß sowohl b wie a die Verschiebung 0 haben. Für den übrigbleibenden Wert $[Cd.1]$ gilt die Gleichung:

$$[Cd.1] = [Cd] - \frac{[Ca]}{[Aa]}[Ad] = [Cd],$$

da $[Ca] = 0$ ist. Der Wert $[Cd]$ stellt die Verschiebung von d infolge $Y_c = 1$, d. h. infolge $X_{c.2} = 1$, dar und ist daher mit $[dc.2]$ oder $[cd.2]$ zu bezeichnen.

In dieser Weise ist auch für alle weiteren Kolonnen des Belastungsschemas der in Frage stehende Nachweis zu führen.

In den Werten der einzelnen Unbekannten Y_i stellt der Zähler $[Jm]$ die Verschiebung vom m infolge der Gruppe $Y_i = 1$ dar, d. h. infolge der Last $X_i = 1$ am ν-fach unbestimmten Hauptsystem; darum ist:

$$[Jm] = [im.\nu].$$

Der Nenner $[JJ]$ bedeutet die Arbeit der Lastengruppe $Y_i = 1$ beim Verschiebungszustand $Y_i = 1$. Also ist:

$$[JJ] = [Ja]X_{ai} + [Jb]X_{bi} + [Jc]X_{ci} + \ldots + [Jh]X_{hi} + [Ji]X_{ii}.$$

Hierbei ist $X_{ii} = 1$, alle folgenden Lasten X_{ki}, X_{li}, $\ldots$, X_{ri} sind $= 0$. Nun ist aber:

$$[Ja] = [Jb] = [Jc] = \ldots = [Jh] = 0.$$

Denn die Lasten X_{ai}, X_{bi}, $\ldots$, X_{hi} des Zustandes $Y_i = 1$, d. h. $X_{i.\nu} = 1$ am ν-fach unbestimmten Hauptsystem, sind aus den Bedingungen errechnet, daß die Verschiebungen der Punkte a, b, c, $\ldots$, h, d. h. vorstehende Werte $[Ja]$, $[Jb]$, $[Jc]$, $\ldots$, $[Jh] = 0$ sind. Also bleibt:

$$[JJ] = [Ji]X_{ii} = [Ji] \cdot 1 = [Ji].$$

$[Ji]$ ist aber die Verschiebung von i infolge der Lastengruppe $Y_i = 1$ oder der Last $X_i = 1$ am ν-fach unbestimmten Hauptsystem. Also gilt die Gleichung:

$$[JJ] = [ii.\nu]$$

und somit
$$Y_i = X_{i.\nu} = -\frac{[im.\nu]}{[ii.\nu]}.$$

Es ergeben sich also die früheren Gleichungen für die Unbekannten:

$$Y_a = X_{a.0} = -\frac{[am]}{[aa]},$$

$$Y_b = X_{b.1} = -\frac{[bm.1]}{[bb.1]},$$

$$Y_c = X_{c.2} = -\frac{[cm.2]}{[cc.2]},$$

$$\vdots$$

$$Y_r = X_{r.(\varrho-1)} = -\frac{[rm.(\varrho-1)]}{[rr.(\varrho-1)]}.$$

Die Gleichung für eine statische Größe S:

$$S = S_0 + \mathfrak{S}_a Y_a + \mathfrak{S}_b Y_b + \mathfrak{S}_c Y_c + \dots + \mathfrak{S}_r Y_r$$

nimmt dementsprechend, da $\mathfrak{S}_i = S_{i.\nu}$ ist, die frühere Form an:

$$S = S_0 + S_{a.0} X_{a.0} + S_{b.1} X_{b.1} + \dots + S_{r.(\varrho-1)} X_{r.(\varrho-1)},$$

wo $S_{i.\nu}$ die statische Größe S infolge $X_{i.\nu} = 1$, d. h. $X_i = 1$ am ν-fach unbestimmten System bedeutet[1]).

F. Rechenproben und Fehlerwirkungen.

§ 20. Prüfung der Rechnung bei Anwendung des Eliminationsverfahrens.

Von besonderer Wichtigkeit für die praktische Durchführung einer Aufgabe sind die Rechenproben. Damit diese aber wirklichen Wert haben, müssen sie zwei Bedingungen genügen: zuerst muß es möglich sein, die Koeffizienten der zu lösenden Gleichungen auf ihre Richtigkeit zu prüfen; sodann muß die Lösung selbst durch Proben ständig geprüft werden können. Diese Prüfung soll aber nicht erst am Schluß der Rechnung vorgenommen werden können, sondern neben der Rechnung herlaufen, d. h. mit der Rechnung fortschreiten; nach jedem Einzelabschnitt des Lösungsganges muß man sich von der Richtigkeit der bis dahin erledigten Rechnung überzeugen können. Diesen Bedingungen genügen die im folgenden angegebenen Rechenproben.

a) Prüfung der Elastizitätsgleichungen, d. h. der Verschiebungen des Grundsystems.

Um die Koeffizienten der Grundgleichungen auf ihre Richtigkeit zu prüfen, berechnet man die Summe der Glieder der einzelnen Reihen (oder Kolonnen) auf einem zweiten Wege.

---

[1]) Zu § 18 und § 19 vgl.: a) Müller-Breslau, Graphische Statik, Band II, I. Teil, S. 151 (4. Aufl.). b) A. Hertwig, Zeitschrift für Bauwesen 1910: „Über die Berechnung mehrfach statisch unbestimmter Systeme und verwandte Aufgaben in der Statik der Baukonstruktion".

Betrachtet man eine Reihe der von der äußeren Belastung unabhängigen Verschiebungen des Grundsystems (vgl. die Elastizitäts-Gleichungen S. 23), etwa die Reihe i, so ist die Summe durch folgenden Ausdruck gegeben, den wir mit $[is]$ bezeichnen:

$$[ia] + [ib] + [ic] + \ldots + [ir] = [is]. \ \ldots \ldots \ (69)$$

Diese Summe ist aufzufassen als die Verschiebung des Punktes i (Angriffspunkt von X_i) in Richtung von X_i infolge der Lasten

$$X_a = 1, \ X_b = 1, \ X_c = 1 \ldots \text{bis } X_r = 1.$$

Denkt man sich alle diese Lasten $X = 1$ zugleich am System wirken (Fig. 133; Belastung $X_s = 1$) und bezeichnet die dabei auf-

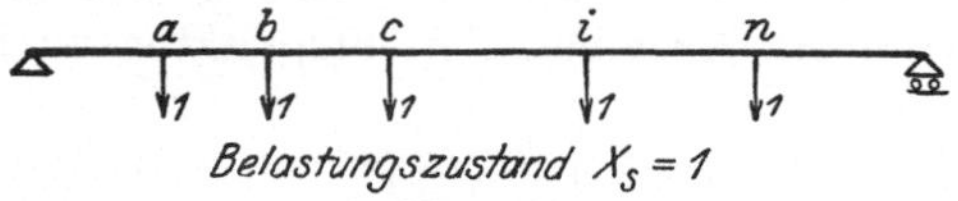

Fig. 133.

tretenden inneren Kräfte mit M_s, N_s, Q_s, so ergibt die Arbeitsgleichung:

$$[is] = \int M_i \frac{M_s\, ds}{EJ} + \int N_i \frac{N_s\, ds}{EF} + \int Q_i \cdot \varkappa \frac{Q_s\, ds}{GF} \ \ldots \ (70)$$

Beim Fachwerk wird entsprechend:

$$[is] = \sum S_i \frac{S_s\, s}{EF}, \ \ldots \ldots \ldots \ (71)$$

wo S_s die Stabspannkräfte infolge der Lasten 1 in Richtung sämtlicher $X \ldots$ bedeuten.

Diese Gleichungen bieten ein Mittel, um die Summe der Koeffizienten in einer Reihe der Verschiebungen des Grundsystems mit Hilfe eines zusammengesetzten Belastungszustandes zu berechnen. Man hätte dazu also die Momente, Normal- und Querkräfte (bzw. beim Fachwerk die Spannkräfte) infolge der Belastung 1 in Richtung sämtlicher X zu ermitteln. Werden, wie es vielfach geschieht, bei einem biegungsfesten Stabwerk nur die Momente berücksichtigt, die Normal- und Querkräfte dagegen vernachlässigt, so tritt an Stelle der Gl. (70) die Gleichung:

$$[is] = \int M_i \frac{M_s\, ds}{EJ} \ . \ \ldots \ldots \ (70\text{a})$$

Zur Prüfung der Grundgleichungen ist also außer den $(\varrho + 1)$ Momentenflächen bzw. Kräfteplänen (ϱ für die ϱ Belastungszustände $X = 1$ und 1 für die äußere Belastung) noch eine weitere Momentenfläche bzw. ein weiterer Kräfteplan für die zusammengesetzte Belastung $X_s = 1$, d. h. 1 in Richtung sämtlicher X, zu ermitteln. — Mit den hieraus gefundenen Werten M_s bzw. S_s sind nach den Gl. 70 und 70a die Summe der Koeffizienten der Unbekannten als Summenausdrücke zu berechnen. Beide Werte müssen, wenn richtig gerechnet sein soll, übereinstimmen.

Anmerkuug: Es ist klar, daß die Größen M_s und S_s die folgenden Werte haben:

$$M_s = M_a + M_b + M_c + \ldots + M_r,$$
$$S_s = S_a + S_b + S_c + \ldots + S_r.$$

Zu beachten ist jedoch, daß bei Bildung der Werte Ms und Ss auf diese Weise etwaige Fehler in einzelnen Momentenflächen unbemerkt bleiben.

Die bisherigen Ausführungen betrafen lediglich die Koeffizienten der Überzähligen. Es ergibt sich von selbst, daß die **Reihe der Absolutglieder** nach denselben Gesichtspunkten zu behandeln ist. Es ist

$$[ma] + [mb] + [mc] + \ldots + [mr] = [ms], \quad \ldots \quad (72)$$

d. h. die Summe der Absolutglieder ist gleich der Verschiebung von m infolge der Lasten 1 in Richtung sämtlicher X. Hier hat $[ms]$ den Wert:

$$[ms] = \int M_0 \frac{M_s\,ds}{EJ} + \int N_0 \frac{N_s\,ds}{EF} + \int Q_0 \varkappa \frac{Q_s\,ds}{GF} \quad \ldots \quad (73)$$

Beim Fachwerk gilt der Ausdruck:

$$[ms] = \sum S_0 \frac{S_s\,s}{EF} \quad \ldots \ldots \ldots \quad (74)$$

Speziell im Falle ruhender Belastung werden gemäß den früheren Angaben auch die Absolutglieder stets zahlenmäßig berechnet. Die Prüfung ist dann nach den vorstehenden Gleichungen durchzuführen.

Bei beweglicher Belastung, wo man Einflußlinien zeichnet, ergeben sich die Absolutglieder als Ordinaten von Biegungslinien. Hier könnte man zwecks Prüfung die Biegungslinie für die zusammengesetzte Belastung 1 in Richtung sämtlicher X zeichnen; deren Ordinate an einer Stelle m, müßte alsdann gleich der Summe der Ordinaten der einzelnen Biegungslinien an eben dieser Stelle m sein.

In der vorbeschriebenen Weise sind die Glieder der einzelnen Reihen der Koeffizienten zu prüfen. Man erhält dadurch die Werte

$$[as], \ [bs], \ [cs], \ldots, [rs].$$

Jede dieser Größen $[is]$ kann auch gedeutet werden als die Arbeit der Last $X_i = 1$ beim Verschiebungszustand $X_s = 1$ (d. h. Lasten 1 in Richtung sämtlicher X). Die Summe dieser Werte ist somit die Arbeit eben dieser Lastengruppe $X_s = 1$ bei dem gleichen Verschiebungszustande infolge dieser Lastengruppe, also ein Wert, dem entsprechend die Bezeichnung $[ss]$ zukommt. Es ist also

$$[as] + [bs] + [cs] + \ldots + [rs] = [ss] \ldots \ldots \quad (75)$$

Für $[ss]$ erhält man durch Anwendung der Arbeitsgleichung:

$$[ss] = \int M_s^2 \frac{ds}{EJ} + \int N_s^2 \frac{ds}{EF} + \int \varkappa \, Q_s^2 \frac{ds}{GF} , \quad \ldots \ldots (76)$$

bzw. beim Fachwerk:

$$[ss] = \sum S_s^2 \frac{s}{EF} . \quad \ldots \ldots \ldots (77)$$

Der Wert $[ss]$ stellt die Summe sämtlicher Koeffizienten der Unbekannten der Elastizitätsgleichungen dar. Vielfach begnügt man sich mit dieser einzigen Probe und verzichtet auf die Prüfung jeder einzelnen Reihe. Allerdings weiß man nicht, wenn diese Probe nicht stimmt, in welcher Reihe der Fehler zu suchen ist, so daß dann doch jede einzelne Reihe zu prüfen ist.

Sind in der vorbeschriebenen Art die Verschiebungen des Grundsystems geprüft, so weiß man, daß die Grundlage der Rechnung richtig ist und mit der Lösung der Gleichungen begonnen werden kann.

Sollen demnach die Verschiebungen des als Beispiel benutzten Trägers auf 5 Stützen geprüft werden, so ist die in Fig. 134 a angegebene Belastung aufzubringen, welcher die in Fig. 134 b aufge-

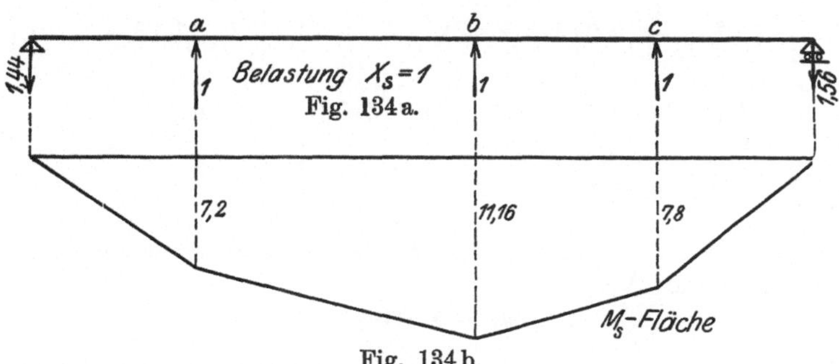

Fig. 134 b.

zeichnete Momentenfläche entspricht. Durch Ausführung der Integrationen kann man sich leicht davon überzeugen, daß die Proben stimmen. Im allgemeinen wird man jede Reihe der Verschiebungstabelle prüfen. — So z. B. ergibt sich die folgende Kontrolle der Reihe b der Verschiebungen des Grundsystems (vgl. das Zahlenbeispiel zu § 10, S. 115): Die Summe der in der Rechnung benutzten Verschiebungen hat den Wert

$$[ba] + [bb] + [bc] = 52,69 + 94,864 + 56,56 = 204,114.$$

Dieser Wert muß gleich sein

$$[bs] = \int M_b \, M_s \, ds.$$

Die M_b-Fläche (Belastung $X_b = 1$) ist ein Dreieck mit der Ordinate $\frac{14 \cdot 11}{25} = 6,16$ in b und den Ordinaten 2,20 in a und 2,80 in c. Somit erhält man

$$[bs] = \frac{5}{3} \cdot 7{,}20 \cdot 2{,}20 + \frac{9}{6}[2{,}20\,(2 \cdot 7{,}20 + 11{,}16) + 6{,}16\,(2 \cdot 11{,}16 + 7{,}20)]$$

$$+ \frac{6}{6}[6{,}16\,(2 \cdot 11{,}16 + 7{,}80) + 2{,}80\,(2 \cdot 7{,}80 + 11{,}16)] + \frac{5}{3} \cdot 2{,}80 \cdot 7{,}80$$

$$= 680{,}38\,.$$

Da in dem Zahlenbeispiel (S. 115) die 0,30 fachen Werte der Verschiebungen verwandt wurden, so ist auch das letzte Ergebnis mit 0,30 zu multiplizieren. Man erhält

$$[bs] = 0{,}30 \cdot 680{,}38 = 204{,}114;$$

also stimmen beide Rechnungen überein. — Will man sich mit einer einzigen Kontrolle für alle (von der Belastung P_m unabhängigen) Verschiebungen begnügen, so ist wie folgt zu rechnen. Die Summe der von der äußeren Belastung unabhängigen Verschiebungen hat den Wert:

$$94{,}864 + 2\,(40 + 52{,}69 + 28{,}75 + 56{,}56) = 450{,}864\,.$$

Dieser Wert muß gleich sein

$$[ss] = \int M_s^2\, ds\,.$$

Man findet:

$$[ss] = \frac{5}{3} \cdot 7{,}2^2 + \frac{9}{6}[7{,}2\,(2 \cdot 7{,}2 + 11{,}16) + 11.16\,(2 \cdot 11{,}16 + 7{,}20)]$$

$$+ \frac{6}{6}[11{,}16\,(2 \cdot 11{,}16 + 7{,}8) + 7{,}8\,(2 \cdot 7{,}8 + 11{,}16)]$$

$$+ \frac{5}{3} \cdot 7{,}8^2 = 1502{,}88\,.$$

Multipliziert man diesen Wert wiederum mit 0,30, so ergibt sich der vorhin gefundene Wert

$$[ss] = 450{,}864\,.$$

b) Prüfung der Lösung der Gleichungen (d. h. der Verschiebungen der einzelnen Hauptsysteme).

Die Lösung der Gleichungen, die in § 11 und 12 näher dargestellt ist, besteht der Hauptsache nach in der Berechnung der Verschiebungen der einzelnen statisch unbestimmten Hauptsysteme. Aus diesen setzen sich alle in Frage kommenden Werte zusammen. Darum besteht auch die Prüfung der Lösung der Gleichungen in der Prüfung der genannten Verschiebungen. — Nun geht man gemäß den früheren Ausführungen von den Verschiebungen des Grundsystems zu denen des 1-fach unbestimmten Hauptsystems über usw. bis zu den Verschiebungen des $(\varrho - 1)$-fach unbestimmten Hauptsystems. Hierbei werden die Verschiebungen der einzelnen Hauptsysteme nach den gleichen Gesichtspunkten geprüft wie die des Grundsystems. Auch jetzt werden die einzelnen Reihen dadurch kontrolliert, daß man die Summe der Glieder einer Reihe auch auf einem zweiten Wege berechnet, und zwar benutzt man dazu die bereits beim Grundsystem errechneten Summenwerte. Dies möge zunächst an den Verschiebungen des 1-fach unbestimmten Hauptsystems erläutert werden. Die Tabelle der Verschiebungen ist hier noch einmal dargestellt.

Tabelle der Verschiebungen des 1-fach unbestimmten Hauptsystems.

	a	b	c	d	$e \ldots$	m
a	—	—	—	—	— — —	—
b		$[bb.1]$	$[bc.1]$	$[bd.1]$		$[bm.1]$
c		$[cb.1]$	$[cc.1]$	$[cd.1]$		$[cm.1]$
d		$[db.1]$	$[dc.1]$	$[dd.1]$		$[dm.1]$
e		$[eb.1]$	$[ec.1]$	$[de.1]$		$[em.1]$
.	.	.	.	.	.	.

Die Summe der Glieder einer Reihe i lautet

$$[ib.1] + [ic.1] + [id.1] + \ldots + [ir.1].$$

Das Glied $[ia.1]$ ist gleich 0 (Elastizitätsbedingung: Beim 1-fach unbestimmten System ist die Verschiebung von a gleich 0); wir könnten es uns also hinzugesetzt denken. Man erkennt, daß die vorstehende Summe die Verschiebung des Punktes i des 1-fach unbestimmten Systems infolge der Lastengruppe $X_s = 1$, d. h. infolge (X_a), X_b, X_c, X_d, ..., $X_r = 1$ darstellt. Die obige Summe wird demnach mit $[is.1]$ bezeichnet.

Hierfür gilt (vgl. § 12) die Gleichung:

$$[is.1] = [is] - \frac{[as]}{[aa]} \cdot [ai]. \qquad \ldots \ldots \ldots (78)$$

Man sieht, daß außer den Verschiebungen $[aa]$ und $[ai]$ noch die bereits bei der Kontrolle der Verschiebungen des Grundsystems benutzten Werte $[is]$ und $[as]$ auftreten, deren richtiger Wert bekannt ist. Die Kontrolle besteht also darin, daß die Summe der Glieder der Reihe i gleich sein muß dem vorstehenden Ausdruck $[is.1]$, der aus den bereits geprüften Verschiebungen des Grundsystems zu berechnen ist.

Entsprechendes gilt für jede andere Reihe der Tabelle, auch für beliebige Absolutglieder, wo also die Gleichung gilt:

$$[bm.1] + [cm.1] + [dm.1] + \ldots + [rm.1] = [sm.1]$$

$$= [sm] - \frac{[as]}{[aa]} \cdot [am]. \qquad \ldots \ldots \ldots \ldots (79)$$

Wie früher, so kann auch hier wieder die Summe sämtlicher Reihen, also aller Verschiebungen des 1-fach unbestimmten Hauptsystems (außer den Absolutgliedern) ermittelt werden. Man erhält:

$$[bs.1] + [cs.1] + [ds.1] + \ldots + [rs.1] = [ss.1]$$

$$= [ss] - \frac{[as]}{[aa]} \cdot [as]. \qquad \ldots \ldots \ldots \quad (80)$$

Auch die hier vorkommenden Werte sind bei der Prüfung der Verschiebungen des Grundsystems bereits berechnet.

Was hier für die Tabelle der Verschiebungen des 1-fach unbestimmten Systems dargelegt wurde, gilt natürlich entsprechend auch für die Verschiebungen aller folgenden Hauptsysteme. Für die Prüfung der Verschiebungstabelle des 2-fach unbestimmten Hauptsystems, die hier dargestellt ist, gelten folgende Gleichungen:

Tabelle der Verschiebungen des 2-fach unbestimmten Hauptsystems.

	a	b	c	d	e	$f \ldots$	m
a							
b							
c			$[cc.2]$	$[cd.2]$	$[ce.2]$	$\ldots$	$[cm.2]$
d			$[dc.2]$	$[dd.2]$	$[de.2]$	$\ldots$	$[dm.2]$
e			$[ec.2]$	$[ed.2]$	$[ee.2]$	$\ldots$	$[em.2]$
f			$[fc.2]$	$[fd.2]$	$[fe.2]$	$\ldots$	$[fm.2]$
$\vdots$	$\vdots$	$\vdots$	$\vdots$	$\vdots$	$\vdots$	$\vdots$	$\vdots$

Die Summe der Verschiebungen einer Reihe i hat den Wert:

$$[ic.2] + [id.2] + [ie.2] + \ldots + [ir.2] = [is.2].$$

Es ist [s. Gleichung (78)]

$$[is.2] = [is.1] - \frac{[bs.1]}{[bb.1]} \cdot [bi.1].$$

Für die Summe der Absolutglieder ist zu schreiben

$$[cm.2] + [dm.2] + [em.2] + \ldots [rm.2] = [sm.2].$$

Hierbei ist [s. Gleichung (79)]:

$$[sm.2] = [sm.1] - \frac{[bs.1]}{[bb.1]} \cdot [bm.1].$$

Für die Summe sämtlicher von der äußeren Belastung unabhängigen Verschiebungen gilt die Gleichung [s. Gleichung (80)]:

$$[ss.2] = [ss.1] - \frac{[bs.1]}{[bb.1]} \cdot [bs.1].$$

In allen diesen Gleichungen sind die Koeffizienten bereits bei der Prüfung der Verschiebungstabelle des 1-fach unbestimmten Systems berechnet worden.

Diese wenigen Erläuterungen mögen genügen. In gleicher Weise ist die Prüfung aller folgenden Tabellen der Verschiebungen statisch unbestimmter Hauptsysteme durchzuführen.

---

§ 21. Fehlerwirkungen.

Die Untersuchung des Einflusses, den die mehr oder minder unvermeidlichen Fehler auf die Ergebnisse der Berechnung statisch unbestimmter Systeme ausüben, ist von großer praktischer Bedeutung. Aber ebenso groß sind die Schwierigkeiten, die sich einer befriedigenden Lösung dieser Aufgabe entgegenstellen. — Für unsere Zwecke wäre es von Interesse zu wissen, ob bei einer vorliegenden Aufgabe eine bestimmte Fehlerart überhaupt unberücksichtigt bleiben kann oder aber wie weit man die Genauigkeit treiben muß, wenn keine unzulässigen Fehler in den Endergebnissen auftreten sollen. — Hierfür lassen sich indes keine allgemeinen Regeln angeben. Denn die Fehlereinflüsse hängen von Einzelheiten ab, die mit der Art der Aufgabe von Fall zu Fall wechseln. Was das eine Mal als verschwindend gering zu vernachlässigen wäre, kann im anderen Falle von bedeutendem Einfluß sein. Weitere Schwierigkeiten liegen darin, daß die Voraussetzungen für die Gültigkeit der Lehrsätze zur Berechnung der Fehler in vielen Fällen nicht erfüllt sind und insbesondere die Annahme über die Art und Größe der zu untersuchenden Fehler auf unsicheren Schätzungen beruhen.

Aus diesen und anderen Gründen kann durch eine Erörterung der Frage nach den Fehlereinflüssen nur bezweckt werden, Anhaltspunkte zu gewinnen, um bei der Lösung von Aufgaben die für die Fehlerwirkungen wichtigen Besonderheiten zu erkennen, damit man solchen Einflüssen gegebenenfalls die nötige Beachtung schenkt. Weiterhin können diese Untersuchungen dazu dienen, die in der Praxis des statischen Rechnens beobachtete Tatsache, daß gewisse Fehlereinflüsse praktisch belanglos sind, zu erklären bzw. die Bedingungen festzustellen, von denen die Gültigkeit oder Allgemeinheit entsprechender Folgerungen abhängt.

a) **Fehlerquellen.** Relative Abweichung und relativer mittlerer Fehler. Nach den früheren Darlegungen zerfällt die Aufgabe der Berechnung statisch unbestimmter Systeme in zwei Teile: die Berechnung der Koeffizienten der Grundgleichungen und die Lösung dieser Gleichungen. Somit sind auch die in Frage kommenden Fehler nach diesen Gesichtspunkten zu unterscheiden.

Die Fehler, die bei der Berechnung der Koeffizienten der Grundgleichungen vorkommen, sind verschieden je nach der Art der Ermittlung dieser Größen, d. h. je nachdem eine rechnerische oder zeichnerische Methode verwandt wird.

Werden die Verschiebungen $[ik]$ des Grundsystems durch Rechnung ermittelt, so gestattet man sich zwecks Vereinfachung der Rechenarbeit in vielen Fällen gewisse Vernachlässigungen, worauf

früher schon hingewiesen wurde (vgl. S. 51). Man berücksichtigt
z. B. beim biegungsfesten Stabwerk lediglich den Beitrag der Momente,
vernachlässigt also den Einfluß der Normal- und Querkräfte, oder
man rechnet mit geschätzten Querschnitten, die man in Ermangelung
der noch zu bestimmenden richtigen Werte bei einer ersten Rechnung verwendet. Diese Fehler in den Koeffizienten stellen „Abweichungen" gegenüber den richtigen, fehlerlosen Werten dar; sie
würden sich bei jeder Wiederholung der Rechnung in gleicher Größe
ergeben. Diese Abweichungen bedingen eine entsprechende Abweichung des Ergebnisses der Rechnung. Die Bedeutung einer
solchen Abweichung eines Resultates wird man nach ihrem Verhältnis
zur fehlerhaften Größe beurteilen. Man wird z. B. eine Abweichung
von $^1/_2\,^0/_0$ oder $1\,^0/_0$ noch als geringfügig, eine solche von $5\,^0/_0$ und
dergl. als zu hoch bezeichnen. Es folgt daraus, daß wir das Verhältnis der „Abweichung" zur fehlerhaften Größe, d. h. die „relative
Abweichung", zu untersuchen haben.

Die Natur der Fehler wird eine andere, wenn wir die Verschiebungen des Grundsystems durch Zeichnung, etwa aus Ver-
schiebungsplänen, bestimmen. Bei jeder Wiederholung des Verfahrens
würde man für gewöhnlich einen andern Wert für eine Verschiebung
finden. Man könnte bei n-maliger zeichnerischer Bestimmung einen
Mittelwert als den wahrscheinlichen, der Wahrheit am nächsten
kommenden Wert ansehen und die Unterschiede v der gefundenen
Einzelwerte gegenüber dem Mittelwert zur Berechnung eines sogenannten „mittleren Fehlers" benutzen. Dieser mittlere Fehler μ
wäre nach den Regeln der Ausgleichsrechnung aus der Gleichung
zu bestimmen: .

$$\mu = \sqrt{\frac{[v^2]}{n-1}},$$

wenn n die Zahl der Beobachtungen (Einzelbestimmungen) angibt.
Das Zeichen [ ] bedeutet in gewohnter Weise Summation über alle
(n) Werte v (vgl. Jordan, Handbuch der Vermessungskunde, I. Band).

Diesem mittleren Fehler der Einzelverschiebungen würde wiederum ein mittlerer Fehler des Rechnungsergebnisses entsprechen. Auch
hier werden wir nach dem Verhältnis des Fehlers zur fehlerhaften
Größe, d. h. nach dem „relativen mittleren Fehler" fragen, den
wir mit m bezeichnen (im Gegensatz zu dem mittleren Fehler μ).

Wenn nun auch eine wiederholte Bestimmung (Beobachtung)
der Rechnungsgrößen in der Statik nicht üblich ist, so rechnen
wir doch mit den zuletzt gekennzeichneten Fehlern wie mit eigentlichen „mittleren Fehlern". Man wird etwa einen Unterschied der
durch Zeichnung gefundenen Verschiebungen gegenüber der Wirklichkeit schätzen, z. B. $^1/_2$ mm, und diesen Wert wie einen mittleren
Fehler behandeln.

Bei alledem ist zu beachten, daß durch diese Überlegungen nur
eine Grundlage für die Anwendung der Sätze der Ausgleichsrechnung
geschaffen werden soll, durch die wir einige allgemeine mathematische

Ausdrücke zur Beurteilung der für die Fehlerwirkungen wichtigen Einzelheiten herzuleiten suchen. Auf eine eigentliche Berechnung von Fehlern wird man in den meisten Fällen verzichten. Neben den in der Einleitung dieses Kapitels angeführten Gründen ist es insbesondere die Rücksicht auf den erforderlichen Zeitaufwand, die es nahelegt, von den Fehleruntersuchungen abzusehen.

Neben den bisher erwähnten Fehlern der Koeffizienten der Grundgleichungen treten sodann auch **Fehler bei der Lösung dieser Gleichungen** auf. Hier sind es insbesondere die Rechenfehler, die bei der Bildung von Produkten und Quotienten infolge der mehr oder minder unvermeidlichen Abrundungen auftreten. Rechnet man nach dem allgemeinen Verfahren (siehe Abschnitt III, A), so hat man es mit Aggregaten von Produkten zu tun, bei denen Stellenabstriche unvermeidlich sind. — Bei Anwendung des Eliminationsverfahrens sind im Zähler und Nenner der Lasten X_{ik} oder der Unbekannten X_i Produkten- und Quotientenbildungen notwendig, wobei gleichfalls Abrundungen oder Stellenabstriche vorzunehmen sind. — Gerade diese Fehler verdienen ganz besondere Beachtung, wie die folgenden Rechnungen zeigen werden.

---

b) Gleichungen zur Berechnung der relativen Abweichungen und des relativen mittleren Fehlers.

α) **Fehler der Unbekannten** X. Die Unbekannten X eines n-fach statisch unbestimmten Systems stellen sich je nach der Art der Lösung der Elastizitätsgleichungen in verschiedener Form dar. Beim allgemeinen Verfahren erhält man jede Unbekannte als Quotient zweier Determinanten n-ten Grades, beim Eliminationsverfahren als Quotient zweier Verschiebungen des $(n-1)$-fach statisch unbestimmten Hauptsystems. Beide Fälle sind im Grunde nur äußerlich verschieden; denn wenn man die Verschiebungen des Hauptsystems im einzelnen zerlegte und durch die Verschiebungen des Grundsystems ausdrückte, so ergäben sich ebenfalls die erwähnten Determinanten n-ten Grades. Stets stellt sich also ein Wert X als Quotient dar, dessen Zähler und Nenner Funktionen von Verschiebungen des Grundsystems sind; hierbei ist besonders zu beachten, daß ein Teil dieser Verschiebungen im Zähler **und** Nenner gemeinsam vorkommen. Es besteht also zwischen Zähler und Nenner eine Abhängigkeit.

Wir legen daher unseren Rechnungen folgende Form des Quotienten zugrunde:

$$\varphi = \frac{f\left(x_1\, x_2 \ldots x_{r-2}\, x_{r-1}\, y_r\, y_{r+1} \ldots y_{s-1},\, y_s,\, x_{s+1} \ldots x_m\right)}{g\left(x_1\, x_2 \ldots x_r \ldots x_s \ldots x_m\right)}.$$

Die Größen x_1 bis x_{r-1} und x_{r+1} bis x_m kommen im Zähler und Nenner gemeinsam vor, und zwar als Veränderliche der Funktionen f und g.

Zur Berechnung der Abweichung von φ behandeln wir die kleinen Abweichungen der Größen x und y wie Differentiale und bilden das totale Differential von φ:

$$d\varphi = \frac{1}{g}\,df - \frac{f}{g^2}\,dg\,.$$

Dividiert man noch, um die relative Abweichung zu erhalten, beide Seiten durch φ und setzt statt der Differentiale die Abweichungen ε, so erhält man:

$$\frac{\varepsilon_\varphi}{\varphi} = \frac{\varepsilon_f}{f} - \frac{\varepsilon_g}{g}\,,$$

wobei

$$\varepsilon_f = \sum_1^m \frac{\partial f}{\partial x}\,\varepsilon_x + \sum_r^s \frac{\partial f}{\partial y}\,\varepsilon_y\,;$$

$$\varepsilon_g = \sum_1^m \frac{\partial g}{\partial x}\,\varepsilon_x\,.$$

Bezeichnet man die relativen Abweichungen mit e, so ist

$$e_\varphi = e_f - e_g \quad\ldots\ldots\ldots\ldots \text{(81)}$$

Dies liefert den Satz: **Die relative Abweichung eines Quotienten ist (für kleine Änderungen der Einzelgrößen) gleich der Differenz der relativen Abweichungen vom Zähler und Nenner.**

Anmerkung: Will man die höheren Potenzen der Abweichungen, die vorhin vernachlässigt wurden, berücksichtigen, was bei endlichen Änderungen ε_f und ε_g notwendig wird, so schreibe man

$$\varepsilon_\varphi = \frac{f+\varepsilon_f}{g+\varepsilon_g} - \frac{f}{g} = \frac{f+\varepsilon_f}{g\left(1+\frac{\varepsilon_g}{g}\right)} - \frac{f}{g} = \frac{f}{g}\left(\frac{1}{1+\frac{\varepsilon_g}{g}} + \frac{\frac{\varepsilon_f}{f}}{1+\frac{\varepsilon_g}{g}} - 1\right);$$

da

$$\frac{1}{1+\frac{\varepsilon_g}{g}} = 1 - \frac{\frac{\varepsilon_g}{g}}{1+\frac{\varepsilon_g}{g}}\,, \quad\text{so folgt}$$

$$\frac{\varepsilon_\varphi}{\varphi} = \left(\frac{\varepsilon_f}{f} - \frac{\varepsilon_g}{g}\right)\frac{1}{1+\frac{\varepsilon_g}{g}}\,.$$

Mit der bereits eingeführten Bezeichnung e für die relative Abweichung wird der genaue Wert:

$$e_\varphi = (e_f - e_g)\frac{1}{1+e_g}\,. \quad\ldots\ldots\ldots \text{(81a)}$$

Man sieht, daß der Verbesserungsfaktor $\dfrac{1}{1+e_g}$ nur von der Abweichung des Nennerwertes abhängt; ist ε_g klein gegen g, so geht Gleichung (81a) in die frühere Form (81) über.

Man könnte nun die Gleichung (81) weiter entwickeln, indem man die Ableitungen der Zähler- und Nennerdeterminante nach den fehlerhaften Größen einsetzte. Indessen genügen die bisherigen Angaben zur Erledigung der allgemeinen Fragen, deren Beantwortung angestrebt wird.

Zur Berechnung des mittleren Fehlers unseres Quotienten φ benutzen wir den Satz der Ausgleichungsrechnung, welcher angibt, in welcher Weise sich die mittleren Fehler beobachteter Größen auf die hieraus durch Rechnung abgeleiteten Größen übertragen. Wenn

$$X = F(x_1, x_2 \ldots)$$

eine Funktion der unabhängig beobachteten Größen x darstellt, so ist

$$\mu_F = \sqrt{\left(\frac{\partial F}{\partial x_1}\mu_{x_1}\right)^2 + \left(\frac{\partial F}{\partial x_2}\mu_{x_2}\right)^2 + \cdots,}$$

wo die Werte μ die mittleren Fehler der x darstellen. Die hiernach erforderlichen partiellen Differentialquotienten von φ, in dem alle x und y voneinander unabhängige Größen darstellen mögen, nehmen folgende Werte an:

$$\text{Für } x_1 \text{ bis } x_{r-1} \text{ und } x_{s+1} \text{ bis } x_m: \quad \frac{\partial \varphi}{\partial x} = \frac{g \cdot \dfrac{\partial f}{\partial x} - f\dfrac{\partial g}{\partial x}}{g^2};$$

$$\text{für } x_r \text{ bis } x_s: \quad \frac{\partial \varphi}{\partial x} = -\frac{f}{g^2} \cdot \frac{\partial g}{\partial x};$$

$$\text{für } y_r \text{ bis } y_s: \quad \frac{\partial \varphi}{\partial y} = \frac{1}{g}\frac{\partial f}{\partial y}.$$

Summiert man die Quadrate der Produkte aus diesen Differentialquotienten und den mittleren Fehlern μ der betreffenden Größen so ergibt sich, wenn man nach den Zähler- und Nennergrößen ordnet-

$$\mu_\varphi^2 = \frac{1}{g^2}\left\{\sum_1^m\left(\frac{\partial f}{\partial x}\mu_x\right)^2 + \sum_r^s\left(\frac{\partial f}{\partial y}\cdot\mu_y\right)^2\right\}$$

$$+ \frac{f^2}{g^4}\left\{\sum_r^s\left(\frac{\partial g}{\partial x}\mu_x\right)^2 + \sum_1^m\left(\frac{\partial g}{\partial x}\mu_x\right)^2\right\} - \frac{2fg}{g^4}\sum_1^m\frac{\partial f}{\partial x}\frac{\partial g}{\partial x}\mu_x^2.$$

Dabei ist das Zeichen $\sum_1^m$ für die Summation über die Glieder mit den Indizes

$$1, 2, 3, \ldots, r-1, s+1, \ldots, m$$

zu verstehen.

Bildet man durch Division mit φ^2 das Quadrat des relativen Fehlers, so wird, wenn man die Wurzel zieht:

$$\frac{\mu_\varphi}{\varphi} = \sqrt{\left(\frac{\mu_f}{f}\right)^2 + \left(\frac{\mu_g}{g}\right)^2 - \frac{2}{fg}\sum_1^m\frac{\partial f}{\partial x}\cdot\frac{\partial g}{\partial x}\cdot\mu_x^2,}$$

oder wenn man für die relativen mittleren Fehler die Bezeichnung m wählt,

$$m_\varphi = \sqrt{m_f^2 + m_g^2 - \frac{2}{f\cdot g}\sum_1^m\frac{\partial f}{\partial x}\frac{\partial g}{\partial x}\mu_x^2} \quad \ldots \quad (82)$$

Falls nicht, wie bisher, angenommen war, die mit gleichen Fehlern behafteten Größen x_1 bis x_k im Zähler und Nenner gemeinsam auftreten, sondern zwischen letzteren hinsichtlich der fehlerhaften Größen keine Abhängigkeiten bestehen, geht die Gleichung (82) über in die folgende:

$$m_\varphi = \sqrt{m_f^2 + m_g^2}. \qquad \ldots \ldots \quad (82\,\mathrm{a})$$

Dies ergibt — unter genannter Voraussetzung — den Satz: Der relative mittlere Fehler der Quotienten zweier mit Beobachtungsfehlern behafteter voneinander unabhängiger Größen ist gleich der Quadratwurzel aus der Summe der Quadrate der relativen Fehler von Zähler und Nenner.

$\beta)$ Abweichung und mittlerer Fehler der Größen S. Es ist

$$S = S_0 + S_a X_a + S_b X_b + \ldots + S_n X_n,$$

wo S_0, S_a, S_b, ..., S_n als fehlerlos angesehen werden sollen und nur die X als Funktionen fehlerhafter Größen x mit gewissen Fehlern behaftet sind.

Es sei

$$\begin{aligned}
X_a &= \varphi_a(x_1, x_2, \ldots, x_m),\\
X_b &= \varphi_b(x_1, x_2, \ldots, x_m),\\
&\ \vdots\\
X_n &= \varphi_n(x_1, x_2, \ldots, x_m).
\end{aligned}$$

Die Werte X sind hier der kürzeren Schreibweise wegen in einfacherer Form angesetzt, da für die folgenden Ergebnisse diese Form gleichgültig ist. Es ist aber nicht erforderlich, daß in jedem X die gleichen fehlerhaften Größen vorkommen, vielmehr können diese Größen teilweise oder alle in den einzelnen X verschieden sein; dadurch wird in dem Wesen der Rechnung nichts geändert.

Die relative Abweichung e_s läßt sich ohne weiteres angeben:

$$e_S = \frac{\varepsilon_S}{S} = \frac{1}{S}\left(S_a \cdot \varepsilon_{X_a} + S_b \cdot \varepsilon_{X_b} + \ldots + S_n \cdot \varepsilon_{X_n}\right)$$

$$= \frac{1}{S} \cdot \sum S_k \cdot \varepsilon_{X_k} = \frac{1}{S} \sum_{k=a}^{k=n} S_k \cdot \sum_{i=1}^{i=m} \frac{\partial X_k}{\partial x_i}\,\varepsilon_{x_i},$$

oder als Funktion der (etwa vorher bestimmten) relativen Abweichungen e_X:

$$e_S = \frac{1}{S} \cdot \sum_{k=a}^{k=n} S_k X_k e_{X_k}; \qquad \ldots \ldots \quad (83)$$

der mittlere Fehler von S ergibt sich wie folgt:

$$\mu_S^2 = \sum_{i=1}^{m}\left(\frac{\partial S}{\partial x_i}\mu_{xi}\right)^2 = \sum_{i=1}^{m}\mu_{x_i}^2\left\{\sum_{k=a}^{n} S_k \frac{\partial X_k}{\partial x_i}\right\}^2$$

$$= \sum_{i=1}^{m}\mu_{x_i}^2\left\{\sum_{k=a}^{n} S_k^2\left(\frac{\partial X_k}{\partial x_i}\right)^2 + 2\sum_{a\beta} S_a S_\beta \frac{\partial X_a}{\partial x_i} \cdot \frac{\partial X_\beta}{\partial x_i}\right\},$$

wo die Wertegruppe $\alpha\beta$ die Kombinationen zweiter Ordnung der Größen a bis n durchläuft, also $\binom{n}{2} = \dfrac{n(n-1)}{2}$ Werte annimmt. Löst man die eckige Klammer auf, so erhält man, indem noch die Reihenfolge der Summation wechselt:

$$\mu_s^2 = \sum_{k=a}^{n} S_k^2 \sum_{i=1}^{m} \left(\frac{\partial X_k}{\partial x_i} \mu_{x_i}\right)^2 + 2 \sum_{\alpha\beta} S_\alpha S_\beta \sum_{i=1}^{m} \frac{\partial X_\alpha}{\partial x_i} \frac{\partial X_\beta}{\partial x_i} \mu_{x_i}^2,$$

oder wenn man noch nach Division durch S^2 die Wurzel zieht:

$$\frac{\mu_s}{S} = \frac{1}{S} \sqrt{\sum_{k=a}^{n} S_k^2 \mu_{X_k}^2 + 2 \sum_{\alpha\beta} S_\alpha S_\beta \sum_{i=e}^{m} \frac{\partial X_\alpha}{\partial x_i} \cdot \frac{\partial X_\beta}{\partial x_i} \cdot \mu_{x_i}^2},$$

oder

$$m_s = \frac{1}{S} \sqrt{\sum_{k=a}^{n} (S_k X_k \cdot m_{x_k})^2 + 2 \sum_{\alpha\beta} S_\alpha S_\beta \sum_{i=1}^{m} \frac{\partial X_\alpha}{\partial x_i} \cdot \frac{\partial X_\beta}{\partial x_i} \cdot \mu_{x_i}^2} \quad (84)$$

Diese Gleichung geht, falls keine Beziehungen zwischen den Größen X hinsichtlich der fehlerhaften Größen bestehen, in folgende Form über:

$$m_s = \frac{1}{S} \sqrt{\sum_{k=a}^{n} (S_k X_k m_{x_k})^2} \quad\ldots\ldots (84a)$$

Folgerungen aus den vorstehenden Rechnungsergebnissen.

Die vorstehenden Rechnungen bringen deutlich zum Ausdruck, welche Umstände für die Wirkungen der Fehler von Wichtigkeit sind.

Was zunächst den Fehler der Unbekannten X anbelangt, so ist in jenen Fällen, wo wir nach der relativen Abweichung fragen, die Gleichung zu benutzen:

$$e_\varphi = e_f - e_g = \frac{\varepsilon_f}{f} - \frac{\varepsilon_g}{g}.$$

Hiernach heben sich die relativen Abweichungen von Zähler und Nenner teilweise gegeneinander auf. Indessen kann auch je nach dem Vorzeichen der auftretenden Größen die Differenz zur Summe werden, so daß sich die beiden relativen Fehler addieren. Dabei kommen sowohl die Vorzeichen der Abweichungen der Verschiebungen, deren Funktionen f und g sind, als auch die der Ableitungen von f und g nach diesen Verschiebungen, sowie endlich die von f und g in Betracht. — Der Fehler nimmt aber insbesondere dann einen hohen Wert an, wenn der Zähler f und der Nenner g klein sind. — Es erklärt sich somit die in der Praxis des statischen Rechnens, besonders bei einfachen Aufgaben beobachtete Erscheinung, daß gewisse, früher schon erwähnte Vereinfachungen der Rechnung (vgl. § 7, a) von geringem Einflusse auf die Ergebnisse sind. Bei der Vernachlässigung der Normalkräfte oder der Formänderung der Füllungsstäbe in den Verschiebungen hebt sich der Fehler des Zählers gegen den des Nenners in den meisten Fällen teilweise auf. Dasselbe gilt von der Verwendung fehlerhafter Querschnitte. — Ob und inwieweit diese Vernachlässigungen allgemein, insbesondere bei verwickelten Aufgaben, von Einfluß sind, läßt sich nicht sagen, da diese Fehlerwirkungen nach Art und Umfang von mancherlei Nebenumständen abhängen, so z. B. von der Form des Systems und der Belastungsart. Es müssen hierüber in der Praxis des Rechnens noch weitere Erfahrungen gesammelt werden, ehe man über diese Frage Näheres angeben kann.

Zahlenbeispiel. Zur Erläuterung der Verschiedenheit der Fehlerwirkungen sei als Zahlenbeispiel das Ergebnis der Berechnung eines Trägers auf 4 Stützen angeführt, welches zeigt, wie verschiedenartig in einer Aufgabe die Wirkungen absolut gleicher Abweichungen je nach der Art der Vorzeichen sein können.

Es ergab sich:

$$X_a = - \frac{[ma] \cdot [bb] - [mb][ab]}{[aa][bb] - [ab]^2} = \frac{93,06 \cdot 44,44 - 51,90 \cdot 62,86}{105,38 \cdot 44,44 - 62,86^2}$$

$$= \frac{4136 - 3262}{4683 - 3951} = \frac{874}{732} = 1,194.$$

Es soll angenommen werden, daß die Verschiebungen eine relative Abweichung von $\pm 2^0/_0$ haben können. Die zu berechnende Abweichung von X_a ist in Prozenten des fehlerhaften und des fehlerlosen Wertes angegeben.

Erster Fall: Nur die Werte $[ma]$ und $[mb]$ sind fehlerhaft, die übrigen, von der äußeren Belastung unabhängigen Werte seien fehlerlos errechnet:

a) Beide Abweichungen haben das gleiche Vorzeichen:

$$e_x = \frac{2}{100} \cdot \frac{4136 - 3262}{4136 - 3262} = 2^0/_0.$$

In Prozenten des fehlerhaften Wertes ebenfalls rd. $2^0/_0$.

b) Eine der beiden Abweichungen hat das entgegengesetzte Vorzeichen:

$$e_x = \frac{2}{100} \cdot \frac{4136 + 3262}{4053 - 3328} = 20^0/_0.$$

In Prozenten des wahren Wertes:

$$e_x = \frac{2}{100} \cdot \frac{4136 + 3262}{4136 - 3262} = 16,6^0/_0.$$

Zweiter Fall: Alle Verschiebungen sind fehlerhaft.

a) Die Abweichungen haben im Zähler und Nenner im Minuend negative, im Subtrahend positive Vorzeichen. Der Wert X_a lautet also:

$$X_a = \frac{94,92 \cdot 45,33 - 50,86 \cdot 61,60}{107,49 \cdot 45,33 - 61,60^2} = 1,087,$$

$$e_x = 9^0/_0 \text{ bzw. } 10^0/_0.$$

b) Die Abweichungen wechseln bei den Gliedern des Zählers das Vorzeichen:

$$X_a = \frac{91,20 \cdot 45,33 - 61,60 \cdot 52,94}{107,49 \cdot 45,33 - 61,60^2} = 0,81.$$

$$e_x = 32^0/_0 \text{ bzw. } 47^0/_0.$$

In dem zuletzt erwähnten Fall hatten Zähler und Nenner zwei gleiche Größen $[bb]$ und $[ab]$ gemeinsam; da die Ableitungen nach diesen im Zähler und Nenner die gleichen Vorzeichen hatten, so mußten, weil Zähler und Nenner positiv waren, die Einflüsse dieser Größen sich stets teilweise gegeneinander aufheben; wenigstens konnten sie sich nicht summieren. — Die entgegengesetzte Wirkung der gleichen Ursachen zeigt sich dagegen bei der zweiten statischen Unbekannten desselben Beispiels, und zwar deshalb, weil hier der Zähler negativ wird.

$$X_b = -\frac{[mb][aa] - [ma][ab]}{[aa][bb] - [ab]^2} = \frac{51,90 \cdot 105,38 - 93,06 \cdot 62,86}{44,44 \cdot 105,38 - 62,86^2}$$

$$= -\frac{381}{732} = -0,53 .$$

Macht man z. B. die gleichen Annahmen wie beim Fall 2 a, so wird

$$X_b = \frac{52,94 \cdot 107,49 - 91,20 \cdot 61,60}{45,33 \cdot 107,49 - 61,60^2} = 0,0673 ,$$

$$e_x = 112^0/_0 \text{ bzw. } 880^0/_0 .$$

Das Resultat wird also völlig unbrauchbar, auch dann, wenn man statt $2^0/_0$ eine wesentlich geringere Abweichung der Einzelverschiebungen annimmt.

Handelt es sich um Fehler, die nicht mehr im Zähler und Nenner gemeinsam vorkommen, wie z. B. Abrundungsfehler beim Multiplizieren, so werden die Wirkungen im allgemeinen ungünstiger. Die Gleichung

$$m_\varphi = \sqrt{m_f{}^2 + m_g{}^2}$$

läßt erkennen, wie in solchen Fällen die Fehler des Zählers und Nenners sich zusammensetzen.

Erst wenn die gleichen fehlerhaften Größen in Zähler und Nenner zugleich auftreten, tritt unter der Wurzel noch das negative Glied

$$-\frac{2}{f \cdot g} \sum \frac{\partial f}{\partial x} \frac{\partial g}{\partial x} \mu_x{}^2$$

hinzu. Man sieht aber, daß auch hier die Vorzeichen der Ableitungen sowohl des Zählers wie des Nenners dafür bestimmend sind, ob das negative Vorzeichen sich nicht etwa in ein positives verwandelt. — Auch die Gleichungen für die relativen mittleren Fehler lassen erkennen, daß namentlich die Größe des Zähler- und Nennerwertes (f und g) von hervorragendem Einfluß ist.

Zur Erläuterung diene das vorstehende Zahlenbeispiel, und zwar soll für alle Verschiebungen, die wir uns als Strecken (in mm) aus der Zeichnung entnommen denken, ein mittlerer Fehler μ angenommen werden. Es wird nach Gleichung (82):

$$m_{x_a} = \mu \sqrt{\frac{17\,280}{874^2} + \frac{28\,885}{732^2} - \frac{2 \cdot 16\,332}{874 \cdot 732}}$$

$$= \mu \cdot \sqrt{0,022\,62 + 0,053\,91 - 0,051\,05} = \mu \cdot 0,16 ;$$

für $\mu = \frac{1}{4}$ mm wird $m_{x_a} = \sim 4^0/_0$.

$$m_{x_b} = \mu \sqrt{\frac{26\,450}{381^2} + \frac{28\,905}{732^2} - \frac{2 \cdot 14\,000}{(-381) \cdot 732}}$$

$$= \mu \sqrt{0,1820 + 0,053\,91 + 0,1004} = \sim \mu \cdot 0,58 ;$$

für $\mu = \frac{1}{4}$ mm wird $m_{x_b} = 14,5^0/_0$.

Was weiterhin den Fehler der statischen Größen S anbelangt, so soll hier nur darauf hingewiesen werden, daß man die Bedeutung einer Fehlerart eigentlich nur nach ihrem Einfluß auf die Größen S beurteilen kann. Denn die Praxis des Rechnens zeigt, daß der Wert S im Verhältnis zu den Einzelgliedern S_0 und $S_i X_i$ in den meisten Fällen gering ist, und deshalb können an sich geringfügige Fehler der Unbekannten X einen erheblichen Einfluß auf das Ergebnis S ausüben. Dies läßt auch die Gleichung (84) für den relativen mittleren Fehler m_s erkennen, durch welche die Art der Zusammensetzung der Fehler der X gekennzeichnet ist.

Freilich hat die Verwendung der gleichen fehlerhaften Größen in den einzelnen Werten X den Vorzug, daß die Fehlereinflüsse sich vielfach gegeneinander aufheben [Gleichung (84)]. Dieser Vorteil fällt indessen fort, wenn die Fehler in den einzelnen Größen X verschieden sind, was z. B. für die Abrundungen bei den Produkt- und Quotientbildungen gilt. — Diese Verhältnisse werden durch das nachstehende Zahlenbeispiel erläutert.

Zahlenbeispiel. Für den relativen mittleren Fehler einer Größe S eines 3-fach unbestimmten Systems, wo die drei Werte X Funktionen der nämlichen fehlerhaften Verschiebungen sind (Fehler $1^0/_0$), wurde folgender Wert gefunden:

$$m_s = \frac{1^0/_0}{1{,}486} \sqrt{161{,}2 + 580{,}07 + 158{,}76 - 889{,}02}$$

$$= \frac{1^0/_0}{1{,}486} \sqrt{900{,}03 - 889{,}02} = \sim 2{,}2^0/_0 .$$

Man erkennt, wie das letzte (negative) Glied, welches den Einfluß der Beziehungen der X zueinander ausdrückt, sich in der Hauptsache gegen das erste (Wirkung der Fehler in den einzelnen X) aufhebt. — Denkt man sich dagegen den Fall, daß die fehlerhaften Größen in jedem X einer besonderen Beobachtung entsprächen und diese jedesmaligen Beobachtungen in der Rechnung verwendet wären, so ergäbe sich wegen der Unabhängigkeit der X voneinander der Wert

$$m_s = \frac{1^0/_0}{1{,}486} \sqrt{900{,}03} = \sim 20^0/_0 .$$

Ein derartiger Fall würde bei Abrundungsfehlern der einzelnen Produkt- und Quotientbildungen vorliegen. Daher verdienen gerade diese Rechenungenauigkeiten besondere Beachtung.

Aus all diesen Gründen lassen sich auch kaum Grenzen angeben, bis zu welchen gewisse Fehler der Einzelverschiebungen oder der Produkt- und Quotientbildungen als praktisch zulässig bezeichnet werden könnten, weil dies alles — namentlich in Hinblick auf die Größen S — zu sehr von den Eigenschaften des Einzelfalles abhängt. Man wird wohl sagen können, daß man sich am zweckmäßigsten bei jeder Rechnung über die Fehlerempfindlichkeit der Ausdrücke ein Urteil zu bilden sucht, um daraus bezüglich der Genauigkeit die erforderlichen Schlüsse zu ziehen. Erst eine ausreichende Erfahrung im zahlenmäßigen Rechnen wird für diese Fragen den rechten Blick verleihen.

Zur Frage der Größe des Zähler- und Nennerwertes der Unbekannten X. Die vorher besprochenen Gleichungen zur Bestimmung des Fehlers der Unbekannten X zeigen übereinstimmend, daß die Größe des Zähler- und Nennerwertes der X — und zwar ohne Vorzug voreinander — von ganz besonderem Einfluß auf die Fehlerwirkungen sind. Die Fehler nehmen insbesondere dann einen hohen Wert an, wenn Zähler und Nenner der Unbekaunten klein sind oder gar sich dem Wert 0 nähern. — Solche Fälle kommen bei praktischen Aufgaben vor, und es entsteht die Frage, ob dieser Mangel sich beheben läßt.

Die Zähler- und Nennerwerte der Unbekannten X, die sich als Quotienten von Determinanten darstellen, nehmen stets dann geringe Werte an, wenn in den Elastizitätsgleichungen die Verschiebungen seitlich der Diagonale der Größe nach nicht wesentlich verschieden sind von den Diagonalgliedern. Dies ist z. B. beim Balken auf n Stützen der Fall, wenn man die Stützendrücke als Unbekannte wählt. Es tritt ganz besonders deutlich zutage, wenn etwa die mittleren Stützen, die Träger der Unbekannten, wie in Fig. 135 dargestellt, nahe aneinanderrücken

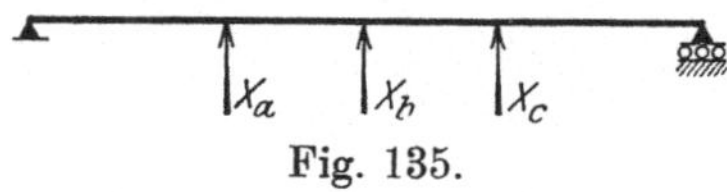

Fig. 135.

Bei diesem Beispiel des Trägers auf n Stützen erhält man wesentlich günstigere Gleichungen, wenn man statt der Stützendrücke die Stützenmomente als Unbekannte wählt. Dann ergeben sich die Elastizitätsgleichungen in der Form, welche als die der sogenannten Clapeyronschen Gleichungen bekannt ist, in denen die meisten Verschiebungen zu 0 werden.

Dieses einfache Beispiel lehrt, daß man bei mehrfach statisch unbestimmten Aufgaben nicht das erste beste Grundsystem wählen, sondern prüfen soll, mit welchen überzähligen Größen man möglichst günstige Rechnungen erhält. In manchen Fällen wird sich dies erst durch Proberechnungen entscheiden lassen; denn durch die Änderung des Grundsystems werden nicht nur die Elastizitätsgleichungen, sondern auch die weiteren Rechnungen beeinflußt. — Wir werden bei den späteren Anwendungen der in diesem Teil behandelten allgemeinen Verfahren noch Gelegenheit haben, in besagter Hinsicht die verschiedenen Lösungen einzelner Aufgaben zu vergleichen.

Es gibt auch Fälle, wo der Mangel, der sich in kleinen Werten der Zähler- und Nennerdeterminannten der Unbekannten·X äußert, sich nicht so einfach durch Wahl eines andern Grundsystems beseitigen läßt, wo vielmehr die ungünstigen Verhältnisse mehr oder minder in der Natur des Systems liegen. Ein solches Beispiel ist in Fig. 136 dargestellt, welches einen 2-fach unbestimmten Bogen

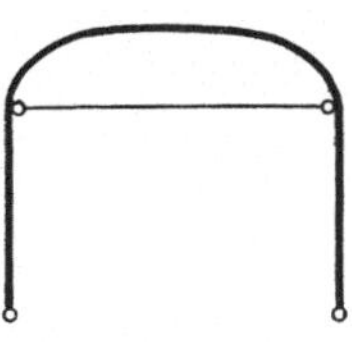

Fig. 136.

mit Fußgelenken zeigt. Hier nähern sich die Zähler- und Nennergrößen um so mehr dem Wert 0, je tiefer das Zugband nach unten, also in die Nähe der Kämpfergelenke verschoben wird. — In derartigen Fällen, die bei praktischen Aufgaben nur vereinzelt auftreten, ist stets, wie man auch das Berechnungsverfahren wählen mag, eine möglichst genaue Auswertung aller Einzelgrößen erforderlich.

Liegen Aufgaben mit einer großen Anzahl von Unbekannten vor, d. h. handelt es sich um die Untersuchung hochgradig statisch unbestimmter Systeme, so ist erfahrungsgemäß in den meisten Fällen eine weitgehende Genauigkeit erforderlich. Die Zahlenrechnungen zu den Aufgaben der folgenden Teile werden dies erkennen lassen.

Druck von Oscar Brandstetter in Leipzig.